Why We Die

The New Science of Ageing and Longevity

老化と不死の謎に迫る

ヴェンカトラマン・ラマクリシュナン
土方奈美 訳

日本経済新聞出版

Why We Die

老化と不死の謎に迫る

ヴェンカトラマン・ラマクリシュナン
土方奈美 訳

日本経済新聞出版

Why We Die

by

Venki Ramakrishnan

ともに歳を重ねてくれるヴェラへ

CONTENTS

目次

INTRODUCTION はじめに 6

CHAPTER 1 不滅の細胞と使い捨ての肉体 19

CHAPTER 2 生き急ぎ、死に急ぐ 40

CHAPTER 3 破壊される遺伝子 70

CHAPTER 4 問題は末端にあり 101

CHAPTER 5 生物時計をリセットする 116

CHAPTER 6 ゴミのリサイクル 151

CHAPTER 7 過ぎたるは及ばざるがごとし 180
CHAPTER 8 小さな虫が教えてくれること 207
CHAPTER 9 私たちに巣くう寄生生物 241
CHAPTER 10 満身創痍の肉体と吸血鬼の血 263
CHAPTER 11 ペテン師か、預言者か 283
CHAPTER 12 私たちは永遠の命を手に入れるべきなのか 318
謝辞 345
原註 398

はじめに

およそ100年前、イギリス人ハワード・カーターの率いる探検隊がエジプトの王家の谷で、長年埋もれていた階段らしきものを発見した。階段の先の扉には王家の封印があった。ファラオ（王）の墓の証《あかし》である。封印に破られた形跡はなく、3000年以上にわたって扉をくぐった者がいないことを示していた。墓の内部の光景は、老練なエジプト考古学者であったカーターさえ息を呑むようなものだった。[*1] 壮麗な黄金のマスクをつけた若き王ツタンカーメンのミイラが、数千年ものあいだ目のくらむような遺物に囲まれて眠っていたのだ。何人《なんぴと》も足を踏み入れることのないように、墓は固く閉ざされていた。古代エジプトの人々は誰の目にも触れないものを作るため、膨大な労力を費やしていたのだ。

見事な墓は死を超越するための手の込んだ儀式の一環だった。宝物室の入口を守っていたのは金と黒で彩色されたオオカミの頭部を持つ冥界の神、アヌビスの像だ。その役割はファラオの石棺に入れられることの多かった巻き物「死者の書」に書かれている。死者の書は宗教書と見られがちだが、その実態は危険な冥界の道をくぐり抜け、幸福な死後の世界に到達するためのガイドブックに近い。[*2] 最後の試練の1つとして、アヌビスが秤《はかり》を使って死者の心臓と羽根の重さを比べる。心臓のほうが重ければ、それは不純であり、死者には恐ろしい運命が待っている。反対に純粋と判断されれば、酒池肉林など人生のあらゆる快楽に満ちたすばらしい世界に入ることができる。

死後に永遠の命を手に入れることによって死を超越できると信じたのは、古代エジプト人だけではない。彼らほど王族のための遺跡に手はかけなかったものの、あらゆる文化には死にまつわる考えや儀式が存在した。

人間は死を免れないことにどうやって気づいたのか、考えてみると興味深い。そもそも死を認識するためには、脳が進化し、自我に目覚める必要がある。つまり、死ぬことを知っていること自体が、偶然の産物なのだ。また、死を認識するには、ある程度の認知力と一般化の能力、さらにはそうした概念を子孫に伝えるための言語の発達も必要だったはずだ。下等生物、そして植物のような複雑な生物でさえ、死を認識するわけではない。死は単にその身に「起こる」ものだ。動物をはじめ生きとし生ける物は本能的に危険や死を恐れるかもしれない。仲間が死ねば認識するし、その死を悼む生き物もいる。[*3] だが動物が死を避けられない宿命として理解しているという証拠はない。[*4] 暴力や事故による死亡、あるいは予防可能な疾病によって死ぬことを理解していないと言っているのではない。死の必然性を理解していない、という意味だ。

ある時点で人間は、生とは誰もがこの世に生まれ落ちた瞬間から参加する、永遠に続くお祭りのようなものだと気づいた。宴《うたげ》を楽しんでいると、新たに加わる者と去っていく者がいるとわかる。いずれ宴は相変わらず盛り上がっているのに自分が去る番が来る。たった1人、寒い夜に出ていくのはぞっとする。死を免れないという事実はあまりに恐ろしいので、多くの人はそれを否認しながら人生の大半を過ごす。誰かが死ぬと、なんとかそれを認めまいと「永眠」「他界」などまるで死が決定的なものではなく、別の状態への移行であるかのような婉曲《えんきょく》表現を使う。

人々が死を免れないという事実に耐えられるように、あらゆる文化は死が一巻の終わりであることを否定する信念と対策を発達させてきた。哲学者のスティーヴン・ケイヴは不死の探求は何世紀にもわたって人類文明の原動力だったと指摘する。[*5] ケイヴは人類の対応策を4つに分類する。1つめ、すなわちプランAとは単にできるだけ長く生きようとすること。それが失敗した場合のプランBは死んだ後に物理的に甦《よみがえ》ること。プランCはたとえ体が朽ち果て、復活できなくても、私たちの本質は不死の魂《たましい》として生き続けること。そして最後のプランDは業績、記念碑、あるいは生物学的子孫といったレガシー（遺産）のかたちで生き続けることだ。

すべての人類はプランAを実践してきたが、それ以外の戦略をどれほど重んじるかは文化によって異なる。私の故郷であるインドでは、ヒンドゥー教徒と仏教徒は進んでプランCを受け入れる。それぞれの人には永遠の魂があり、それは死後も新たな体、ときにはまったく違う生き物に宿って生き続けるという考えだ。ユダヤ教、キリスト教、イスラム教といったアブラハムの宗教はプランBとCの両方を信奉する。永遠の魂を信じる一方、将来のある時点で肉体も復活し、最後の審判を受けると信じる。伝統的にこうした宗教では火葬を禁じ、遺体をそのまま埋葬するのはこのためかもしれない。

古代エジプトのように4つのプランをすべて信仰体系に織り込み、〝保険〟をかけておく文化もある。ファラオが死後の世界で身体的に復活できるように、壮大な墓にはミイラ化した遺体を安置した。ただ「バー」と呼ばれる魂も個人の本質であり、死後も生き残ると信じていた。中国史上初めて天下統一を成し遂げた秦《しん》の始皇帝も、不死を目指して多正面作戦をとった。*6 度重なる攻撃を生き延び、敵対する国々を征服し、権力を掌握した後は、「不老不死の薬」の探索に力を注いだ。「不老不死の薬」があると聞けば、どんな頼りない噂であっても使者を派遣した。手ぶらで帰れば死刑は免れないことから使者の多くが賢明にも消息を絶ち、姿をくらました。プランBとDを組み合わせた極端な例として、始皇帝は70万人もの人夫を動員して、都市1つ分ほどの壮大な墓を西安に作った。墓には亡くなった皇帝が復活するまで守るものとして、7000体を超える兵馬俑《へいばよう》が埋められていた。始皇帝は紀元前210年に49歳で死亡したが、皮肉にも「不老不死の薬」が命を縮めることになったとされる。

人間の死との向き合い方は、18世紀の啓蒙時代と近代科学の到来によって変化しはじめる。多くの人は依然としてプランBやCのようなものにすがってはいたものの、合理性と懐疑主義の高まりにより、心の底にはそれらは本当に代替手段になりうるのかという疑念が湧きあがっていた。人々の関心は生きながらえることと、死後にレガシーを遺すことへと変化していった。

いずれ自らが死ぬことを受け入れつつ、自分を覚えていてもらいたいという強い欲求を抱くのは人間心理の興味深い一面だ。今日の大富豪は巨大な墓や記念碑を建てる代わりにフィランソロピー（慈善事業）に熱心で、自分の死後も長く残る建物や基金を寄贈する。いつの時代も作家、芸術家、音楽家、科学者などは自らの作品や業績によって永遠の命を得ようとしてきた。ただ究極的にはレガシーを通じて生き続けられれば、完全に納得できるというわけにはいかない。

あなたが権力をほしいままにする国王や大富豪ではなくても、アインシュタインのような才能がなくても、絶望することはない。レガシーを遺し、他者の記憶に残る方法として、ほぼすべての生き物に手の届くものがある。子孫を通じて生き続けるという道だ。子孫をもうけることで自分の一部を存続させようとする欲求は、進化した生物学的本能のなかでも最も強いものの1つであり、生命にとってきわめて重要なことなので本書の後段でじっくり述べるつもりだ。ただ私たちがどれほど子供や孫を愛していて、自分たちが死んだ後も長く生き延びてほしいと望んでいるとしても、彼らがそれぞれの意識を持つ別の個体であることはわかっている。彼らは私たちではない。

とはいえ、たいていの人は自らの避けられない死について実存的不安に悩まされながら日々を送っているわけではない。むしろ人間の脳は、死は他者に起こるものであって、自分に起こるものではないと考える防御メカニズムを作り上げたようだ。[*7] 死との距離もこうした妄想を一段と強める。かつては身の回りで他者の死に直面する機会も多かったが、今では介護施設や病院で亡くなる人が多い。その結果、若者を中心にほとんどの人がまるで自らが不死であるかのように日々を送っている。仕事に趣味に長期的な目標の実現に忙しい。いずれも死の不安から目をそらすのに有効だ。しかしどんな策を弄《ろう》そうとも、私たちは死を免れないという自覚から完全に逃れることはできない。

そこで再び話はプランAに戻る。生きとし生けるものがみな数百万年にわたって実践してきた方法は、単にできるだけ長く生き続けようとすることだ。ごく幼い時期から、私たちは本能的に事故、捕食者、外敵、病気を避けようとする。この普遍的欲求に突き動かされ、人間は過去数千年にわたって共同体を作り、要塞を築き、武器を開発し、軍隊を維持してきた。それに加えてこの欲求は薬や治療法の探求に、やがては近代医学や外科学の発展につながった。

人間の平均寿命は数世紀にわたってほぼ変わらなかった。それがここ150年で2倍に延びた。主な理由は疾病やその拡散の原因解明が進み、公衆衛生が改善したからだ。この進歩によって平均寿命は大幅に延びた。とりわけ幼児死亡率の低下が大きかった。一方、最大寿命、すなわち最高の条件が整っていてもこれ以上は生きられないという寿命を延ばすのは、はるかに難しい。人間の寿命は決まっているのか、それとも人間の生物学への理解が進めば老化を遅らせたり、ひょっとすると完全に老化を止めたりすることができるのだろうか。

100年以上前の遺伝子の発見とともに始まった生物学の革命によって、今日私たちは岐路に立たされている。老化の根本原因にかかわる近年の研究によって、人類史上初めて老年期の健康状態を改善できるだけでなく、人間の最大寿命を延ばせる可能性が高まっているのだ。

老化の原因とその影響をやわらげる方法を見つけようと猛烈な取り組みが進んでいる原因は、人口動態の変化だ。世界の大半の国は今、老齢人口の増大に直面しており、高齢者をできるだけ長い間健康な状態にとどめておくことは喫緊の社会課題となりつつある。そのおかげで、発展が遅れていた老化研究（gerontology：老年学）に弾みがついている。

過去10年だけで老化について30万本以上の科学論文が発表された。７００以上のスタートアップ企業が老化防止に合計数百億ドル以上を投資している。これは大手製薬会社による独自の老化研究を含まない数字だ。

この途方もない取り組みは、多くの問いを投げかけている。人間はいずれ病や死を出し抜き、現在の寿命の何倍もの期間生きられるようになるのか。そうした主張をする科学者も確かにいる。そして今のライフスタイルが大好きで、永遠に宴が続けばいいと願っているカリフォルニアの大富豪たちは、そうした科学者に喜んで資金を提供する。寿命は際限なく延ばせると主張する研究者や彼らに資金を出す大富豪といった現代の不老不死の商人たちの実態は、かつて迫りくる老いや死の恐怖から解放されて長生きできると約束した予言者たちの現代版だ。そんな長寿を謳歌《おうか》できるのは誰か。それだけの財力のあるごくひと握りの人だろうか。それを実現するための治療や改良を人間に施すことは倫理的なのか。そうした治療を誰でも受けられるようになったとしたら、どんな社会が出現するのか。私たちは人類が現在の寿命を大きく超えて長生きすることの社会的、経済的、政治的影響を考えもせずに、無自覚なままそんな未来に突入していくのか。老化研究の近年の進歩やそこに注ぎ込まれる途方もない資金量を考えると、それは私たちをどこに導こうとしているのか、人間の限界について何を意味しているのか、問い直す必要がある。

２０１９年から世界を襲った新型コロナウイルス感染症パンデミックは、自然は人間の計画など歯牙にもかけないことを改めて思い起こさせた。地球上の生命体を支配するのは進化であり、ウイルスは人類よりはるか以前から存在し、適応力に優れ、人類が滅亡してもずっと存在しつづけるであろうことを私たちは改めて学んだのだ。人類は科学技術によって死を出し抜くことができると考えるのは傲慢だろうか。そうだとすれば、代わりに人類は何を目指すべきだろうか。

私は人体を構成する細胞のなかで、タンパク質がどのように作られるのかという問題の研究にキャリアのほとんどを費やしてきた。これは生物学のほぼすべての側面に影響する重要な問題であり、ここ20～30年で老化の大部分も人体がタンパク質の合成と破壊をどう調整するかで決まることが明らかになってきた。だが研究者人生を歩みはじめたとき、私は自分の研究がなぜ人間は老い、死ぬのかという問題と結びついているとは夢にも思わなかった。

老化研究の飛躍的成長によって私たちの理解を大きく進展させるような成果があがっていることに胸を躍らせつつ、私はそれにともなう熱狂を不安な気持ちで見守ってきた。それは科学との関連性が薄弱なうさんくさい治療薬の蔓延につながっている。その勢いが増す一方なのは、老化し、体が不自由になり、最終的に死ぬことへの人間の本能的恐れに乗じているからだ。

この本能的恐れは、老化と迫りくる死を題材にした本が大量に出版される理由でもある。こうした本はいくつかのカテゴリーに分類できる。まずは健康に老いる方法についての現実的アドバイスを提供する本だ。なかには常識的なものもあるが、でたらめな本もある。次は死という宿命とどう向き合い、どう潔く受け入れるかについて、哲学や道徳的観点から書かれた本。それから老化を生物学的に論じる本。これもいくつかのカテゴリーに分けられる。著者はジャーナリストか、自らもアンチエイジング・スタートアップを立ち上げてこの問題に相当な個人的利害関係を持つ科学者だ。本書はどのカテゴリーにも属さない。

この領域の研究の猛烈な進展、公共部門と民間部門の膨大な投資、その結果としての過剰宣伝——こうしたことを目の当たりにし、分子生物学を研究しつつも老化研究に利害関係を持たない私のような人間が、老化と死について現在わかっていることを、厳密かつ客観的に検討すべきではないかと思い至った。この領域の中心人物の多くは知り合いなので、老化研究のさまざまな側面について彼らがどう考えているのかを真摯に、かつ深く理解するために率直な対話をたくさん持つことができた。すでに著書を発表して自らの立場を明確にした科学者、とりわけ老化に関する民間のベンチャー企業と密接にかかわっている人たちとは敢えて話をしなかった。ただ彼らが公表している見解については本書で論じている。

新たな発見のペースを考えれば、最新の老化研究に照準を合わせた本は出版前にすでに時代遅れになってしまう。しかもどんな科学領域においても最新の発見の多くは精査に耐えられず、修正されたり撤回されたりする。したがって本書は老化を理解し、立ち向かううえで、最も有望そうなアプローチの裏づけとなる基本原則に集中することにした。こうした原則は時の試練に耐えうるだけでなく、老化研究がどのようにして今日の状況に至ったかを理解するのに役立つ。さらに今日の状況につながった基礎的研究の歴史的背景にも目を向ける。老化とは無関係の生物学の基本的問題を研究していた科学者から今日の知識のどれほど多くがもたらされたかを理解するのは非常に興味深く、また重要だ。

私は老化研究にまったく利害関係はないと書いたが、もちろん、老化はあらゆる人にかかわる問題だ。私たちはみな、自分がどのように人生の終わりを迎えるかに関心がある。不死身感のある若い頃はそうでもないが、私のように71歳にもなると特にそうだ。ほんの10年前、あるいは20年前には簡単にできたことが、難しくなったり、まったくできなくなったりする。歳を重ねると、家のなかで開かずの扉が増えていき、狭い領域に押し込められていくような気がする。科学によってこうした扉を再びこじ開けることができるのか、その展望を知りたくなるのは当然だ。

老化は非常に多くの生物学的プロセスと密接に結びついているので、本書では最新の分子生物学をたっぷりと、それも駆け足で見ていくことになる。なぜ私たちは老い、死ぬのかという現状の理解につながった主要な発見の歴史をたどっていく。その過程で遺伝子の支配する生命のプログラムと、それが老化によってどのように乱れていくのかも詳しく見ていく。そのような乱れは細胞、組織、最終的には私たちという個体にどのように影響を与えるのか。すべての生き物は同じ生物学の法則に支配されているのに、なぜ一部の種は隣接する種よりも大幅に長く生きられるのか、それはヒトにとってはどのような意味を持つのか。寿命を延ばすための最新の取り組みを冷静に分析し、それらが評判どおりのものなのか検討していく。さらに人間が最高の仕事をするのは老年期である、という昨今もてはやされているいくつかの主張にも異を唱えていく。アンチエイジング研究の背後にある重要な倫理的問題も掘り下げたい。たとえ老化に抗うことができるとしても、私たちはそうすべきだろうか？

本書の旅路は、死とは具体的に何かを考え、そのさまざまなかたちを知り、「私たちはなぜ死ぬのか」という根本的疑問と向き合うところから始まる。

CHAPTER

1

不滅の細胞と使い捨ての肉体

ロンドンの街を歩くたびに、数百万人が滞りなく働き、旅し、交流する様子に感銘を受ける。それを実現するために複雑なインフラと数十万人が協調している。地下鉄やバスは人々を市内のあちこちに送り届け、郵便局や宅配便は郵便物や商品を配達し、スーパーマーケットは人々に食料を届け、電力会社は電気を発電して送電し、清掃事業は人々が生み出す膨大なゴミを片づけて街を清潔に保つ。日常生活を送っていると、文明社会と呼ばれるこのすばらしい調和を当たり前に思いがちだ。

生命の最も基本的な形態である細胞にも、同じように複雑な仕組みがある。細胞は生成過程において、都市と同じような精巧な構造を作り上げる。細胞が機能しつづけるためには何千というプロセスが同調する必要がある。細胞は栄養分を取り込み、ゴミを排出する。

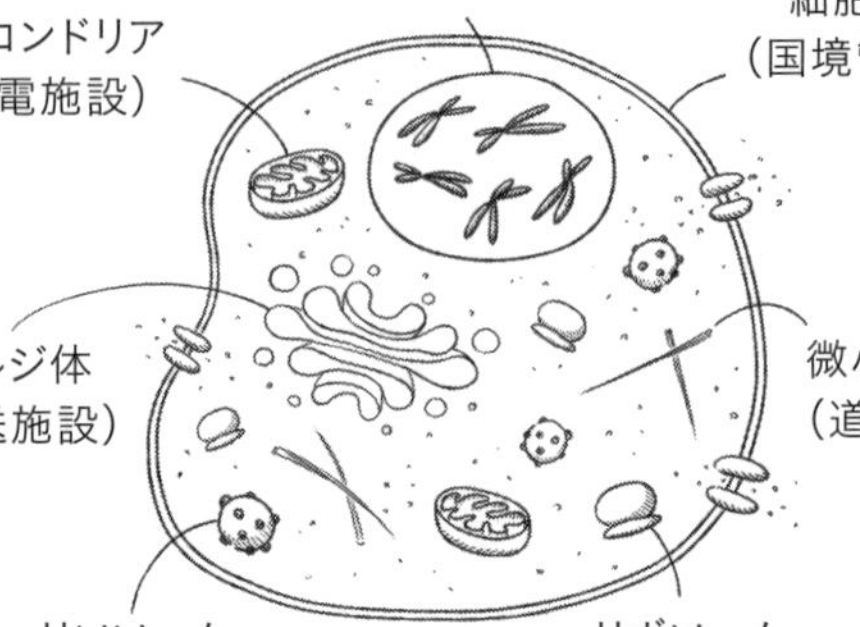

細胞の複雑な構成は都市と似ている。この図に記載したのは主要な構成要素の一部であり、わかりやすくするために縮尺どおりには描いていない。

輸送体分子は荷物が出てきた場所から細胞内の必要とされる場所まで運ぶ。都市が孤立した状態では存続できず、ヒト・モノ・サービスを周辺地域と交換しなければ成り立たないのと同じで、組織内の細胞も近隣の細胞と連絡を取り合い、協力する必要がある。成長に必ずしも制約のない都市とは異なり、細胞はいつ成長し、分裂すべきか、そしていつそれを止めるべきかを知っておく必要がある。

人類史を通じて、都市に暮らす人々はそこを永続的なものと考えてきた。自分が暮らしている街がいつか存在しなくなるなどと考えて生きている人はいない。しかし都市も社会も帝国も文明も、細胞と同じように成長し、死ぬ。死について

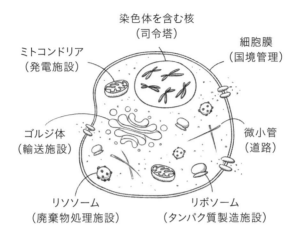

語るとき、私たちが通常想定しているのはそのようなタイプの死ではない。1人ひとりの個人の身に起こる死だ。しかし生や死が何を意味するかはもちろん、個人とは何かを定義することさえなかなか難しい。[*1]

私たちが死ぬ瞬間、具体的に何が死ぬのだろう。その時点で体内の細胞のほとんどはまだ生きている。臓器をまるごと寄付することもできるし、迅速に移植されれば他者の体内でなんの問題もなく機能する。人体には細胞を上回る何十兆、何百兆もの細菌が存在するが、細菌も私たちの死後も生き続ける。ときにはその逆も起こる。たとえば事故で手や足を失うとしよう。その手や足は確実に死ぬが、だからといって私たち自身が死んだとは思わない。

私たちが「死」という言葉を使うとき、それはまとまりのある1つの個体として機能しなくなるという意味だ。体内の組織や臓器を形づくる細胞群は、互いにコミュニケーションをとりながら知覚のある個体として私たちを成り立たせている。それらが1つのまとまりとして機能しなくなったとき、私たちは死ぬ。本書の検討対象である避けられない死は、老化の結果だ。老化を最もわかりやすく説明すると、長い時間のなかで体内の分子や細胞が受けた化学的ダメージの蓄積である。ダメージによって私たちの身体的および精神的能力は損なわれていき、ついには1つの個体として機能できなくなる――それが死だ。ここで私が思い出すのが、ヘミングウェイの小説『日はまた昇る』に出てくる言葉だ。ある登場人物が破産した経緯を聞かれて、こう答える。「ゆっくりと、それから突然にさ」。老化による減退はゆっくりと進み、あるとき突然、死が訪れる。老化のプロセスは体という複雑なシステムのなかで小さな不具合が起こるところからゆっくりと始まる、と考えるとわかりやすい。それがやがて高齢期になると中規模な不具合になってさまざまな疾病のかたちで現れ、最終的には死というシステム全体の機能停止に至る。

ただその段階でも死がいつ起きたのか、正確に特定するのは難しい。かつては心臓が止まったときが死だったが、今日では心肺蘇生法によって心停止の状態から復活することも可能になった。代わって脳機能の喪失がより直接的な死の兆候とされるようになったが、そこからの蘇生もときには可能であることが示されている[*2]。法律上の死の定義の違いは、きわめて重大な結果をもたらすこともある。アメリカでは州によって死の定義が異なり、ある州では移植用臓器を合法的に取り出せる死亡状態なのに、他の州では殺人とされてしまう。ある少女はカリフォルニア州オークランドで脳死と判定されたが、家族が住むニュージャージー州の基準ではまだ生きているとみなされた。家族の懇願によって少女は生命維持装置を着けた状態でニュージャージー州に移送され、数年後に死亡した[*3]。

死の正確なタイミングが明確に定義されていないのと同じように、誕生のタイミングも曖昧だ。私たちは子宮から外に出て初めて息をする前から存在している。受胎を生命のはじまりと考える宗教は多いが、受胎自体も曖昧な言葉だ。精子が卵子の表面に接触し、一連の事象が起きてから、受精卵の中で遺伝プログラムが作動しはじめる。その後受精卵が数回の分裂を繰り返し、胚（この時点では胚盤胞と呼ばれる）が子宮内膜に着床するまでに数日の間がある。[*4] さらにしばらく経ってから心臓の形成が始まる。神経系や脳が発達して胎児が痛みを感じるようになるのはずっと先のことだ。

妊娠中絶に関する論争が続いていることからも明らかなように、生命のはじまりはいつかというのは科学的な問いであると同時に社会的・文化的な問いだ。アメリカやイギリスなど中絶が合法とされる多くの国においても、14日を超えて研究用のヒト胚を育成することは犯罪だ。この14日という期間は、ヒト胚の左右を分ける原始線条が現れる時期とおおよそ一致している。この段階を過ぎるとヒト胚は分裂し、一卵性双生児になることはできない。私たちは生や死を瞬間的事象（ある瞬間に存在しはじめ、別の瞬間に存在をやめる）ととらえているが、生命の境界線は不鮮明なものだ。もっと大きな組織単位についても同じことがいえる。ある都市がいつ誕生し、いつ崩壊するのか、正確なタイミングを特定するのは難しい。

死は、分子から国家まであらゆる規模の実体で起こるが、成長から老化、そして終焉に至る道のりには共通点がある。[*5] いずれも構成要素の問題によって、有機的統一体が機能しつづけられなくなる決定的瞬間が訪れる。細胞内の分子は細胞が機能できるように協調して働くが、分子自体も化学的損傷を受けることがあり、最終的に崩壊する。その分子が重要なプロセスにかかわるものであれば、それが支える細胞も老化しはじめ、やがて死ぬ。規模の階層を一段上ると、人体のなかでは数十兆個の細胞がそれぞれの専門業務をこなし、互いにコミュニケーションしながら個体として機能できるようにしている。体内では常にたくさんの細胞が死んでいくが、人体に悪影響を及ぼすことはない。むしろ胚の成長過程では多くの細胞が特定のタイミングで死ぬようにプログラムされている。アポトーシス（プログラム細胞死）と呼ばれる現象だ。ただ心臓、脳など重要な臓器内でそれを支える細胞が一定数死ぬと、個体は機能できなくなり死亡する。

人間も細胞とさほど変わらない。私たちも会社、都市、社会など集団のなかで自らの役割を果たす。木が1本枯れても森の健全性になんら変化がないように、従業員が1人辞めたところで大企業の機能にふつうは影響ない。都市や国家ならなおさらだ。しかし重要な従業員の一群、たとえば上級幹部がそろって退社してしまったら、会社の健全性や将来は危うくなる。

個体の規模が大きくなるにつれて寿命が延びるというのも興味深い。私たちの体内の細胞は、私たち自身が死ぬまでの間に何度も死んで入れ替わる。一般的に企業の寿命は、拠点とする都市の寿命よりもはるかに短い。数が多ければ安全という原則は、生命と社会の進化を後押ししてきた。生命は自己複製能力を持つ分子から始まったとされ、分子はその後私たちが細胞と呼ぶ閉鎖領域を組織した。そうした細胞の一部が結びつき、個々の動物が誕生した。動物は群れを形成した。人間の場合は共同体、都市、国家だ。組織のレベルが上がるごとに安全性は高まり、世界の相互依存性も高まった。今日、1人だけで生きていける人間はまずいないだろう。

それでも私たちが死を考えるとき、

たいてい念頭にあるのは自分自身の死、個人としての意識的存在の終焉だ。ここでいう死については、明らかな矛盾がある。個人が死んでも命そのものは存続するのだ。単に私たちがいなくても家族や共同体や社会が存続するという意味ではない。現在生きているすべての生き物は、数十億年前に存在した祖先細胞の直系の子孫であるという驚くべき事実がある。だから時間とともに変化や進化を遂げてきたとはいえ、私たちのなかの何らかの要素は20〜30億年にわたって生き続けてきたものだ。人類がいつか完全に人工的な生命体を生み出すようなことがなければ、この事実は地球上に生命が存在しつづけるかぎり変わらない。

古代の祖先から私たちが何かを直接受け継いでいるのだとしたら、私たち1人ひとりのなかにも何か死なないものがあるはずだ。その何かとは新しい細胞、あるいはまったく新しい生物を生み出す方法についての情報であり、当初の情報の保有者が死んだ後もそれは続く。本書に書かれた情報は、紙の本が朽ち果てても何らかのかたちで残るというのと同じだ。

言うまでもなく、この命を維持するための情報は遺伝子のなかにある。個々の遺伝子はDNAの一節であり、細胞内の遺伝情報を閉じ込めた特別区画である核のなかに、染色体のかたちで保管されている。私たちの細胞のほとんどはまったく同じ遺伝子の組み合わせを含んでおり、その集合をまとめて「ゲノム」と呼ぶ。細胞は分裂するたびに、新たに誕生した娘《じょう》細胞にゲノムをそっくりそのまま継承する。こうした細胞の大半は体の一部であり、体とともに死ぬ。しかし細胞の一部は子供、すなわち次世代を構成する新たな個人の一部となって体が死んでも生き続ける。ではこのように生き続ける細胞は、何が特別なのか。

その答えは、DNAはもちろん遺伝子の存在すら知られていなかった時代に起きた激しい論争とその決着にある。種は進化するという事実を人々が受け入れはじめた頃、2つの相対する見解が生まれた。1つめはフランス人のジャン＝バティスト・ラマルクが19世紀初頭に主張した、獲得された特徴は遺伝するという説だ。たとえばキリンが葉っぱを食べようとできるだけ高い枝に向かって首を伸ばし続けると、子供たちにはその成果である長い首が遺伝するという説だ。2つめはチャールズ・ダーウィンとアルフレッド・ウォレスという2人のイギリス人生物学者が唱えた自然淘汰説だ。この説ではキリンにもバラツキがあり、首が長い個体もいれば短い個体もいる。首が長い個体のほうが栄養をたっぷりとれるので、生き残り、子孫を残す可能性が高い。その結果、世代を経るたびに次第に首の長い個体のほうが選別されていく。

1858年、当時のマレー諸島で働いていた35歳のアルフレッド・ウォレスはこの分野ではやや門外漢だったが、ダーウィンに自らの考えを書き送った。ダーウィンが何年も前に同じ結論に達していたとは知る由もなかった。ただその考えはあまりに革命的で、社会的にも宗教的にも重大な影響を及ぼしかねなかったため、ダーウィンは発表する勇気を持てずにいたのだ。ただウォレスとのやりとりをきっかけに行動を起こすことにした。ダーウィンはすでにイギリス科学界の重鎮で、ウォレスの手紙など無視してさっさと自著を出版することもできた。そうすれば誰もウォレスの名前など知ることもなかっただろう。しかし実直なダーウィンは1858年7月1日、博物学の研究・普及を目的とする学術機関ロンドン・リンネ協会でウォレスとともに合同発表を企画した。講義自体への反応は比較的鈍く、その時点では影響はないに等しかった。リンネ協会会長が年次総会で「今年は特定の科学分野に直ちに革命を起こすような衝撃的発見は1つもなかった」と発言したのは、科学史上最悪の見当違いの1つといえる。ただこの講演が下地となり、ダーウィンは翌年著書『種の起源』を出版、生物学への人々の理解を根底から変えた。[*6]

1892年、ダーウィンの記念碑的著作の出版から33年後、ドイツの生物学者アウグスト・ヴァイスマンがラマルクの主張を明確に否定した。人類はセックスと生殖に関連があることはかねてから認識していたが、重要なのは精子と卵子が結合してプロセスが始まることだと発見したのはほんの300年前なのだ。[*7]卵子が精子と受精することで、まったく新しい個体が誕生するという奇跡のような出来事が起こる。個体は数十兆個の細胞からできており、それらの細胞は体のほぼすべての機能を実行し、体とともに死ぬ。ヴァイスマンのいうソーマ細胞（ラテン語・ギリシャ語で「からだ」を意味する「ソーマ」に由来する）、つまり体細胞だ。それに対して精子や卵子は生殖細胞と呼ばれ、生殖腺（男性の場合は睾丸、女性の場合は卵巣）に存在する。遺伝情報、すなわち遺伝子を伝達するのは生殖細胞だけだ。ヴァイスマンは生殖細胞は次世代の体細胞を生み出すことができるが、その逆は決して起こらないと主張した。この2種類の細胞の区別は「ヴァイスマンバリア」と呼ばれる。キリンが首をのばせば首回りの筋肉や皮膚を形づくる体細胞には影響が現れるが、そうした細胞は体に生じた変化を子孫に伝えることはできない。生殖腺に保護された生殖細胞は、キリンの活動やその首回りの特徴の変化に一切影響を受けない[*8]。

遺伝子を増殖させる生殖細胞は死なない。というのも、その一部は生殖活動によって次の世代の体細胞や生殖細胞を生み出すのに使われるからで、それは実質的に老化時計をリセットすることを意味する。各世代において私たちの体（ソーマ）は単に遺伝子を増殖させるための容器に過ぎず、目的を達すれば必要なくなる。動物あるいは人間の死は、つまるところ容器の死に過ぎないのだ。

そもそもなぜ死は存在するのか。

なぜ私たちは永遠に生き続けられないのか。

20世紀のロシアの遺伝学者、テオドシウス・ドブジャンスキーはかつてこう書いた。「進化という視点がなければ、生物学は辻褄《つじつま》の合わないことばかりだ[*9]」。生物学において、なぜ何かが起こるのかという問いの究極の答えは「進化の結果がそうだから」だ。私は「私たちはなぜ死ぬのか」という疑問を考えはじめた当初、死は古い世代がいつまでものさばって新しい世代とリソースを奪い合わないようにすることで、新しい世代が繁栄・繁殖し、遺伝子が存続できるようにするための自然の摂理ではないかと単純に考えていた。しかも新しい世代のメンバーはそれぞれ親とは異なる遺伝子の組み合わせを持っているので、命の手札を常に入れ替えることはヒトという種全体の存続に役立つのだろう、とも考えた。

　こうした考えは少なくとも紀元前1世紀のローマ期の詩人、ルクレティウスの時代から存在している。魅力的な考えだが、間違っている。問題はズルをする者が出てくるため、個人を犠牲にして集団を利するような遺伝子を母集団のなかで安定的に維持することはできないからだ。進化においてズルをする者とは、集団を犠牲にして個人を利するような突然変異を指す。たとえば集団を利するため、人々が老化してタイミングよく死ぬようにする遺伝子が存在するとしよう。もしその遺伝子を抑制する突然変異を持つ個人がいて、他の人々より長生きしたら、集団の利益には沿わなくてもその人物はより多くの子孫を残す機会を持つことになる。[*10] 最終的にはその変異が勝利する。

　ヒトと違い、多くの昆虫や穀物は1度しか繁殖しない。線虫の一種であるカエノラブディティス・エレガンス（Cエレガンス）やサケは1度に大量の子孫を生み出すが、その過程でたいてい自殺のようなかたちで死ぬ。[*11] このような繁殖行動は線虫の場合は理にかなっている。ほとんどの個体が雌雄同体なので自家受精で生まれる子孫とは遺伝的に同一であるからだ。一方、サケの繁殖行動はそのライフサイクルの産物だ。産卵の場に戻るために海を何千キロも泳がなければならないが、そのような旅路を人生で2度成功させられる見込みは低い。だから1度きりの繁殖に持てる力をすべて注ぎ、その過程で命を落としてでも、たっぷりと子孫を生み出して彼らが生き残る可能性を最大化するほうが理にかなっている。ヒト、ハエ、ネズミのように何度も繁殖する種の場合、自分の遺伝子を50%しか受け継がない子孫を残すために命を落とすのは遺伝的に不合理だ。一般的に自然淘汰が種や集団を利することはめったにない。むしろ自然は進化生物学者が「適応度」と呼ぶもの、すなわち個人の遺伝子を繁殖させる能力を高めようとする。

自らの遺伝子を確実に遺すことが目的なら、なぜヒトはそもそも老化しないように進化しなかったのだろうか。当然だが、長生きすればするほど、子孫を残す機会を増やせる。その答えを簡潔に言えば、人類史の大半を通じてヒトの命は短かったからだ。多くの人が事故、病、捕食者、あるいは他の人間によって30歳の誕生日を迎える前に命を落としていた。だから長寿を目的に自然淘汰する理由はなかった。だが世界が安全で健康的になった今なら、ただ生き続ければいいのではないか。

1930年代にこの疑問の解決に乗り出したのは、イギリス科学界のエリート、J・B・S・ホールデンとロナルド・フィッシャーだ。ホールデンは酵素のメカニズムから生命の起源まで幅広い学問を探究した博学家だ。社会主義者でもあり、晩年にはイギリスに幻滅してインドに移住し、そこで亡くなった。[*12] 一方フィッシャーは統計学に多大な貢献をし、進化への理解を進展させた。それは新薬や治療法の有効性を検証するための無作為化臨床試験の基礎にもなり、数百万人の命を救ってきた。だが死後50年以上経った1962年、フィッシャーの優生学と人種に関する見解が問題視されるようになった。かつてフェローを務めたケンブリッジ大学ゴンヴィル・アンド・キーズ・カレッジはこのほど、実験のデザインに関するフィッシャーの重要な思想を描いたステンドグラス窓を撤去したが、最終的にその処遇はまだ決まっていない。*13

フィッシャーとホールデンはそれぞれほぼ同時期に革新的な考えを思いついた。人生の初期に害を及ぼす突然変異は、その保有者が繁殖せずに生涯を終えるので強力に淘汰される。しかし人生の後半にならないと害を及ぼさない遺伝子は淘汰されない。*14 なぜならその有害性が明らかになる頃には、すでにそれを子孫に受け継いでしまっているからだ。人類史のほとんどを通じて、私たちはその有害な影響に気づきもしなかった。そうした影響が出るずっと前にほとんどの人が死んでしまったからだ。人生の晩年に害を及ぼす変異の影響を私たちが認識したのは、比較的最近のことだ。たとえばハンチントン病を発症するのは主に30歳を超えてからだが、人類史を振り返れば、ほとんどの人がその年齢にはすでに生殖を終えて死んでいた。

フィッシャーとホールデンの考えは、特定の有害な遺伝子がヒトという種に存続している理由を説明するのには役立つが、その老化との関係は一見明白ではない。それを説明したのはイギリスの生物学者ピーター・メダワーだ。[*15] ブラジル生まれのメダワーもまた聡明で興味深い人物で、免疫系が臓器移植に拒絶反応を示したり、免疫寛容（トレランス）を獲得したりする仕組みを解明したことで知られる。多くの科学者が狭い専門分野に集中するが、メダワーはホールデンと同じように幅広い分野に関心があり、豊かな知識を美しい文体でつづった多くの著書を遺した。私の世代の科学者の多くはメダワーが1981年に書いた『若き科学者へ』を読んでいる。尊大で横柄で、それでいて思慮深く魅力的で、ウィットに富む作品だ。

メダワーは老化の原因として突然変異の蓄積説を提唱した。複数の遺伝子変異が起こっても若い頃は健康に明らかな害は出ないが、それらが積み重なってやがて慢性疾患を引き起こし、老化につながるというのだ。

生物学者のジョージ・ウィリアムズはこの説をさらに一歩推し進め、たとえ晩年に悪さをする遺伝子変異であっても、それが人生の初期段階で有益であれば自然はそれを選択すると主張した。これは拮抗的多面発現性理論と呼ばれる。「多面発現性」とは、ある遺伝子が複数の効果をもたらすことをしゃれた表現にしただけだ。つまり拮抗的多面発現性とは、同じ遺伝子が相反する効果を引き起こす可能性があることを意味している。老化にかかわる遺伝子の場合、その効果は人生の異なる時期に発現する可能性がある。たとえば人生の初期段階には有益だったが、晩年には有害になるといった具合に。たとえば若い頃には成長に役立った遺伝子が、歳をとると癌《がん》や認知症といった加齢に伴う病気のリスクを高めたりする。

同じように「使い捨ての体理論」は、あらゆる生物は若い時期の成長や繁殖と、細胞の損傷を修復しながら寿命を延ばすことのあいだで限られたリソースを配分しなければならない、と主張する。[*16] この説を1970年代に初めて提唱した生物学者のトーマス・カークウッドによると、生物の老化とは生殖を通じた遺伝子継承の機会を高めることと、長生きすることのトレードオフの結果だという。

こうした老化に関するさまざまな説を裏づける証拠はあるのか。科学者たちは研究室で飼育しやすく、世代時間が短いミバエや蠕虫《ぜんちゅう》を使った実験を重ねてきた。さまざまな理論が予測したとおり、寿命を延ばす突然変異は繁殖力（生物が子孫を生み出すペース）を低下させた。[*17] 同じように実験用の虫に与えるエサを減らし、カロリー摂取を抑えると、寿命が延びる一方で繁殖率は低下することがわかった。

ヒトを使って実験することの倫理的問題は脇においても、20〜30年というヒトの世代時間は、大学院生や研究員に与えられた時間はもちろん、典型的な学者のキャリアを考えても長すぎる。しかし過去1200年のイギリス貴族を対象とする珍しい分析では、60歳を超える女性では（病気、事故、出産時の死亡といった要因を除去している）、生んだ子供の数が少ない人ほど長生きだった。[*18] この研究の著者らは、ヒトにおいても繁殖力と寿命の間に逆相関があると主張した。ただ子育てに疲弊した親ならよくわかりそうだが、子供の数が少ないと寿命が延びる理由は他にもたくさんあるかもしれない。

過去1世紀の寿命の延びによってもう1つ、ほぼ人間だけに見られる興味深い老化の特徴が浮かび上がった。

閉経だ。シャチなどほんのわずかな種を除いて、ほとんどの動物のメスは死ぬ直前まで繁殖能力があるが、人間の女性は中年期に突然生殖能力を失う。男性の生殖能力の減退がもっと緩やかであることを考えても、この女性の突然の変化は奇妙だ。

進化が遺伝子を受け継ぐ能力を高めるように選択するなら、生きている間はできるだけ長く生殖するほうが望ましいはずだ。ならばなぜ女性の生殖能力は人生の比較的早い段階で失われるのだろうか。

これは問いの立て方が間違っているのかもしれない。類人猿などヒトに一番近い種も、30代後半というだいたいヒトと同じような時期に子供を生まなくなる。違いは類人猿のメスはその後まもなく死ぬことだ。そして人類史のほとんどを通じて、女性の大半は閉経の前、あるいはその後まもなく死んでいた。もしかすると本当に問うべきなのは、なぜ閉経が人生のこれほど早い段階で起こるのか、ではなく、なぜ女性は閉経を迎えた後もこれほど長生きするのか、かもしれない。

遺伝子の継承という意味では、私たちは一番年少の子供が自立するまで生殖が完了したという確信を持てない。そしてヒトという種は親に依存する小児期がとりわけ長い。閉経ができたのは、歳をとった女性を上昇する出産のリスクから守り、生存しつづけてすでに生んだ子供の世話をできるようにするためにあるのかもしれない。[*19] 女性のようなリスクを負わない男性はずっと後になるまで生殖能力を持ち続ける理由も、これで説明できるかもしれない。このように閉経は女性の生んだ子供たちが成育できる確率を最大化するため、そして女性が自らの遺伝子を遺せるようにするための適応として発達したのかもしれない。これがいわゆる「良き母親仮説」だ。実際メスが生殖期を大幅に超えて生きる少数の種では、子は長期間にわたって母親の庇護を必要とする。ただこうした種でも生殖能力は徐々に失われ、閉経という突然の変化はみられない。たとえばゾウの生殖能力は年齢とともに衰えるが、ヒトと違って最晩年まで子を生むことはできる。[*20] 同じようにチンパンジーも出産期を大幅に超えて生きることが確認されているが、閉経が来るのは寿命がほぼ尽きる頃だ。[*21]

閉経の起源についての「おばあちゃん仮説」は、この考えをさらに1世代先まで広げたものだ。[*22] 人類学者クリステン・ホークスが提唱したもので、女性が孫の世話を助け、その生存と繁殖能力に寄与するならば、女性が長生きすることは理にかなっているという主張だ。しかしこれに対しては、女性が自ら出産して自分の遺伝子の50%を受け継ぐ機会を手放してまで自分の遺伝子の25%しか受け継がない孫の生存確率を高めるほうが得なケースは稀だ、という反論がある。

ヒトと同じように本物の閉経があり、しかも集団で生活する数少ない種の1つであるシャチの研究から導き出されたもう1つの説は、閉経は世代間の対立を回避する方策である、というものだ。[*23] 集団で繁殖する種の中には、若いメスは繁殖活動を抑えられ、生殖活動期の年上のメスのヘルプにまわるものもある。しかしヒトの場合、世代間の重複はほとんどない。女性は次の世代が生殖活動を始めると、すぐに自らの生殖活動を終える。義理の母と娘には共通の遺伝子はないため、若い女性に義理の母がさらに子供を生む手助けをするメリットはない。一方、年上の女性が義理の娘の生殖を支援するのは、自らの遺伝子の25%を孫に伝えるのに一役買うことだ。だから義理の母にとっては自らの生殖活動をやめ、義理の娘のそれを支援するのが最善の策になる。

あるいは女性の卵子の数は、野生時代の平均寿命に合致するように進化したというだけの話かもしれない。[*24] 現在アラバマ大学バーミンガム校に所属するスティーヴン・オースタッドは、閉経は母親あるいは祖母としての活動を助長するという意味での適応ではまったくないと指摘する。私たちがネアンデルタール人やチンパンジーよりはるかに長く生きるように進化してから、まだ4万年しか経っていない。だから人間の卵巣の老化が寿命の延びに適応するだけの時間がまだ経っていないだけかもしれないのだ。[*25] 確固たる実験が存在しないため、進化生物学者を中心とする科学者たちは熱心に議論を続けている。

ここまで紹介した「私たちはなぜ老化するのか」をめぐる理論は、「使い捨ての体に、老化して死ぬ前に遺伝子を受け継ぐ能力が備わっている」という考えに基づいている。そうやって世代が変わると、老化時計をどうにかリセットできる。こうした理論は親と子のあいだに明確な区別がある生物のみに当てはまるはずだ。あらゆる有性生殖にはそうした区別が確実に存在する。セックスは両親とは異なる遺伝子の組み合わせを持つ子を生み出す効率的な仕組みとして進化してきた。それによって生物は変化する環境に適応することができる。ある意味では、死はセックスの代償といえる。魅力的なフレーズだが、生殖細胞と体細胞の区別のある動物がすべてセックスによって生殖をするわけではない。しかも酵母菌や細菌のような単細胞生物であっても、親と子の区別さえ明確であれば老化と死が起こることは科学的に確認されている。[*26]

進化の法則はあらゆる種に当てはまり、あらゆる生命体は同じ物質でできている。ダーウィン以降の生物学者はみな、進化（適応度の高さ、すなわちそれぞれの種が遺伝子を効率よく継承できる方法が選択されること）によって地球上にこれほど多様な生命体が生まれてきたという事実に魅了されてきた。ここでいう多様性には寿命の長さも含まれている。数時間単位で寿命の尽きる種もあれば、1世紀以上生き続けるものもいる。人間の寿命の限界を探りたければ、動物界のさまざまな種から驚くべき教訓を学ぶことができる。

CHAPTER

2

生き急ぎ、死に急ぐ

春になると私は妻と一緒にケンブリッジ近郊のハードウィックの森によく散歩に出かけ、木々の根元に群生するブルーベルの花を楽しむ。あるとき小径を歩いていたら、2006年に25歳の若さで亡くなったオリバー・ジョン・ハーディメントという若者に捧げる石碑があった。名前の下にはインドの詩人、ラビンドラナート・タゴールの言葉が刻まれていた。「蝶のいのちは　ひと月どころか　ひととき単位　それでも時間は　じゅうぶんにある」

蝶の一生は短ければ1週間ほど、ほとんどが1カ月以内に死ぬ。典型的な蝶のはかなく短い生涯について考えていると、もう1つ私の心をとらえてやまない存在との違いに思い至った。私はニューヨークのアメリカ自然史博物館によく足を運ぶが、そこには巨大なセコイアの木の幹を展示する広い区画がある。1891年に切り倒された時点で、その木は樹齢1300年を超えていた。イギリスのイチイの木のなかには樹齢3000年を超えるものもあるとされる。

もちろん再生能力があるという点において、木は人間と根本的に違う。ケンブリッジ大学植物園には、数百年前に数百キロ北のウールズソープのニュートン邸に植わっていたとされるリンゴの木の挿《さ》し木から育てられた木がある。実際「ニュートンの木」は何本もあり、いずれも若きアイザック・ニュートンの目の前で地面に落ちてきて、万有引力の法則を生み出すきっかけとなったかの有名なリンゴがなっていた木の挿し木から育ったものだ。これらのニュートンの木の樹齢が、元になった木の根系までさかのぼるのか否かというのは興味深い問いだが、いずれにせよ動物の寿命とは話が違う。

動物の世界にも木のような性質を持つ種はいくつか存在する。ヒトデの腕を切り落とすと、すぐに新しい腕が育つ。ヒドラという小さな水生生物はさらにすごい。[*1] 一切老化せず、常に組織を再生できるようなのだ。ただ、それは複雑な手続きを要する。[*2] ある研究では、頭部を再生するのにも大量の遺伝子がかかわっていることが示されている。長さ1・3センチメートルに満たない生物であってもそうなのだ。

ヒドラもすごいが、その親戚である別の水生生物は年齢を逆行できる（少なくとも比喩的にそう表現できる)。ベニクラゲ、またの名を「不滅のクラゲ」という。ケガをしたりストレスにさらされたりすると、ベニクラゲは成長の初期段階に変容し、もう1度初めから生き直すのだ。たとえて言えばケガをした蝶がさなぎに戻り、もう1度やり直すようなものだ。[*3] ヒドラや不滅のクラゲには明らかな老化の兆候が見られないので、生物学的に不滅とされる。だからといって死なないわけではなく、実際さまざまな理由で死ぬ。彼らも捕食者を恐れるし、生きていくために食べ物を獲得しなければならない。また生物学的理由で死なないわけでもない。ただ他のあらゆる動物と違い、加齢とともに死ぬ確率が上昇することはない。

老年学者がヒドラや不滅のクラゲのような種に夢中になるのは、老化プロセスを克服する手がかりを与えてくれるかもしれないと思うからだ。だが私から見れば、体の一部もしくは生命体全体を再生できるというヒドラや不滅のクラゲの性質は、人間よりも木に近い。明らかな老化を見せない彼らから何か興味深いことを学べるかもしれないが、そうした知見がどれだけ人間の老化問題の参考になるかはまったくわからない。根本的なメカニズムをはじめ、生物学には普遍的な要素もある。ただネズミなど人間にずっと近い哺乳類に関する発見であっても、人間に応用するのは難しいこともある。ヒドラやベニクラゲから得られた知見が人間に役立つようになるまでには非常に長い時間がかかるだろう。

あるいは私たちが目を向けるべきは、自分たちに近い種なのかもしれない。たとえば哺乳類、少なくとも脊椎動物のように。この類の動物の寿命には、昆虫から木までのような途方もない振れ幅はないものの、それでも相当な幅はある。ほんの数週間しか生きない小さな魚もいる一方、ホッキョククジラは200年以上、ニシオンデンザメは400年以上も生きたことがあるとされる。

哺乳類のような特定の類に属する動物のなかでも、寿命にこれほど大きなバラツキがある原因は何か。なんらかの一般的な特徴に基づくパターンはあるのか。科学者は長年、そうした相関関係を探し求めてきた。とりわけ物理学者は多様な観察結果を説明できる一般法則を探すのに熱心だ。サンタフェ研究所のジョフリー・ウェストはそうした物理学者の1人で、現在は老化を含む複雑系を研究している。その視野は広く、生物はもちろん都市や企業がどのように成長し、老化し、死んでいくかを分析する。そのなかでサイズや寿命が大きく異なる動物のあいだで、さまざまな特性がどのように変化するかを調べている。[*4]

哺乳類の場合、一般的に個体のサイズが大きくなるほど寿命は長くなる。これは進化の観点からも理にかなっている。小さな動物ほど捕食者に捕まりやすい。老衰によって死ぬ前に食べられてしまうのなら、寿命が長くても意味がない。しかしサイズと寿命の相関性のもっと本質的な理由は、サイズは代謝率と関係があることだ。代謝率とはざっくり言うと、動物が機能するのに必要なエネルギーを得るために、食料という燃料を燃焼するペースのことだ。小さな哺乳類は体格に対して表面積が大きいため、熱が失われやすい。それを補うためにより多くの熱を生み出す必要があり、より高い代謝率を保ち、体重あたりの食料摂取も増やさなければならない。要するに質量の増加率と比べて、個体の時間あたりの総カロリー消費の増加率は緩やかであるということだ。体重が10倍に増えても、時間あたりの消費カロリーは4〜5倍にしかならない。小さな動物ほど大きな動物と比べて体重あたりの消費カロリーは多くなる。動物のカロリー消費の速度と質量の相関性は「クライバーの法則」と呼ばれる。１９３０年代にマックス・クライバーは、動物の代謝率が質量の4分の3乗に比例することを示した。正確な乗数については議論の分かれるところで、哺乳類の場合は3分の2乗に近いという説もある。

心拍数も代謝率に比例するため、ハムスターからクジラまで体格が極端に違っても哺乳類の一生涯の心拍数はおおよそ同じだ。約15億回である。人間の生涯心拍数は現在そのほぼ2倍だが、人間の平均寿命は過去１００年で2倍に延びたのだ。まるで哺乳類は心拍数が一定の数に達するまでしか生きられないように設計されているかのようだ。ちょうど典型的な自動車が24万キロメートルほどしか走行できないというのに似ている。ジョフリー・

ウェストは15億回というのはおおよそ自動車のエンジンが耐用年数のあいだに回転する総数に匹敵すると指摘し、これは単なる偶然なのか、それとも老化をめぐる共通のメカニズムについて何か示唆しているのだろうか、と冗談半分に問いかけている。

このような相関性は、個体の大きさと代謝率の幅には限度があり、寿命にはおのずと限界があることを意味しているようだ。たとえば動物がやみくもに大きくなれば、自らの重みで倒れてしまう。またそんなに大きくなれば、体内の細胞に必要な酸素を供給するのもきわめて難しくなるだろう。また動物が動き回って食料を探せるように代謝にはスピードが必要だが、体が小さければ代謝を速くするのにも生物学的限界がある。ただ許容される限度内では、こうした法則は驚くほどきちんと機能している。ウェストは哺乳類の大きささえわかれば、スケーリング理論を使って食料消費率、心拍数から寿命までほとんどのことを推計できると豪語する。

これはかなり驚くべきことで、あくまで平均値の話ではあるが、寿命に限界を課す揺るぎない法則のように思える。だが、そうだとすれば過去1世紀の人間の大幅な寿命増加をどう説明するのか。ウェストが指摘するとおり、そもそも寿命とは何かという問いがある。過去１００年で平均寿命はほぼ2倍になったものの、最大寿命を延ばすという点では成果はゼロで、１２０歳ほどにとどまっている。ウェストはエビデンスに基づき、老化や死は生きていることに伴う消耗の結果であると主張する。私たちの不死の夢を阻むのは、無秩序と崩壊の方向へと突き進むエントロピー増大（乱雑さの増大）の容赦ない力だ。摩耗したら新しい部品に交換可能な機械的部品でできている自動車と違い、人間は部品を新しいものに交換して永遠に生きつづけることはできない。

個体の大きさ、代謝率、寿命のあいだの大まかな法則性は魅力的ではあるものの、生物学者は例外のほうに惹かれる。老化の背後にあるメカニズムについて何らかの示唆を得られるのではないかという期待から、法則を超える種を研究したがる。重要な問いの1つが、寿命には理論的上限があるのか否かだ。ヒドラや不滅のクラゲのように、老化せず、体内の摩耗した部品を交換しつづけられる種が存在することはすでに見てきた。生物学者も熱力学の第二法則（あらゆる自然プロセスにおいて無秩序、すなわちエントロピーは時間とともに増大する）はよくわかっているが、この法則が老化から死に至るまですべてに網羅的に当てはまるという見方には同意しない者がほとんどだ。なぜならこの法則の要件に反して生命体は閉鎖系ではなく、存在するために常にエネルギーの投入を必要とするからだ。実際にはたとえば屋根裏部屋やハードドライブを定期的に掃除するときのように、十分にエネルギーを投入すればエントロピーを逆転させることも可能だ。ほとんどの人がそんなことに価値を見いださないだけだ。

このため生物学者は老化を避けられないものとは考えない。[*5] むしろ進化が重視するのは適応度、すなわち遺伝子を効率的に次世代に受け継ぐ能力だけだ。長生きに意味があるのは、老衰で死ぬよりはるかに前に捕食者に食べられたり、病気や事故で死んだりしない場合だけだ。このため飛ぶことによって捕食者から逃れられる鳥は、同じサイズの飛べない動物と比べて一般的に寿命が長い。動物のなかでも捕食者を恐れる必要のない幸運な種の場合、長生きするほど相手を見つけて繁殖する機会が増える。その場合は代謝率を落とし、日がな1日食料を探し歩かなくてもいいようにすることが長生きするための優れた戦略になるのかもしれない。いずれのケースでも、寿命は進化によってそれぞれの種の適応度が最適化された結果である。

スティーヴン・オースタッドは老化研究の第一人者で、寿命が大幅に異なる多様な種を研究している。科学者としてのキャリアはかなり変わっている。学部時代は「アメリカを代表する小説」を書こうと、カリフォルニア大学ロサンゼルス校で英文学を学んだ。その後どうなったかは、こんな作家の名前は誰も知らないという事実から察してくれ、と冗談を飛ばす。小説を書かずに大学を卒業した後はタクシー運転手や新聞記者などを経て、映画産業のためにライオンやトラなどの野生動物を調教する仕事に数年間従事した。それがきっかけで動物に興味を持つようになり、オースタッドは動物行動学を学びに大学に戻った。[*6] そこから発展して、なぜ動物が老化するスピードにはバラツキがあるのかという問題に関心を持った。

1991年、オースタッドと教え子の大学院生キャスリーン・フィッシャーは数百種の寿命を調べた。その結果、哺乳類においてすら体の大きさと寿命の相関性は体重1キロという境界を下回ると消滅することを発見した。具体性にこだわる生物学者らしく、続いて2人はこのスケーリング則から最も大きく逸脱する種は何かと考え、「長寿指数（LQ）」を考案した。長寿指数とは特定の種の平均寿命と、スケーリング則から想定される寿命との比率を示す数字だ。[*7] この指数を使うことで、体重から想定される寿命よりも大幅に長生きする種と、大幅に早死にする種を絞り込むことができた。

ヒトがかなりよくやっていることは左図からも明らかだ。ヒトの長寿指数は約5、すなわちスケーリング則から想定される寿命の5倍生きている。長寿指数でヒトを上回る哺乳類種は19あり、そのうち18種がコウモリ、残り1種がハダカデバネズミである。オースタッドは長年、これらの長寿指数が異常に高い種を研究し、さすが元英文学専攻と思わせるような魅力的筆致でその特徴を説明している。[*8] そしてこんな挑発的問いを投げかけている。老化研究者はなぜこうした特別な種に目を向けず、長寿指数がわずか0・7のラットやマウ

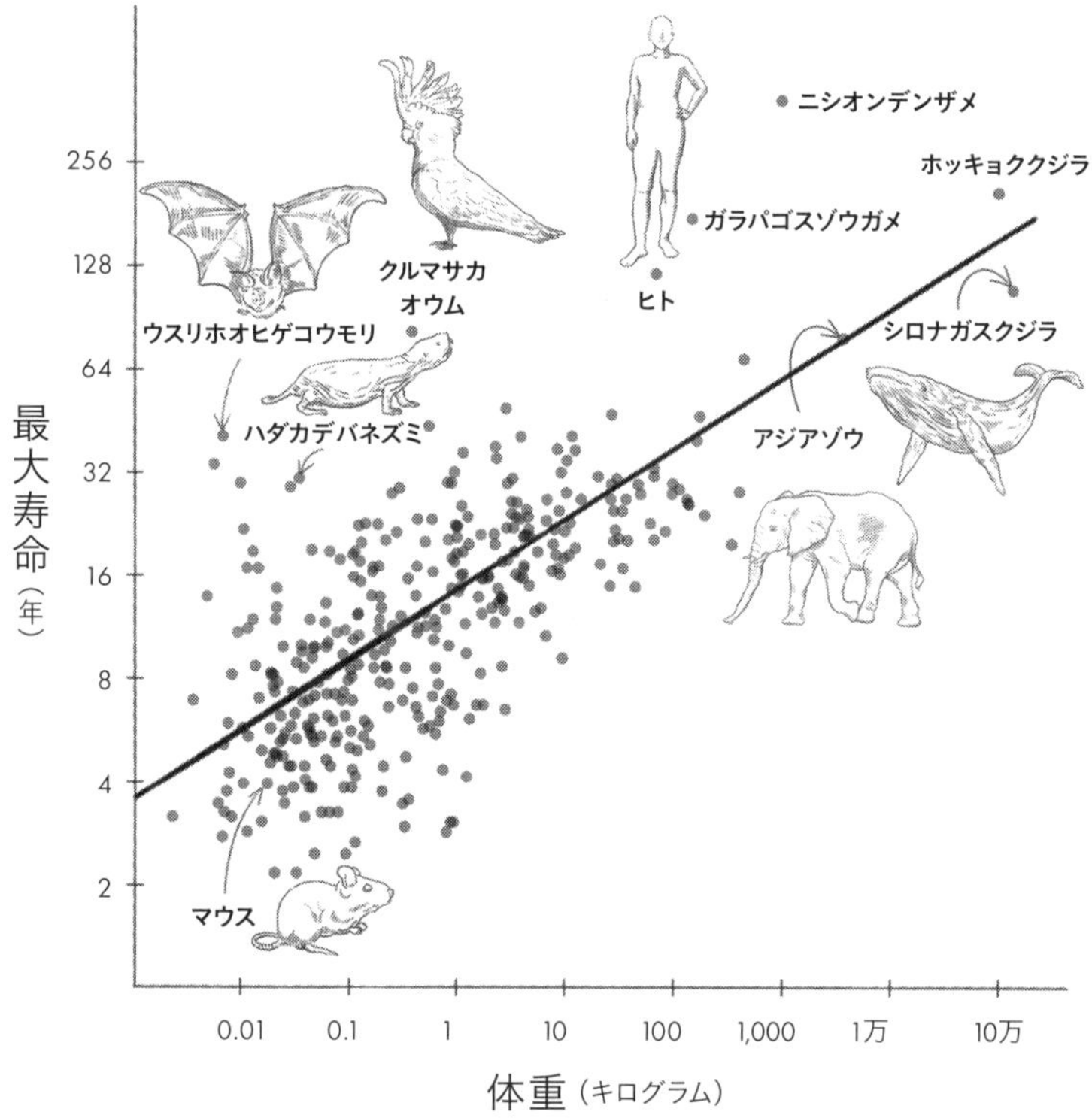

動物の寿命は一般的に個体の大きさに伴って延びる。哺乳類の各種の最大寿命の想定値は、トレンドラインに沿うように並んでいる。それに加えてクルマサカオウム、ガラパゴスゾウガメ、ニシオンデンザメなどの個別の種を示す点も示してある。データは以下のデータベースから引用した(https://genomics.senescence.info/species/index.html)。

スばかり研究するのか、と。実験のためのモデル生物を選択する理由は、飼育しやすさや遺伝子の研究しやすさなど多岐にわたる。彼らの生物学的特徴については過去数十年にわたって蓄積された膨大な知識もある。老化の速度に違いはあっても根底にあるメカニズムは普遍的である可能性が高く、短命な動物を研究に使えば実験の速度を高められるというメリットもある。こうした事情から老年学者がこぞってオースタッドのアドバイスに従うとは思えない。ただ一定数がアドバイスを受け入れ、異常に長生きする種がなぜそんな特異な老化速度を持つように進化したのか明らかにしてほしいと私は思う。

オースタッドが注目する種にはガラパゴスゾウガメのようなゾウガメが含まれている。その寿命は陸上脊椎動物のなかで最長で、200年以上も地球上をうろつきまわる個体もいる。1831年から36年までの5年間、イギリス海軍の測量船ビーグル号に乗って世界をめぐる途中で、ダーウィンが目にしたガラパゴスゾウガメの個体もまだ生きているかもしれない。しかもゾウガメは生涯のほとんどにわたって、癌のような病気とは驚くほど縁がない。しかしゾウガメの長寿指数を算出するのはなかなか厄介だ。まず彼らの来歴はしっかり記録されておらず、かなり誇張されることも多いため、正確な年齢を測るのが難しい。さらに厄介なのが、彼らの正確な体重を測ることだ。大部分を占めるのが甲羅だが、それは活発な組織というより人間の髪や爪のようなもので、他の動物との単純比較は判断を歪めかねない。

長生きするのはゾウガメだけではない。さまざまなカメやその他の爬虫類、両生類の生存データを調べた2つの研究では、カメなど多くの種で「無視できるほどの細胞老化(negligible senescence)」が確認された。[*9] 生物学用語でいう「無視できるほどの細胞老化」とは死亡率がほぼ、あるいはまったく増加しないという意味で、「永遠の命」と同義ととらえられることが多いが、その表現は多少語弊がある。実際には死亡率(あるいは死ぬ確率)が年齢とともに増加しないという意味だ。

死亡率と年齢の関係は1825年、独学で数学を学んだイギリス人、ベンジャミン・ゴンペレッツが解明した。ゴンペレッツは保険会社に勤務していたので、保険契約を結ぼうとしている客がいつ死ぬのかという疑問を抱いたのは自然な成り行きだった。死亡記録を調べた結果、20代後半から死亡リスクは年々指数関数的に高まることを発見した。7年ごとにほぼ2倍になる。25歳の人が翌年死亡する確率はわずか0・1%ほどだ。それが60歳で1%になり、80歳では6%になり、100歳で16%になる。108歳になると、あと1年生きる確率はわずか50%ほどになる。[*10]

無視できるほどの細胞老化、すなわち死亡する確率が年齢とともに指数関数的に上昇するのではなく一定であるというのは、ゴンペレッツの法則に反する。しかし細胞老化が無視できるほど、あるいはたとえマイナスであっても、加齢に伴う疾病によって死亡する可能性は毎年存在する。加齢に伴う疾病は感染症や事故で死ぬのとはまったく違う。老化とは単に年齢による死亡率の上昇を意味するだけではない。それは動物の生理機能を維持することともかかわっている。長命のカメも明らかに老化の兆候を示す。人間の高齢者と同じように、カメも加齢とともに視力や心臓が徐々に弱くなっていく[*11]。白内障を発症する個体もいる。人間が手でエサをやらないと生きていけないほど衰弱するものもいる。つまりこうした生き物も確かに歳をとる。ただそのペースが遅いだけだ。

しかもカメの生物学的時間はきわめて特異だ。いわば低速車線で走っているようなものだ。人間など哺乳類のような温血動物ではない。移動もゆっくり、繁殖もゆっくりで、野生の個体の場合は生殖能力を獲得するまでに数十年かかる。心拍は10秒に1回で、呼吸はゆっくりだ。生きている時間は長いが、長寿の代謝率の理論には合致している。

他の長生きする種は、ベルーガ（オオチョウザメ）や先述のニシオンデンザメなどの水生生物だ。ゾウガメと同じように彼らもゆったりしている。ニシオンデンザメの泳ぐスピードは人間の8歳児が歩くよりも遅く、被食者を捕食するのではなく腐肉食動物のようだ。それ以上に奇妙なのがホッキョククジラだ。ヒゲクジラの一種で氷のように冷たい北極海に生息するが、温血の哺乳類であるため内部体温は他の多くの哺乳類より数度低いだけだ。しかも食べる頻度は従来考えられていた3倍、つまり代謝率は想定されていた3倍ということになる。そんな動物がどうやって250年近くも生きながらえるのかは依然として謎である。

ニシオンデンザメやホッキョククジラは大型水生脊椎動物だが、陸上にははるかに小さな長生きの種がいる。特に興味深い例がクルマサカオウムだ。真っ白な胴体にピンクの顔、輝く太陽を思わせる色鮮やかな赤と黄色のトサカを持つ鳥だ。このオウムは動物園で83歳まで生きた記録がある。人間なら特に珍しいことではないが、鳥は人間よりはるかに小さい。だから大きさ、代謝率、寿命の一般的関係性の枠から明らかにはみ出た種なのだ。

体重が1キロを下回ると哺乳類では体重と寿命の相関性が消滅すると書いたのを覚えているだろうか。それは主にコウモリのせいだ。コウモリはクルマサカオウムほど長生きしないが、同じサイズの飛べない哺乳類より一般的に長命だ。[*12] それはまさに進化論の予想どおりで、飛行能力によって捕食者を逃れられるからだ。これと同じ理屈で、洞窟をねぐらとして捕食者からの守りをさらに強固にするコウモリは、そうしない種と比べてほぼ5年長生きする。最たる例がウスリホオヒゲコウモリだ。容易に私たちの手のひらに収まるほどの小さな茶色い動物で、そのオスは最初に識別用バンドを装着されて野に放たれてから41年後に捕獲された。オーストタッドはその長寿指数を約10と算出しているが、これは哺乳類で確認されたなかで最大で、人間のほぼ2倍だ。[*13]

コウモリが長生きする理由としてもう1つ考えられるのは、長期間にわたる冬眠中に代謝をゆっくりにすることだ。冬眠するコウモリは平均的に、冬眠しない種と比べて6年長生きする。しかし冬眠しないコウモリもその大きさから考えると異常に長生きするので、代謝率だけが長寿の理由ではないのは明らかだ。[*14] 彼らを老化から守る特別なメカニズムがあるのかもしれない。[*15]

1つ興味深い特徴といえるのが、ウスリホオヒゲコウモリのなかでもとりわけ長寿なのはオスであるという事実だ。これは明らかに人間とは異なる。オーストタッドはその理由を、メスは妊娠中に体重が4分の1以上増え、オスほど機敏に飛べず、捕食者につかまりやすくなるためではないかと考えている。ヒナのエサやりに費やすエネルギーもメスのほうがはるかに大きい。

最後に、恐ろしく醜く、ほとんど毛のない齧歯《げっし》動物に触れずに長生きの動物に関する議論を締めくくるわけにはいかないだろう。老化研究の〝寵児《ちょうじ》〟、ハダカデバネズミだ。名前に反してネズミでもなければモグラでもなく、赤道直下の東アフリカ原産の齧歯類の一種だ。ネズミほどの大きさだが、ネズミの寿命がほぼ2年であるのに対してハダカデバネズミは30年以上生きる。その長寿指数は6・7と、ウスリホオヒゲコウモリほど高くはないが、飛べない陸上哺乳類としては最長だ。なぜこれほどの長生きが可能なのか。

現在イリノイ大学シカゴ校に籍を置くロシェル・バッフェンシュタインほど、ハダカデバネズミの老化の生物学の解明に努めてきた者はいない。[*16]バッフェンシュタインらの研究によって、ハダカデバネズミは数少ない真社会性［集団内で繁殖する個体と繁殖しない個体が階級として分化している］の哺乳類であることが明らかになった。女王とともに地下コロニーを形成して暮らすという点ではアリに似ている。そこから予想がつくが、ハダカデバネズミは代謝率がきわめて低く、ネズミや人間なら死んでしまうような酸素レベルでも生きられる。野生状態では女王ハダカデバネズミの寿命が17年ほどと、2～3年ほどの働きハダカデバネズミよりはるかに長生きだ。しかし働きハダカデバネズミがたっぷりエサをもらい、手厚い医療ケアを受け、捕食者にも襲われずに安楽に生きられる実験室の飼育環境では、女王との寿命の差はそれほど明白ではない。

意外ではないが、ハダカデバネズミは年齢にかかわらず癌への抵抗力が極端に高い。これもネズミとの大きな違いだ。さらに衝撃的なのは、バッフェンシュタインらの研究チームがハダカデバネズミの皮膚細胞を培養して癌を発症させようとしたところ、他の種では高い信頼性が示された方法ではうまくいかなかったことだ。２０１０年の研究によると培養下のハダカデバネズミの皮膚細胞は癌細胞のように増殖するのではなく、細胞分裂に失敗するようになって消滅してしまったのだ。[17] これはハダカデバネズミは癌を引き起こす遺伝子にきわめて特異な反応をすることを示唆している。

ハダカデバネズミに関するニュースで最も注目されたことの1つが、ゴンペレツの法則に反するという観察結果だ。[18] つまり年齢とともに死亡リスクが上昇しないのだ。その結果ハダカデバネズミに関する発見はことごとく、老化を克服する挑戦における重要なブレークスルーとして一般向けの報道や科学誌で大きく取り上げられるようになった。それを過剰反応と指摘する科学者もいる。[19] ハダカデバネズミも確実に老化する、体の大きさに比してそのスピードが遅いだけである、と。長命のカメもそうだったように、ハダカデバネズミも皮膚が羊皮紙のように軽く薄く固くなったり、筋力が低下したり、白内障になったりする。[20] ヒドラや不滅のクラゲのように簡単に自己再生できるわけではない。それでも並外れて寿命が長い哺乳類として、人間の老化プロセスを明らかにするのに重要な手がかりを与えてくれるかもしれない。

そろそろ並外れて寿命の長い種の話はおしまいにして、私たちが最も興味を持つ種、すなわちヒトに目を向けよう。最も重要な問いは、人間はどれだけ長く生きられるのか、その上限は動かせないものなのか、それとも変えられるのか、だ。

人類史のほとんどを通じて、平均寿命は30歳を少し超える程度だった。だが今日、先進国の人々は80代半ばまで生きられるとみていい。もっと貧しい国でも、今日生まれる赤ん坊は最も豊かな国の人々の祖父母世代より長生きできるだろう。科学ライターのスティーブン・ジョンソンはこれを、私たち1人ひとりが追加で新しい人生をまるごともらうようなものと表現する。[*21]

平均寿命とは新生児の平均余命、すなわち現在の死亡率が変わらないと想定した場合に新生児が生きられる平均年数を指す。当然ながら、この数字は乳児死亡率に大きく影響される。平均寿命が40歳だった19世紀でも、成人するまで生き延びた人は60歳以降まで生きられる確率が高かった。平均寿命の延びの大部分は医療の画期的進歩ではなく、公衆衛生の改善がもたらした。ジョンソンは重要な寄与要因として近代の公衆衛生、ワクチン（どちらも感染症の拡大防止に役立った）、化学肥料の3つを挙げる。他にも重要なイノベーションとして抗生物質、輸血（事故や外科手術への対応に不可欠）、塩素消毒と低温殺菌による水や食べ物の殺菌がある。

化学肥料が三大要因の1つに挙がるのは意外かもしれないが、食べ物が容易に手に入るようになる前は、人間はいつも十分な食べ物の確保に苦労していた（食べ物が豊富になったことで肥満、糖尿病、心臓血管疾患など新たな問題が生じたが）。窒素肥料のおかげで、作物の収穫量は数倍になった。空気中の窒素を化学的に固定する技術は1918年に発見者のフリッツ・ハーバーにノーベル賞をもたらしたが、それによって合成肥料の生産はかなり容易になり、世界人口が倍増する一因となった。[*22] 興味深いことに私たちの体内にある窒素原子のほぼ半分は、ハーバー・ボッシュ式高圧蒸気室を通じて空気中の窒素がアンモニアに転換されたもので、それが肥料に使われ、食べ物に取り込まれ、それを食べた私たちの体内に収まったわけだ。

ハーバー自身は悲劇的人生を送った。ドイツ系ユダヤ人で、第一次世界大戦中は献身的にドイツ軍に協力した。ハーバーの開発したアンモニア合成法によってドイツ軍は独自の爆薬を製造できるようになり、結果として戦争が長引くことになった。それまでドイツ軍はチリから硝酸塩を輸入していたが、連合国による戦時封鎖措置によって輸入できなくなっていたのだ。ハーバーは連合国への化学兵器の使用も主導したため、連合国から戦争犯罪人と非難された。ただ同じ頃、ユダヤ人であったためにドイツへの忠誠など意味を持たなくなった。世界的に有名な科学者で、ベルリンの名門研究所の所長を務めていたにもかかわらず、ナチスが政権をとって間もない1933年にはドイツを逃れなければならなくなった。短期間イギリスに立ち寄ったあと、ハーバーはレホボト（現在のイスラエル領内）に向かったが、道中スイスのバーゼルで心臓発作を起こして亡くなった。

平均寿命に話を戻そう。感染症の予防によって乳幼児死亡率は劇的に低下し、現在先進国ではわずか1%、世界全体でも3〜4%ほどになった。とはいえ老化曲線の幼少期以降の部分においても全体的な進歩はあった。安全性を高めるような公衆衛生対策、喫煙の規制、心臓血管疾患や癌のような命を脅かす病気の治療法の改善などが積み重なり、平均寿命はゆっくりとだが着実に60歳を超えて延び続けている。これは人間の平均寿命が今後も限りなく延び続けることを意味するのだろうか。

人間は自らの避けられない死を意識して以来、寿命には動かせない上限があるのか考えつづけてきた。科学者も揺れている。

イリノイ大学シカゴ校のジェイ・オルシャンスキーは上限はあると見ている。オルシャンスキーは癌や心疾患など主な死因を撲滅したら寿命はどれだけ延びるか分析した。統計分析の結果、平均寿命を大幅に延ばすためにはあらゆる死因による死亡率を55%下げなければならず、老年期についてはさらに大幅に死亡率を下げなければならないと主張した。人間の平均寿命が85歳を超える可能性は低く、今生きている人間が全員死亡するまで100歳を超えることはないだろう、というのがオルシャンスキーらの結論だった。[*23] あらゆる癌を治療できるようになったとしても、平均寿命はたった4〜5年しか延びない。

一方、オルシャンスキーと逆の立場をとったのが、寿命には伸縮する余地があると主張した人口統計学者の故ジェームズ・ヴォーペルだ。進化論が厳密に正しければ人間の最大寿命は自然界での生活に適応するはずであり、30〜40歳を大幅に超えることはなかったはずだ。だが周知のとおり平均寿命は2倍以上になった。しかもカメ、爬虫類、魚類など一部の種では死亡率は下がってから一定になる。[*24] それはこれらの生き物は成長に伴って飢え、捕食者、病気に抵抗できるようになるためで、細胞老化は必然ではないのだ。

両者の意見対立は科学界における「骨肉の争い」の様相を呈し、[*25] ヴォーペルはオルシャンスキーの出席する会議には一切参加を拒み、相手の研究成果を「権威を盾にした悪質な主張[*26]」と攻撃した。一方のオルシャンスキーも人口統計学者は純粋に統計学のみに頼り、生物学を考慮しないと感じていた。これと一致するように、霊長類の生涯を分析したところ、人間の老化速度を遅らせるのには生物学的限界があることを示唆する結果が出ている。[*27]

言うまでもなく誕生時の平均余命は最大寿命とイコールではなく、私たちの関心も平均より最大寿命のほうにある。人間は理論上、どこまで生きられるのかを知りたいのだ。多くの文化には何百年も生きたとされる預言者や聖人に関する書物がある。西洋文化では旧約聖書に969年生きたと書かれている預言者、メトシェラの名が長寿の代名詞となっている。もっと最近では1635年に死んだイギリス人、トム・パーが152歳まで生きたとされるが、それは誤りであったことが完全に証明されている。ほとんどの人の場合、子供時代の思い出が一番記憶に残っているが、「トムじいさん」は自分の幼い頃のことを何も覚えていなかった。[*28]

信頼性のある記録が残っているなかで最も長生きしたのは、1997年に122歳で亡くなったジャンヌ・カルマンだ。暮らしていたのは、ヴァン・ゴッホが晩年を過ごした南フランスのアルルだ。事実、カルマンは10代の頃にこの悩み多き画家に会ったといい、「とても醜く無作法で、礼儀を知らず、病んでいた」と描写している。どうやら辛辣なウィットの持ち主だったようだ。カルマンが歳を重ねるにつれて、毎年誕生日になるとジャーナリストが取材に集まるようになった。ある年、記者の1人が去り際に「また来年お会いできるでしょうかね」と声をかけたところ「もちろんよ！　あなた、元気そうじゃない」と答えた。[*29]

カルマンの健康状態は最晩年まで良好で、100歳まで自転車を乗り回していた。遺伝的要素以外に何がその長寿に寄与したかはわからない。亡くなる5年前まではずっとタバコを吸っていた。その点は見習うべきではないが、毎週2ポンド（約900グラム）以上のチョコレートを食べていたという習慣をマネしたいと思う人は多いかもしれない。カルマンが晩年でも健康を保っていたのはすばらしいことだが、だからといって老化しなかったわけではない。たとえば亡くなる前は何年にもわたって目が見えず、耳も聞こえなかった。

カルマンは最長寿記録の保持者だが、生まれたのは１５０年も前の１８７５年だったことを忘れてはならない。抗生物質など現代医学の進歩が実現する前にこれほど長く生きられたのは奇跡に近い。その後のさらに目覚ましい進歩を思えば、現代人はカルマンよりはるかに長く生きられるのではないか？

数年前、ニューヨーク・ブロンクスにあるアルバート・アインシュタイン医科大学のヤン・ヴィーグらが、複数の国の人口動態データをもとに、年齢別の人口推移を分析した。平均寿命が延びると、年齢階層別に見たときに最も人口が増えるのは、最高齢者だ。その層に到達する人の数が増えるからである。たとえば１９２０年代のフランスでは、最も人口が増えたのは85歳の女性だった。それが１９９０年代には１０２歳の集団になっていた。時間の経過とともに、さらに年齢は上がっていくと思うだろう。だがヴィーグらの研究は、生存率の改善幅は１００歳を超えると減少し、最高齢者の年齢は１９９０年代から上昇していないことを明らかにした。人間の寿命の自然な上限は１１５歳前後だ、とヴィーグは予測した。[*30] ジャンヌ・カルマンのような例外はたまに出現するものの、ある年に１２５歳を超える人が出現する確率は1万分の1以下だという。

ヴィーグらの結論に異を唱えたのが数年後に発表された研究で、イタリアで２００９年～15年のあいだに１０５歳に達した男女の記録を分析している。その結論は１０５歳以降は死亡率が横ばいになるというもので、明らかにゴンペレッツの法則に反していた。さらに研究チームは「寿命に上限があるとしても、人類はまだそこに達していない」とまで言い切った。[*31] この2つめの研究には最初の論文の著者の1人が嚙みついた。[*32] 人生の大半を通じて指数関数的に増加する死亡率が、最晩年になって横ばいになるとは信じがたい、と。この母集団の大部分はゴンペレッツの法則に従っており、死亡率が横ばいに達したのはデータの5％未満に過ぎないと指摘する声もあった。[*33] それに加えて、たとえ死亡率が105歳以降横ばいになるとしても、生物医学的な大進歩がなければカルマンの122歳という記録を超えるほど長生きする人が出現する可能性はきわめて低いという主張もあった。これは統計上の問題だ。今日の死亡率を見ると、105歳以降にあと1年生存する確率は50％ほどだ。ジャンヌ・カルマンの122歳という記録を超えるのは、コイン投げを17回繰り返して常に表《おもて》を出すようなものだ。確率は13万分の1である。

近年のデータはヴィーグ、オルシャンスキーらの最大寿命には上限があるという説を支持している。それまで150年にわたってひたすら上昇しつづけた平均寿命は、2011年頃から毎年の上昇率が過去数十年の数分の1に低下し、2015年から19年にかけては横ばいになり、その後新型コロナ・パンデミックの影響で急低下した。[*34] 1918年から19年にかけて世界中で猛威をふるい、5000万人の命を奪ったとされるインフルエンザと同じように、新型コロナのパンデミックは例外的状況だった。しかしそれ以前の数年間も寿命は一切延びていなかったのだ。理由は定かではない。肥満とそれに伴う2型糖尿病や心臓血管病の蔓延のせいかもしれない。長生きにともなってアルツハイマー型認知症をはじめとする神経変性疾患の死因に占める割合が増えているが、現時点ではそれらの治療法がほとんどないためかもしれない。

いずれにせよ１００歳まで生きる人（百寿者、センテナリアン）の数は増えているとはいえ、カルマンが１２２歳で亡くなって25年が過ぎた今も、その記録を超えた者はいない。２番目の長寿者だった日本人の田中カ子《かね》は２０２２年に１１９歳で亡くなった。本書執筆時点で存命中の最高齢者は１１６歳のスペインのマリア・ブラニャス・モレラだ[*35]［２０２４年８月19日に１１７歳で逝去］。驚くべきは、ここに挙げた並外れて長命な人たちがいずれも女性であることだ。出産時の死亡率が劇的に低下した現在、ほぼすべての国で女性の寿命が男性を上回る。

近い将来、カルマンの記録を超える人が出てこないとしても、なぜ並外れて長生きする人がいるのかという問題は依然として強い関心を集める。「ニューイングランド・センテナリアン・スタディ」を率いるトーマス・パールズは過去数十年にわたって百寿者を研究してきた。老年医学を専門とする医師として、日々患者の老化という現実と向き合っている。

パールズは百寿者の健康歴、習慣、ライフスタイル、さらに家族歴や遺伝についても調べている。ある大規模研究では、百寿者は3つに分類できると結論づけている。約38％は80歳より前に少なくとも1つの加齢に伴う疾患と診断されたことのある「生存者」、約43％が80歳以降にそうした疾患と診断された「遅延者」、そして約19％が加齢に伴う十大疾患に1つもかからずに100歳の誕生日を迎えた「逃走者」である。事実、百寿者のほぼ半分が心疾患、脳卒中、あるいは皮膚癌以外の癌を経験せずに100歳の誕生日を迎えており、これは驚異的である。[*36]

パールズによると、百寿者の多くは90代前半から半ばまで自立して生活している。105歳を超えて生きる人たちについては、少なくとも100歳まで自立しているケースがみられる。つまり百寿者たちは長期にわたって加齢に伴う疾患を抱えながら生きるというより、ほとんどの人より健康な状態を保ちながら長生きするようだ。さらにパールズは、過去20～30年の医学の進歩やライフスタイルの改善によって100～103歳までの人は増えたものの、それ以上の年齢の人は増えていないと私に語った。そこまで長生きするのには、遺伝の影響がきわめて大きいためかもしれない。パールズも現時点では寿命には自然な上限があるというオルシャンスキーと同意見だ。[*37]

現在パールズは他の研究者とともに百寿者のゲノムを解読しており、加齢とともに蓄積されるＤＮＡの変異も調べる計画だ。こうした研究によって並外れた長寿の生物学的背景が解明され、一般の人々にも有益な成果がもたらされる可能性がある。それと同時にこれまでの研究に基づき、サイト訪問者に質問に答えてもらい、推定寿命や寿命を延ばすためのアドバイスを提供するウェブサイト（livingto100.com）も開設した。「コーヒーより紅茶をおススメする」「鉄（マルチビタミン剤に含まれていることが多い）の摂取量を抑える」「日頃からデンタルフロスを使用する」など、意外なアドバイスもある。ただアドバイスの多くは「まあ、そうだろう」と思うようなものだ。食事の量は控えめにして、健康的な食材を選び、ファストフードや加工肉、過剰な炭水化物の摂取は避ける。運動して健康的な体重を維持する。十分な睡眠をとる。ストレスを抑える。精神的にアクティブに過ごし、楽観的考え方をする。糖尿病にはかからないほうが好ましく、近親者に90歳以上まで生きた人がいるのはかなりのプラスだ。私の父は97歳で、今でも自分の洗濯、買い物、料理（手の込んだインド料理や自家製アイスクリームなど）をするので、私も運よく百寿者になれるかもしれない。

人間の寿命に上限はあるのかという議論は、有名な賭けにつながった。２００１年のある会合で、記者がオースタッドに「１５０歳の人間が初めて出現するのはいつか」と尋ねた。他の科学者が口をつぐむなか、オースタッドは「その人はもう生まれていると思う」と口走った。極端な長寿に懐疑的なオルシャンスキーがこの記事を読み、オースタッドに電話をかけて「試みに賭けをしようじゃないか」と持ちかけた。決着がつく前に両者ともに死んでいるのだろうから、どちらに転んでも問題はないと思うかもしれない。だが2人はこの点についてもきちんと考えている。それぞれ150ドルを出し合って150年にわたって運用するという、オースタッドいわく「釣り合いのとれた賭け」だ。オルシャンスキーが簡単に計算したところ、150ドルの価値は150年後には5億ドルに増える見込みだった。それを賭けの勝者、あるいはその子孫が受け取るのだ。賭けが始まって10年以上過ぎた時点で、依然としてジャンヌ・カルマンの年齢に達した者はいなかったが、どちらも自分が正しいと確信していたため、掛け金を倍増することにした。[*38] それぞれさらに150ドルずつを元手に加え、150年後に最終的な賞金が10億ドルになるようにしたのだ（その時点で10億ドルでなにが買えるかは定かではないが）。

なぜオースタッドはこの賭けに乗ったのか。癌、脳卒中、認知症といった加齢に伴う疾患の治療法が進化しているので、人々はカルマンより30年長生きできるようになるだろうという単純な話ではない。この点については両者の見解は一致している。そうではなく、オースタッドは老化研究が画期的な医学のブレークスルーにつながると信じているのだ。2人の違いは主に、こうしたイノベーションがどれほど早く起こるかという点にある。

ここまで、進化論はそもそもなぜ死が起こるのかを理解するのに役立つということ、進化を通じた適合度の最適化によって異なる種のあいだで寿命に大きな開きが生じたということを見てきた。また人間の寿命に生物学的上限が存在するのかどうかを考察してきた。とはいえこうした議論は、老化はどのように起こるのか、それがどのように死へとつながるのかという疑問には答えてくれない。

老化と死を克服する試みには100年の歴史があるが、ここ50年の近代生物学の成果によって、加齢とともに私たちの体内で具体的に何が起こるのかという知識が爆発的に増加した。すでに指摘したように、老化とは簡単にいえばさまざまな原因による分子、細胞、組織へのダメージの蓄積であり、それが次第に衰弱、最終的には死につながる。老化した肉体にはあまりに多くの変化が起こるので、どれが老化を引き起こす要因で、どれがその単なる結果に過ぎないのかを見きわめるのは難しい。だが科学者たちは老化の顕著な特徴をかなり絞り込んできた。[*39] 老化の特徴は3つの性質を兼ね備えていなければならない。1つめは老化する肉体に現れること。2つめはその特徴が強まるにつれて、老化が加速すること。3つめはその特徴を抑制あるいは消滅すれば、老化のスピードが遅くなることだ。

こうした老化の顕著な特徴は、分子、細胞、組織から「体」と呼ばれる相互接続的なシステムまで、複雑さのあらゆる段階に存在する。いずれの特徴も孤立して存在しているわけではなく、互いに影響を及ぼしあっている。つまり老化とは1つ、あるいは少数の独立した要因が引き起こすものではない。きわめて複雑で相互に結びついたプロセスなのだ。全体を理解するためには、複雑さの度合いが最も低いところから始めるのが一番簡単だ。細胞の指揮命令系統の中枢とされる分子である。

CHAPTER

3

破壊される遺伝子

インド南部の古代都市ハンピは、ロンドンという活気ある大都市の対極にある。1000年以上昔に誕生し、最盛期だった16世紀初頭には北京に次ぐ世界で2番目の豊かさを誇った壮大な都市だったが、いまでは最寄りの鉄道駅から20キロメートル以上離れた保存状態の良い花崗岩《かこうがん》の建物群が並ぶ遺跡となっている。かつては活気に満ちていた市場や複雑な彫刻が特徴的な寺院や宮殿も、訪れるのはカメラを手にした観光客ばかりだ。一時は今のロンドンのような存在、帝国の首都であり、交易や文化の華やかな中心であったのに。ロンドンを訪れると、ここがいつか存在しなくなることなど想像もできないが、ハンピの住人たちもおそらくそう思っていたのだろう。この想像力の欠如は都市だけでなく私たち個人にも当てはまる。自分がいずれ老い、死んでいくことを知っているのに、死の床にあるのでないかぎり、まるでこの命が永遠のものであるかのように日常を生きていく。

ハンピのような活気ある繁栄した都市が崩壊し、もはや存在しないなどということがなぜ起こるのか。人類史を通じて、社会が瞬く間に潰れる原因の1つが、内乱や戦争によって政府の統制が失われた結果、法と秩序が崩壊することだった。そして社会と同じように生物における統制と規制の喪失も、細胞のみならず生命体全体の衰退や死亡につながる。

政府が運営し、うまく機能している社会と異なり、細胞には細胞の機能を遂行する何千という構成要素を統括する権威の中枢は存在しない。指揮統制センターに相当するものすら存在しないのかといえば、それに一番近いのはDNA内の遺伝子だろう。DNA内の遺伝情報の性質と、それが時間とともに劣化する仕組みは、老化と死を理解するうえできわめて重要だ。

19世紀末まで、私たちは遺伝子という存在すら知らなかった。遺伝子とは私たちが親から受け継ぎ、子供に伝える特徴のことだと考えている人が多い。好ましい特徴につながる良い遺伝子と、病気や欠陥などにつながる悪い遺伝子がある、といった具合に。しかし遺伝子は「情報の単位」としてとらえたほうがいい。そこには子孫を生み出し、自らの特徴を伝える方法に関する情報だけでなく、単一の細胞から生物全体を構築し、その機能を保つ方法についての情報も含まれている。

遺伝子に含まれる情報のなかでも最も重要なものの1つが、タンパク質の合成方法に関するものだ。私たちの考えるタンパク質とは食生活の重要な要素で、筋肉を作るのに使われることも知っている。実際、私たちの体内には何千というタンパク質が含まれている。タンパク質は体を形づくり、強靱にするだけでなく、生命に不可欠な化学反応の大半を実行する。細胞への分子の流入と流出を制御する。細胞（そして私たち自身）が互いにコミュニケーションをとるのを助ける。光、におい、手触り、熱を知覚できるのもタンパク質のおかげだ。神経系が神経信号を送り、記憶を保持するのにもタンパク質が要る。体内で感染症と戦う抗体もタンパク質でできている。タンパク質は細胞が必要とする他の分子を作るのを助ける。そこには脂肪、炭水化物、ビタミン、ホルモンのほか、（ここで話が一巡するが）遺伝子までが含まれている。タンパク質はどこにでも存在する。そして、タンパク質はいずれも遺伝子に含まれる指令に従って作られている。

遺伝情報が具体的にどのように保持され、使用されるのかは比較的最近まで大きな謎だった。1940年代に入っても、科学者は遺伝子の実体が分子であることを理解していなかった。今日では遺伝子がDNAのなかに存在することがわかっている。*1 DNAは2本の鎖が互いに巻きついた二重らせん構造を持つ長い分子で、それぞれの鎖にはリン酸とデオキシリボースと呼ばれる糖が交互に並んだ骨格がある。DNAがそれだけの存在なら、ポリエチレンなどのプラスチックと同じような合成ポリマーと同じで、情報を運ぶ機能はない。DNAにさまざまな指令を盛り込むことができるのは、骨格を構成する個々の糖が塩基と呼ばれる4種類の化学基のいずれかとくっついているからだ。4種類の塩基とはアデニン（A）、グアニン（G）、チミン（T）、シトシン（C）だ。このリン酸と糖と塩基が一組になったユニットがヌクレオチドで、DNAの基本単位となっている。

それぞれの基本単位（ヌクレオチド）を1つの文字、それが連なったDNAの鎖は4つのアルファベットを使った長い文とみることができる。文字が連なって意味や情報を伝える文になるように、DNAも意味や情報を伝えられるのだろうと想像はできるが、それでも具体的にどんな仕組みでそれが可能なのかは判然としなかった。1953年、ジェームズ・ワトソンとフランシス・クリックがDNAの三次元構造（二重らせん構造）を解明したことで状況は劇的に変わった。通常分子の構造はそれが機能する仕組みの手がかりになる程度だが、DNAは違った。DNAの構造によって塩基の連鎖がどのように情報を伝達するのかが即座に明らかになり、それによって遺伝学に対する私たちの認識が一変し、現在進行中の分子生物学の革命が始まったのだ。それがなかったら私たちはいまだ生命の仕組みを理解することも、老化の謎を解き明かすこともできなかったはずだ。

DNAは塩基が逆方向に並んだ2本の鎖が、二重らせん状に互いに巻き付いている。1

本の鎖の塩基はもう1本の鎖の塩基と結合する（ペアを組む）が、その組み合わせには明確な決まりがある。AはTのみと結合し、TはAのみと結合する。同じようにCはGのみと結合する。これがDNAの魔法だ。2本の鎖のうち、1本の塩基の配列がわかれば、もう一方の配列も特定できる。さらにこれは2本の鎖をほどけば、それぞれの鎖が他方を作るのに必要な情報を持っていることになり、当初の分子とまったく同一のコピーを新たに2つ作れる。これで「どうすれば単一の母細胞から、まったく同じ遺伝情報を持つ娘細胞を2つ作れるのか」という長年の課題が一気に解決した。遺伝学は化学になった。分子レベルで遺伝情報がどのように複製され、新たな世代へと受け継がれるのかが明らかになったのだ。

それでもDNAの遺伝情報がどのようにタンパク質の合成方法を示しているのか、という2つめの疑問は残る。この点については、DNAのなかで遺伝子のプログラムに相当するセクションがリボ核酸（RNA）という仲介役の分子にコピーされることがわかった。RNAはDNAに似ているが、いくつか重要な違いがある。具体的にはDNAと違ってRNAには鎖は1本しかなく、糖はデオキシリボースではなくリボースだ。RNAでは塩基のチミン（T）の代わりを化学性質が多少異なるウラシル（U）が務めるが、UもTと同じようにAとしか結合しない。

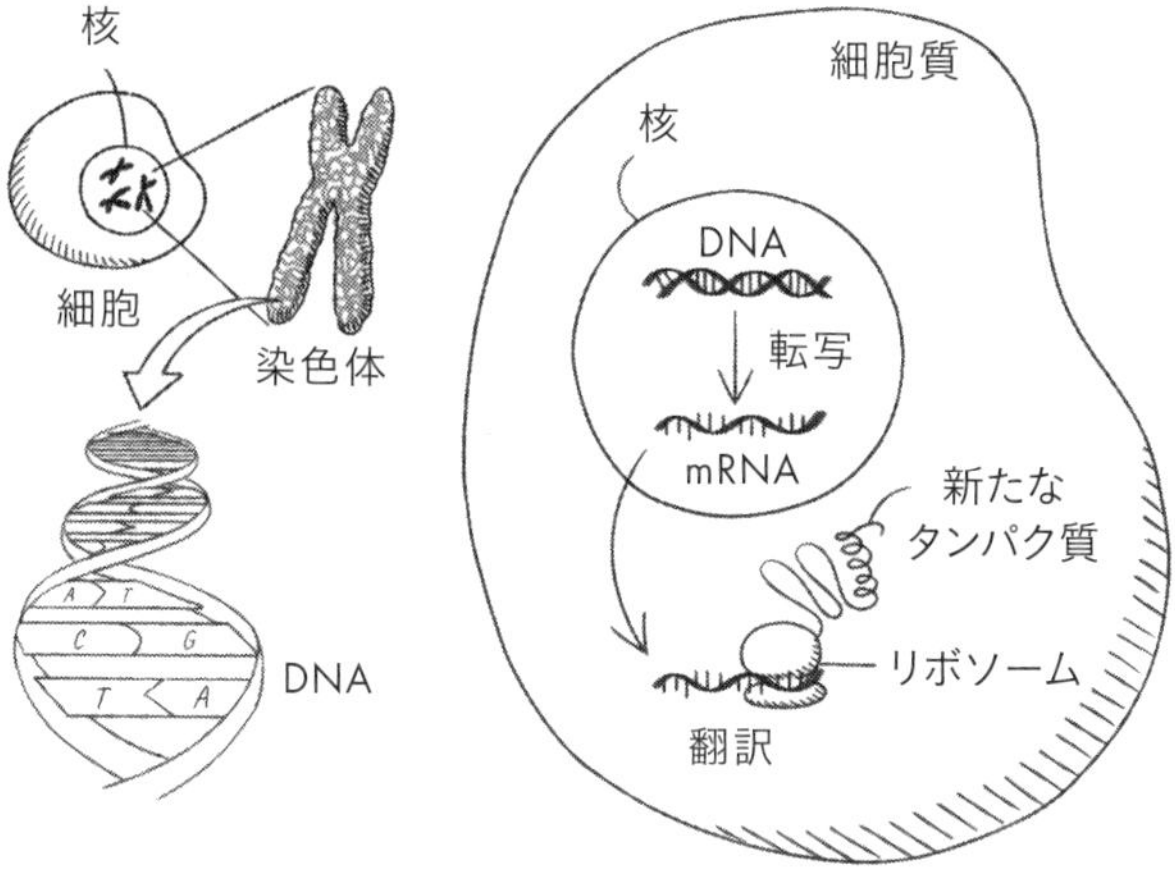

染色体のなかにDNAのかたちで保持されている遺伝情報は、核内のmRNAに複写（転写）される。mRNAはそれから細胞質に移動し、それを読んだリボソームがタンパク質を合成する。

DNAは私たちの遺伝子すべてのコレクションである、と考えてみよう。大英図書館や米議会図書館がそれぞれの国で出版されたすべての本のコレクションであるのと同じように。両図書館は貴重な18世紀の古書を、利用者が自宅で読むために貸し出したりはしないだろう。たいてい代わりに、その写しを貸し出してくれる。同じようにRNAも、細胞が自由に使える遺伝子のワーキングコピーといえる。

RNAに転写されたDNAのかけらが、すべてタンパク質を合成するための情報ではない。RNAのなかにはタンパク質を作るのに使われる機械の一部となるものもあれば、一部の遺伝子のスイッチを入れたり切ったりして制御するものまである。タンパク質の情報を含む遺伝子から作られたRNAは、メッセンジャーRNA（mRNA）と呼ばれる。「タンパク質をどうやって合成するか」という遺伝にかかわるメッセージを運ぶからだ。最近も新型コロナウイルス・ワクチンをめぐって、mRNAという言葉をよく耳にした。コロナワクチンは新型コロナウイルス感染症を引き起こすウイルスの表面にあるスパイクタンパク質の合成方法を含むmRNA分子から作られている。このmRNA分子を注射されると、私たちの体内の細胞がその指令を読み、スパイクタンパク質を作る。それが免疫系を鍛えるので、本物のコロナウイルスが体内に入ってきたときに戦う準備ができているというわけだ。

mRNAの指令をどうやって読み取り、タンパク質を合成するのかという難題を解決するまでには10年かかった。[*2] 科学者たちが直面した問題は、タンパク質も長い鎖状ではあるが、アミノ酸と呼ばれるまったく別の構成要素でできているという点だった。それぞれ4種類の塩基からできているDNAやRNAと異なり、タンパク質は少なくとも20種類以上のアミノ酸からできている。タンパク質が20個の文字から成るアルファベットで書かれた文のようなものならば、遺伝子という4つの文字で書かれた文からどのように翻訳されるのか。自然界が編み出したこの問題の解は、mRNAの3つの塩基（文字）を1つの記号（コドン）とみなし、それが合成すべきアミノ酸を示すというものだ。このプロセスはリボソームと呼ばれる、約50万個の原子から成る巨大かつ原始的な分子機械のなかで起こる。

mRNAを読んでタンパク質を合成するという複雑なプロセスをリボソームがどのように実行するのか、その解明に私は人生の大半を費やしてきた。[*3] 奇跡のように思えるのは、リボソームで新たにタンパク質鎖が作られた時点で、そのアミノ酸の配列にはタンパク質が与えられた機能を果たすのに適した形状に自らを折り畳んでいくのに必要な情報がすでに含まれているという事実だ。いくつかの紙片に異なる文を書くと、書いた内容に応じてそれぞれの紙片が魔法のように独特な形状に折り畳まれていくようなものだ。タンパク質鎖を折り畳む能力こそ、遺伝子に含まれる一次元の情報から細胞を構成する複雑な三次元の構造、ひいては私たちを形づくることができる理由である。

遺伝子にはタンパク質の合成方法に関する情報が含まれているだけではない。この情報が含まれている部分は「コード領域」と呼ばれるが、それを挟んでいるのがタンパク質をいつ合成し、いつ止めるか、さらにはしばらくの間だけ、あるいは長期にわたって合成を素早くするかゆっくりするかといったシグナルを出す領域（非コード領域）だ。こうしたシグナルを出したり止めたりするのは、同じ環境内にある化学物質のこともあれば、他の遺伝子のこともある。言葉を換えれば、遺伝子は単独で行動するわけではない。他の多くの遺伝子や広範な環境と巨大なネットワークを形成する。すべての細胞で作られるタンパク質もあれば、皮膚細胞やニューロンなど特定の細胞でしか作られないタンパク質もあるのはこのためだ。またたった1つの細胞から完全な人間ができあがるまでの発達プロセスのなかで、特定の段階でしか作られないタンパク質があるのもこのためである。何千という遺伝子のネットワークの一糸乱れぬ連携によって、命は成り立っている。

生命というプロセスはＤＮＡが提供する設計図に基づいて動き出す、途方もないプログラムのようなものだと考えてもいい。「設計図」というのは便利なたとえだが、ここでは言葉どおりに受け取ってはいけない。というのも設計図は厳密に定義された製品を生み出すための、厳格な製造プロセスを意味するからだ。ＤＮＡが細胞の全体的プログラムを制御する中枢的ハブであるのは間違いない。だが細胞は独裁ではなく民主主義に近いと私は考える。理想的な政府が専横的ではなく、時間をかけて民衆のニーズに対応していくものであるように、ＤＮＡはプロセス全体を一方的に支配するのではない。むしろＤＮＡのどの部分を使うか、またどれくらいの頻度で、いつ使うかを決定するのは、細胞内の状態やその環境だ。

ＤＮＡという遺伝学の土台を成す分子の理解が深まったことで、

近代の生物学は一変したが、それと老化にどんな関係があるのか。ＤＮＡ内の遺伝子が細胞のプログラムを規定するのであれば、なぜそのプログラムは永遠に動作を続けないのか。問題はDNAそのものも時間とともに変化し、劣化していくことだ。

言うまでもなくDNAの存在が明らかになるずっと前から、遺伝子や突然変異の研究は行われてきた。DNA以前は生命体に遺伝子変異が起きたかどうかを判断するには、それが観察できる属性の変化として現れるのを待つしかなかった。今日では変異はDNAの塩基の変化であることがわかっている。DNAの塩基の変化は文中の文字の変化に等しい。文字が1つ変わっても意味は通じることもあるが、ときにはたった1つの変化によってまったく逆の意味になることもある。たとえば「hire（採用する）」と「fire（クビにする）」のように。

DNAの配列決定（一片のDNA上にある塩基の正確な配列を調べること）が可能になったことで、遺伝子変異が常に起きていることがわかった。その多くは目に見えるような変化を引き起こさない。それはDNAにその変化が生じても、変化した遺伝子はそれまでどおり機能しつづけるからだ。あるいは生命体のなかに同じ遺伝子がたくさんあるため、1つに欠陥があっても他が補完するからかもしれない。一方、欠陥のあるタンパク質を生み出したり、あるいは誤った量やタイミングでタンパク質を生み出したりと、さまざまな度合いのダメージを引き起こす変異もある。

ときには突然変異が有益なこともある。たとえば変異が生殖細胞で起きた場合、ごくまれに子孫の生存に役立つこともある。たとえばニレ立枯病に弱い品種の木のように、遺伝子が完全に同一の種は疾病の流行によって、あるいは気候や地理条件の突然の変化によって絶滅するリスクがある。突然変異がなければ進化もない。太古の昔の分子からヒトが出現することもなかっただろう。だから生殖細胞には進化につながるばらつきを許容しつつ、体細胞には複雑な生命のプロセスを遂行できなくなるほどの変異が起こらないように、細胞は適正なバランスを維持する必要がある。

社会において法と秩序が崩壊すれば、混乱、大規模な飢餓、ときには都市や文明そのものの滅亡につながることもある。凶悪な犯罪者はたいてい混乱に乗じて権力を奪取し、民衆の暮らしを台無しにする。同じように生物における統制の喪失もさまざまな疾病、衰弱や死につながる。細胞の働く悪行として最悪の部類に入るのが癌だ。異常な細胞が近隣の細胞に抑止されなくなるどころか増殖に歯止めがかからなくなり、組織や臓器を乗っ取り、その機能を阻害する。そうした意味では癌と老化は密接にかかわっている。どちらも生物学的統制の喪失に起因し、またどちらも突き詰めればＤＮＡ内の変化から生じる遺伝子の変異が原因であることが多い。

ＤＮＡの存在が明らかになる前から、環境因子が変異を引き起こすという手

がかりはあった。18世紀にはイギリスの外科医パーシヴァル・ポットが、煙突掃除人（その多くは子供だった）は陰嚢《いんのう》癌［陰嚢部皮膚にできる癌］の発症率が異常に高いことを発見した。[*4] その原因は燃焼した炭から出るススやタールに長時間にわたってさらされるためだと考えた。1915年には東京帝国大学の病理学教授であった山極勝三郎《やまぎわかつさぶろう》が、コールタールをウサギの耳に塗擦すると皮膚癌を引き起こすことを証明した。これらの炭の生成物はのちに発癌性物質であることが明らかになるが、ポットが観察結果を発表したときには癌がどのようなものかもわかっておらず、癌と遺伝子変異の関連性が明らかになるのは山極が研究結果を発表した数十年後のことだ。

環境因子と突然変異の関連を示す初めての直接的証拠を発見したのは、驚くべき流浪の人生を送った科学者だ。移民3世としてアメリカで生まれたハーマン・マラーはニューヨークで育ち、コロンビア・カレッジ（現在のコロンビア大学）に16歳の若さで入学し、1910年に卒業した。[*5] 博士課程もコロンビア・カレッジに残り、ショウジョウバエを使った研究で遺伝子は細胞の染色体内に存在することを明らかにした著名な遺伝学者トーマス・モーガンの下で研究をした。

その後テキサス大学に移ったマラーは1927年、ショウジョウバエにX線を照射する重要な実験を行った。照射の強度を上げていくと、死に至る突然変異の数が劇的に増加した。控えめな照射量でも変異数は自然に発生する変異数の3万5000倍となった。[*6] マラーの研究によって突然変異を人為的に生み出すことがはるかに容易になり、遺伝学は大幅な進歩を遂げた。それに加えてX線をはじめとする放射線の危険性への認識が高まった。当時X線はかなりぞんざいに使われており、靴店では靴を試し履きしている顧客の足のレントゲン写真を撮ることも珍しくなかったのだ。

20世紀の遺伝学者の多くがそうであったように、マラーも人生の大半を通じてヒトという種の向上につながるものとして優生学を支持していた。優生学者には珍しく左翼主義者でもあった。大恐慌時に資本主義に幻滅したためだ。研究室に研究者やアドバイザーとしてソ連から人材を招いたり、『ザ・スパーク』という左翼の学生新聞の編集や配布を手伝ったりもしたために、FBIの捜査対象となった。

それが一因となり、1932年にはアメリカを離れてドイツのベルリンに移った。だがヒトラー主義の台頭に失望し、翌年にはソ連に移った。左翼的立場の自分にはよりふさわしい環境だと考えたのだ。レニングラードで1年過ごし、続いてモスクワで数年を過ごした。しかしスターリンに取り入ったソ連の生物学者でペテン師のトロフィム・ルイセンコの台頭は予想していなかった。遺伝学は社会主義と矛盾すると考えたルイセンコは、農業でばかげたアイデアを推し進める一方、自らに異を唱えた生物学者を容赦なく弾圧し、破滅させていった。数百万人を餓死させ、ソ連の生物学を数十年後退させた責任の一端はルイセンコにある。マラーをはじめとする遺伝学者は手を尽くしてルイセンコに抵抗しようとしたが、最終的にマラーの遺伝学と優生学の主張はスターリンの怒りを買い、ソ連を逃れるしかなくなった。

まだFBIから捜査対象とされているアメリカに戻るのは時期尚早と考えたマラーは1937年、エジンバラ大学動物遺伝学研究所にたどりついた。そこでもう1つ、重要な発見を生み出すのに貢献している。マラーが加わったのは、先駆的な遺伝医学者であったフランシス・クルーの率いる活気ある科学者の一群で、その多くは全体主義体制を逃れて難民となった人々だった。

クルーの主要な協力者の1人に、ドイツのクレーフェルトで学者の家庭に生まれたシャルロッテ・アウエルバッハ（シャーロット・アワーバック）がいた。[*7] アウエルバッハ（通称ロッテ）は独立心旺盛で、他人から指図を受けるのが嫌いだった。ベルリンで博士課程に在籍中、プロジェクトを換えたいという要望を教授に拒否されたときには、あっさり退学して高校教師になったほどだ。ただ生徒に教えたり教室の秩序を維持するのに疲弊してしまった。反ユダヤ主義が台頭していたことも一因だろう。34歳だった1933年にはユダヤ人であることを理由にあっさり解雇されてしまったが、結局それが吉と出た。母親のアドバイスに従ってドイツを去ったアウエルバッハは、家族ぐるみの友人の助けもあり、動物遺伝学研究所で博士課程を修了することができた。そこでクルーとともに働くことになった。1939年にはイギリス市民となり、同年には母親が着の身着のままでエジンバラにやってきた。第二次世界大戦が勃発するわずか2週間前に、なんとかドイツを脱出できたのだ。

アウエルバッハとマラーを組ませようとするクルーの当初の試みはうまくいかなかった。2人を引き合わせたとき、クルーは「これがロッテだ。君の細胞学研究を手伝うことになっている」としか言わなかった。だが顕微鏡をのぞき込んでマラーの研究する細胞の特徴を調べることにまったく興味のなかったアウエルバッハは、持ち前の独立心を発揮してそれを拒否した。自分が本当に興味があるのは、遺伝子がどのように発達を可能にするかだ、とマラーに伝えたのだ。マラーは賢明にも、自分のプロジェクトに興味を持てない人に働いてもらおうとは夢にも思わない、と言った。それでもアウエルバッハが発達における遺伝子の役割を理解したいと思うのなら、遺伝子の変異を生み出し、その影響を調べる必要がある、と説得した。

ちょうどその頃、アウエルバッハの同僚であったアルフレッド・J・クラークが、第一次世界大戦でマスタードガスを浴びた兵士らにX線を浴びたときに似た皮膚の損傷や潰瘍が見られることに気づいた。アウエルバッハはクラークをはじめ同僚とともに、マラーが先鞭をつけた方法を使って突然変異を調べるため、ショウジョウバエにマスタードガスを噴霧した。寒く、雨が多く、風の吹きすさぶエジンバラの気候に負けず、薬学部の屋上で実験を敢行したという事実が彼らの熱意を物語っている。しかも実験環境は今日なら労働衛生・安全性の査察を絶対にクリアできないようなものだった。小瓶に入れたショウジョウバエにガスを噴霧し、それから素手で取り出していたので、作業者は手に深刻な火傷を負った。いずれにせよ実験結果は疑う余地のないものだった。マスタードガスの噴霧は、自然界の10倍もの致死的な突然変異を引き起こした。放射線と同じように化学物質も突然変異の原因になり得るのだ。

マラーとアウエルバッハの研究から、

放射線や化学物質のような環境因子によって私たちの遺伝的設計図がどのようなダメージを受けるかが明らかになった。当時はDNAの伝達する遺伝情報がどのように破損しうるかはもちろん、DNAが遺伝物質であることすらわかっていなかった。だがワトソンとクリックがその二重らせん構造を明らかにしたことで、科学者の関心は自然に移っていった――DNAの突然変異につながるような変化を、環境因子はどのように起こすのだろうか？[*8]

放射線が生物に及ぼす影響の研究は、第二次世界大戦以前の生命科学においては完全な傍流だった。だが1945年8月に日本に投下された2発の原子力爆弾によって、放射線の恐るべき影響が世界に知れ渡ると、この地味な分野へのアメリカ政府の関心は俄然《がぜん》高まった。マンハッタン計画で核兵器の開発に使われていた施設の多くは戦後、放射線生物学の研究センターに転用された。その1つがテネシー州オークリッジ国立研究所で、もとは広島市上空で爆発した世界初の原爆に使用された大量のウラン同位体の製造施設だった。オークリッジはアメリカ北東部や西海岸の大規模な学術拠点から遠く離れ、カンバーランド山地やスモーキー山脈など美しい大自然に囲まれていた。こうした魅力に加えて政府からの潤沢な資金供給があったおかげで、当時の有力な放射線生物学者アレクサンダー・ホーレンダーはとびきり優秀な科学者をオークリッジに呼び寄せることができた。そこにはリチャード（ディック）・セットロー、ジェーン・セットロー夫妻も含まれていた。

セットロー夫妻は1940年代にスワスモアカレッジで出会い、まもなく結婚した。ホーレンダーが1960年頃に接触したとき、ディックはイェール大学の生物物理学の教員となっていた。国内でも有数の歴史のある生物物理学プログラムだったが、ディックを招聘するためにホーレンダーは巧妙な手を使った。他の研究者の下で有期契約で働いていたジェーンにも正規のポジションをオファーしたのだ。当時女性は大学院を卒業しても男性と同等に働ける機会はめったになく、たいていは男性科学者（その多くは夫だった）の助手になっていた。ホーレンダーの賭けは成功した。ディックとジェーンはともにこの分野のリーダーとなり、共同研究とそれに負けないくらい多くの単独研究を手がけた。子供も４人もうけて、オークリッジの山々でハイキングをしたり化石を探したりした。そして15年後、ロングアイランドのブルックヘブンにある国立研究所に移った。

私が１９８２年にセットロー夫妻と初めて出会ったのが、このブルックヘブン国立研究所だった。ディックは私を採用してくれた部門のトップだった。私が15カ月前に入所したばかりのオークリッジ国立研究所を、約束されていた研究資源がまったく提供されないという理由でなんとか辞めようとしていたこともプラスに働いたのかもしれない。同じようにオークリッジから移ってきたディックは同情的だった。当時セットロー夫妻はまだ60歳前後だったが、31歳だった私は夫妻を２人が好んで収集していた化石のような存在だと思っていた。他の主流派分子生物学者と同じように、私も彼らの業績をとんでもなく過小評価していた。夫妻の発見について、あの頃もっと話を聞いておけばよかったと後悔している。大方の科学者は自分の狭い専門分野の外で何が起きているかをほとんど理解しない。そんな狭量さを物語るエピソードだ。

X線が発見される以前から、他の種類の放射線の存在は知られていた。早くも１８７７年にはイギリスの科学者アーサー・ダウンズとトーマス・ブラントが、太陽光によって細菌が死ぬことを発見した。[*9] 20世紀初頭にはフレデリック・ゲイツが、殺菌効果があるのは太陽光の波長の短いもの（紫外線、UV）であることを明らかにした。X線が遺伝子変異を引き起こすことをマラーが証明すると、すぐに科学者たちは紫外線についても研究を始めた。X線より紫外線のほうが生成も取り扱いも簡単だからだ。その結果、同じ照射量であれば紫外線はさらに多くの遺伝子変異を引き起こすことがわかった。セットロー夫妻はオークリッジ時代に、DNAのなかで紫外線が具体的にどのように突然変異を引き起こすのか解明に乗り出していた。彼らが興味を持った発見の1つが、紫外線はDNAで2つの隣り合うチミン（T）の塩基を結びつけるということだ。実質的にすべてのDNA配列には2つのチミンが隣り合う部分が出現する。紫外線がそれらを結びつけると、2つの塩基は個別ではなく2つの塩基を持つ単一のユニットとして機能しはじめる。これは「チミン二量体」、あるいはチミンが結合した糖を含むより大きなユニットを意味する「チミジン二量体」と呼ばれる。これがUVがDNAを不活性化して細菌を殺すメカニズムだろうか。

セットロー夫妻は細菌に外来DNAを導入する実験を行った。それによって細菌に新しい能力（通常は必要とする栄養素なしで成長する能力、あるいは抗体への抵抗力など）をもたらす遺伝子を植えつけたのだ。しかしチミン二量体を含むDNAを使ってこの実験を行うと、そのDNAは不活性化したようだった。[*10] ディックはその後、チミン二量体はDNAの複写を妨げ、新しいＤＮＡが作られないようにすることを証明した。

次のステップはさらにすばらしい成果をもたらした。ディックの研究チームは、紫外線照射後すぐに、チミン二量体がＤＮＡから完全に消えることを明らかにしたのだ。[*11] チミン二量体は周辺のヌクレオチドごとＤＮＡから切り離され、空白になった部分はＤＮＡが複写されるときと同じ仕組みでもう1本の鎖を参考に補充される。科学における発見は他と無関係には起こらない。次の進歩が可能になる段階にまで知識が到達するので、新たなブレークスルーはほぼ同時に生まれることが珍しくない。ディック・セットローがこの発見を発表した1964年には、ポール・ハワード＝フランダースとフィリップ・ハナワルトをそれぞれリーダーとする2つの研究チームが同じような研究成果を報告している。[*12] いずれの報告も細胞にはチミン二量体を識別するだけでなく、それを排除して細胞を修復する「除去修復」と呼ばれるメカニズムが備わっていることを確認していた。

除去修復には別のパターンもある。すでに1940年代には細菌に紫外線を照射したことによる影響は可視光線を照射することによって逆転させられることがわかっていた。成長を阻害された細菌が、再び成長を始めるのだ。可視光線を照射した細菌からの抽出物は、損傷したＤＮＡを修復することができた。長らく謎だったその方法を解明したのは医師から科学者に転じたトルコ人アジズ・サンジャルで、別の酵素を使ってチミン二量体を修復するというメカニズムだった。奇妙なことにディック・セットローが同じような修復メカニズムを確認するのに使ったインフルエンザ菌には、サンジャルが発見したメカニズムは備わっていなかった（人間にも備わっていない）。備わっていたらセットローの発見は起こらなかっただろう。自然界にチミン二量体を除去するための2つの完全に異なるメカニズムが存在するという事実は、除去修復の重要性を物語っている。

こうした実験によって、細胞には損傷されたDNAを修復する能力があることがはっきりと証明された。とはいえ私たちが大量のX線を浴びることはめったにない。また衣服や皮膚のメラニン色素によって大量の紫外線を浴びることからも守られている。さらにマスタードガス、コールタールなど先史時代の自然界では遭遇することのなかった有害な化学物質を避けるべきこともわかっている。それにもかかわらず上記のような損傷されたDNAを修復する複数のメカニズムが数十億年前に進化し、すべての生命体に組み込まれている。

実は有害物質や放射線にさらされなくても、ふつうに生きているだけでDNAは常に攻撃にさらされている。この事実の理解に誰よりも貢献したのがスウェーデンの科学者トマス・リンダールだ。プリンストン大学でポスドク・フェローとして働いていたリンダールは、比較的小さなRNA分子を研究していた。そしてそれが頻繁に壊れることに苛立ちを募らせていた。

すでに述べたとおりRNA分子は、DNAに含まれるデオキシリボースとは異なる、リボースという糖を使っている。リボースとデオキシリボースとの違いは、リボースのほうが酸素原子が1つ多いことだ。この余分な原子によってRNAのほうがはるかに不安定になるものの、おかげで化学反応を実行するのに必要な複雑な三次元構造をとることができる。こうした性質から、原始地球においてはRNAが化学反応を起こすだけでなく遺伝情報も保持しており、それが生命の起源になったと科学者たちは考えている。生命が進化してより複雑になるのにともない、不安定な分子に一段と大きくなっていくゲノムを保管するのは難しくなり、もっと安定したDNAが遺伝情報の保管に使われるようになった、と。

リンダールにはDNAのほうがRNAより安定していることはわかっていたが、その差がどれほどなのかを突きとめたかった。遺伝情報をあまり変えずに次世代に伝えるのに十分な安定度は必要だ。つまり単一の細胞が成熟した生物に成長する間に起こる数十億回の細胞分裂を持ち堪えられるほどの安定度だ。これはきわめて長い時間である。[*14]

さまざまな状況下のDNAを調べた結果、リンダールは一部の塩基は時間とともに変化することに気づいた。最もよく起こる変化は、シトシン（C）がウラシル（U）という別の塩基に変化することだ。通常はRNA内で見つかるもので、DNA内のチミン（T）の代わりである。問題はCはGと結合するのに、UはTと同じようにAと結合することだ。この変化はＤＮＡという文のなかで文字を変えるようなものだ。ゲノムのなかでこのような変化がたくさん起こると、コードされた指令が破損し、意味をなさなくなる。

リンダールはＣからＵへの変化が単に水に触れただけで引き起こされる可能性があることを示した。細胞内の生きた分子には日常的に起こる事象だ。私たちの体内の１つひとつの細胞に含まれるＤＮＡに、１日のうちに水によって1万個の変化が起こることもある。その後リンダールはＤＮＡに自然発生的に生じるさまざまな損傷を考慮したうえで、毎日すべての細胞内のＤＮＡに約10万個の変化が起きていると推計した。[*15] それほどの速さで遺伝情報が壊れたら、生命がどうやって存続できるのか想像するのも難しい。こうしたエラーを修正するメカニズムが存在するのは明らかだ。リンダールをはじめとする科学者たちはそれから20～30年かけてこの変化が修復される仕組みを解明した。

もっと劇的なＤＮＡ損傷として、２本の鎖がバラバラになり、再結合しなければならない２つの破片になることもある。ときには異なる染色体で複数の破損が起こることもある。そうなるとある染色体の片割れが別のまったく違う染色体の片割れと結合してしまったり、切れた部分が逆向きに挿入されてしまったりと大混乱になることもある。再びＤＮＡを文にたとえるなら、個々の塩基の変化はスペルミスのようなものだ。ときには誤った意味になることもあるが、たいていは理解可能な範囲だ。だが２本鎖の破損が誤ったかたちで修復されると、文や長い文章の段落が途中で切れたり、おかしな場所に挿入されたりするのと同じことになる。それでもなんとか意味が判別できることもあるが、完全に訳のわからない文になることもある。だから細胞がＤＮＡの損傷を認識したら、破損した部分をなるべく迅速に、できれば他に複数の損傷が生じる前に修復することがきわめて重要だ。破損した部分を認識し、無傷なＤＮＡにするために再結合する役割を担うのは特別なタンパク質だ。このプロセスでは破損した先端部のＤＮＡ配列が認識されるので、細胞内で同時に複数の損傷が起こると間違った先端同士が結合されるリスクが常にある。ヒトのゲノムがこのように混乱を来すと、さまざまな問題につながることもある。１つは機能の喪失で、細胞が与えられた役割を効率的に、あるいはまったく果たせなくなることを指す。遺伝子を制御するシグナルが間違ったり、発信されなくなったりすることもある。その結果、細胞が野放図に増殖しはじめ、やがて癌になる。

ヒトは各染色体のコピーを２つずつ保持する、専門用語でいう「二倍体」だ。２本鎖の分離を修復する方法としてより一般的かつ正確なのは、別の染色体内の破損していないＤＮＡを参考にすることだ。細菌のような生命体でも、細胞が分裂してＤＮＡが複写されていくときには２つめのコピーが存在することが多い。いずれにせよ修復メカニズムは切断された部分をもう１つの（無傷な）ＤＮＡコピー上の対応箇所の配列と並べて、４本の鎖を絡ませた複雑な構造を作り上げていくこの仕組みでは結合する部分が正しくマッチしているか確認するので、適当な破片同士を引っ付けるというやり方より正確だ。こうしてゲノムを本来の姿に回復させ、切れた末端部分がすり減って欠落が生じた場合は埋めていく。

化学的損傷に加えて、突然変異がゲノムに紛れ込んでくる原因は他にもある。細胞分裂のたびにゲノム全体を複製しなければならないが、それは30億文字から成る文章をコピーするようなものだ。生物学において完全に正確なプロセスなど1つもない。モノを書いたりタイピングしたりするときと同じように、何かを速くコピーしようとするほどミスを犯しやすくなる。DNAを複製するDNAポリメラーゼは、おそろしく精度が高い。そのうえ自ら書いたものを見直してミスを修正する、いわば校正作業もできる。それでも100万文字に1つくらいはミスをする。数十億文字から成るゲノムの場合、これは細胞が分裂するたびに数千個のミスが起こるということだ。細胞は分裂にいつまでも時間をかけるわけにはいかないし、生命においては常にスピードと正確性の妥協が求められる。当然ながら、細胞はこうしたミスを修正するための高度なメカニズムを進化させてきた。[*16]

ポール・モドリッチは非常に賢い実験方法によって、細菌内の酵素がどのように塩基のミスマッチを認識し、新たな鎖のうちミスを含む部分を切り離し、空いた隙間を正しく埋めてミスを修正するかを解明した。[*17] このメカニズムはすでに細菌については十分確立しているものの、人間のような高等な生物ではこうしたミスがどのように修正されるかはまだ議論の余地が残っている。

科学界がＤＮＡ損傷と修復の重要性を認識するまでには長い時間がかかった。マラーがノーベル賞を受賞したのは、Ｘ線が突然変異を引き起こすという発見から優に20年が経過した１９４６年のことだ。ただリンダール、サンジャル、モドリッチが２０１５年にノーベル化学賞を受賞する頃には、ＤＮＡ修復は科学界の辺境ではなくなっていた。今では生命にとっての、また癌と老化の原理を解明するうえでのその重要性は広く認識されている。たいていの科学ではそうだが、こうした発見には世界中のさまざまな研究室で働く何百人という科学者が寄与している。しかしノーベル賞を受賞できるのは最大３人なので、選考委員会は最も重要な貢献をした３人を選ぶというつらい役回りを担っており、選考結果には常に批判が起こる。またノーベル賞は故人に授与されない。残念ながらディック・セットローはリンダールらのノーベル化学賞受賞が発表される数カ月前に94歳で亡くなっていた。[*18]

これまでに科学者はたくさんの修復酵素を特定してきた。その多くは基本的に細菌から人間まであらゆる生命体に共通している。ＤＮＡ修復は生命にとってこのうえなく重要であることから、細菌と高等生物が枝分かれする以前、すなわち数十億年前に始まったのだ。ゲノムの安定性とその指示内容を維持することは細胞にとって非常に重要なので、常に監視と修復が必要だ。修復酵素のことはゲノムの〝見張り番〟と考えるといいだろう。

　修復メカニズムの不具合は一大事だ。ＤＮＡ損傷は常に起きているため、修復されなければたちまち損傷が蓄積されてしまうからである。修復メカニズムの突然変異の多くは癌と結びついているのも意外ではない。たとえば*ＢＲＣＡ1*遺伝子に変異があると、女性は乳癌や卵巣癌にかかりやすくなる。修復メカニズムの不具合は老化も引き起こすが、老化とともに癌の発症率は上昇するのでこの2つの影響を切り分けるのは難しい。オランダの科学者ヤン・ホイマーケルスほど、ＤＮＡ修復の欠陥が早期老化を引き起こすメカニズムを徹底的に研究した者はいないだろう。ホイマーケルスが注目した疾患の1つが神経変性疾患、アテローム性動脈硬化、骨《こつ》粗《そ》鬆《しょう》症など老化に関連する症状を示すコケイン症候群［早老症の1つ］だ[*19]。女性の場合、細胞のＤＮＡ損傷への反応は閉経が始まる年齢に影響を与えることもある[*20]。一般的に私たちの体がＤＮＡ損傷をうまく修復できるほど、老化に抗うことができる。

細胞は重大なＤＮＡ損傷を検出すると、「ＤＮＡ損傷応答」なるものを発動す

る。ただ、これは良いことばかりではない。損傷応答は損傷修復という本来の目的以上に老化の面で重大な影響を引き起こすのだ。ときには細胞が老化する（分裂できなくなる）こともあれば、極端な場合は細胞が自殺することもある。[*21] 生命が自らの細胞を殺すメカニズムを進化させたというのはおかしな話だが、生命体の数十億個の細胞のなかの1つなど、つまるところなくなってもかまわない。むしろDNA損傷の結果として細胞が癌化すれば、増殖して最終的に生命体そのものが死んでしまうかもしれない。細胞死も細胞老化も生命体の老化の重要な要因であり（特に細胞老化）、本書の後段でじっくり議論するつもりだ。とりあえずここではDNA損傷応答は癌と老化のリスクのバランスをとるために進化したとだけ言っておこう。これも人生の早い段階で利益をもたらす一方、遺伝子を次世代に渡してしまった後の年代になって不利益をもたらすように進化したメカニズムの1つだ。

損傷応答の中心的存在が「p53」と呼ばれるタンパク質で、癌抑制遺伝子*TP53*が生み出す。p53は非常に重要で、「ゲノムの守護者」と言われることも多い。癌の50％近くにはp53の変異がみられる。一部の癌ではその割合は70％にもなる。通常p53はパートナーのタンパク質と結びついており、不活性だ。しかも細胞内での新陳代謝が速く、作られてはすぐに分解されるのを繰り返している。DNA損傷が検出されるとp53は活性化し、蓄積しはじめる。それと同時にパートナーのタンパク質から解放され、活発になり、多くの遺伝子を発現させる。ここでいう「発現」とは遺伝子にコードされた情報に基づいて機能タンパク質を作ることだ。なかにはDNA修復タンパク質を作る遺伝子もあれば、細胞分裂を止めてDNA修復遺伝子が働きやすいようにする遺伝子もある。損傷があまりに広範囲にわたる場合、p53は細胞死を誘発する遺伝子を作動させることもある。[*22]

p53は「ピートのパラドックス」のカギも握っているかもしれない。1970年代にイギリスの疫学者リチャード・ピートが気づいた奇妙な事実である。ゾウやクジラのような大型動物は人間の100倍の数の細胞を持っていることもある。大型動物の代謝率がゆっくりであることを考慮しても、彼らの体内の細胞の1つが突然変異して癌化する確率ははるかに高い。だがこうした大型哺乳類は驚くほど癌への耐性が高く、人間と同じくらい、ときには人間以上に長生きする。人間は2人の親からp53を生み出す遺伝子のコピーを1つずつ受け継ぐが、ゾウはそのコピーを20個も持っていることが明らかになっている。[*23] つまりゾウの細胞はDNA損傷に極度に敏感であり、損傷を感知した場合はさっさと自殺する。

科学者というものは因果を証明することばかり考えているので、修復遺伝子のレベルを増やしたときに何が起こるか確かめようとした。興味深いことに、ショウジョウバエを使った研究では、修復遺伝子が過剰に発現すると寿命が延びた。[*24] ただそれもこの遺伝子が生涯を通じて活性化していた場合に限る。修復遺伝子が成虫になるまで活性化されなかった個体では寿命は延びなかった。

第2章で紹介した特定のクジラやゾウガメのような長生きの種のなかにも、癌抑制遺伝子の数や種類に特異なバラツキが見られるものがいる。[*25] そうでなければはるかに若い年齢で癌を発症して死んでしまうだろう。一般的にDNA修復遺伝子が強力であることと長生きには強い相関があるようだ。最大120歳まで生きられる人間や、30歳まで生きられるハダカデバネズミは、寿命がわずか3〜4年のマウスと比べてDNA修復遺伝子や修復経路の発現率が高い。[*26] まれに見る長生きの人たちには、並外れて効率的なDNA修復メカニズムがあるのかどうかはまだ明らかになっていない。

矛盾するようだが、新しい癌治療法の多くはDNA修復を阻害することで作用する。[*27] 癌細胞は修復メカニズムのいくつかに欠陥があるため、それ以外の修復手段を封じることで選択肢を無くすことができるからだ。自らのDNAを修復できなくなれば、癌細胞は死んでいく。だがこれは攻撃的な癌と戦うための短期的対策でしかない。通常、DNA修復を長期間にわたって阻害すると、癌と老化の両方のリスクが高まる可能性があるからだ。老化と癌のあいだには厄介な相互作用が存在するため、DNA損傷と修復に関して蓄積された知識を老化との戦いに活用するのは容易ではない。

DNA修復を寿命延長のために直接的に活かすのは難しいとはいえ、その知識はあらゆる老化のプロセスを理解する土台となる。遺伝子は究極的に生命のプロセス全体をコントロールする。個々のタンパク質をいつ、どれだけ作るべきか。細胞は生き続けるべきか、それとも突如として分裂をやめるべきか。細胞は周囲の栄養素をどれだけ敏感に感知し、反応すべきか。異なる分子や細胞は互いにどのようにコミュニケーションをとるべきか。遺伝子は私たちの免疫系もコントロールし、慢性炎症を引き起こさずに外部から侵入してくる病原菌に反応するといった微妙なバランスを保つ。

ＤＮＡの直接的損傷とそれに対する細胞の一見矛盾した反応は、私たちの遺伝プログラムが突然変異を起こし、老化を引き起こすメカニズムのほんの1つにすぎない。それは私たちのＤＮＡには2つの特性があるためだ。1つめはＤＮＡの末端部は特別で、保護されており、そこを破壊すると深刻な影響が出ること。2つめは人間のゲノムがどのように使われるかは、ＤＮＡの塩基の配列のみによって決まるわけではないことだ。人間のＤＮＡは古代から存在するタンパク質「ヒストン」としっかりと結びついた複合体として存在している。ＤＮＡもヒストンも環境によって変化し、それによって遺伝子の使われ方も変わってくる。ゲノムは石に刻まれたような不変のものではなく、状況に応じて修正されるのだ。

CHAPTER

4

問題は末端にあり

100年以上前のこと。とあるニューヨークの研究所で、科学者はフラスコで培養した細胞を見つめながら、自分は不死の謎を解き明かしたのかもしれないと考えていた。

その科学者はフランス人の外科医アレキシス・カレルで、事故や刃物による刺し傷などの暴力沙汰で切れた血管をつなぎ直す技術のパイオニアとしてすでに名を馳《は》せていた。見えないほど小さな縫い目で血管の端と端をつなぐその手法は多くの外科手術を一変させ、今日の臓器移植の基礎にもなっている。1904年にはフランスを離れ、モントリオールへ、さらにシカゴへと移った。2年後にはニューヨークへ移り、設立されたばかりのロックフェラー医学研究所（現ロックフェラー大学）の初期の研究員の1人となった。この研究所には最高の実験設備や潤沢な資金など、野心を抱く科学者にとって圧倒的に優れた環境が整っていた。そして当時33歳のカレルは間違いなく野心家だった。

外科医としてカレルは、人間の体外で組織を生かしつづけることを夢見ていた。実験室では細菌や酵母を永遠に培養しつづけることができる。個別の細菌や酵母が老化して死ぬこともあるが、培養物は増殖を続ける。ある意味、不死なのだ。だが人間のような高等生物の細胞や組織についても同じことが言えるのかはわからなかった。ロックフェラー研究所でカレルは組織から抽出した細胞の培養物を永遠に生かしつづけることができるか、長期にわたる一連の実験を始めた。ニワトリの胚の心臓から抽出した細胞を特製のフラスコに入れ、栄養素を安定的に供給することで、カレルは画期的成果を挙げたように見えた。培養物を何年も維持することに成功したのだ。これらの細胞は不死である、とカレルは主張した。

この発見は大々的に報道された。組織内の細胞を不死にできるなら、組織全体、やがては人間全体も不死にできる可能性がある、とジャーナリストらは考えた。1921年7月の科学誌『サイエンティフィック・アメリカン』には、威勢のいい論説が載った。「ほとんどの人が100歳まで生きると合理的に期待できる日は、それほど遠くないのかもしれない。そして100歳が可能なら、1000歳だって可能かもしれない」[*1]

だがカレルは間違っていた。

当初は学術界におけるカレルの地位もあってその業績に異議は出ず、やがて培養された細胞は死なないというのが定説となった。だが30年後、フィラデルフィアのウィスター研究所の若き科学者レナード・ヘイフリックが、癌細胞からの抽出物に触れさせたら細胞は変化するか確かめてみようと思い立ったことで潮目が変わった。ヘイフリックはカレルの手法を使い、ヒトの胚細胞を培養することにした。だが期待に反して、ヒトの胚細胞を無限に成長させることはできなかった。医微生物学と化学の博士課程を終えたばかりのヘイフリックは、最初は自分が何かミスをしたのだろうと思った。培養液の作り方を間違った、あるいは実験に使うガラス器の洗浄が不十分だったのかもしれない。だがそれから3年かけてヘイフリックはあらゆる技術的問題を入念に潰していき、最終的に定説が誤っていると結論づけた。通常のヒト細胞が培養液中で永遠に複製しつづけることはない。ヒトの細胞は不死ではない、と。[*2]

むしろヘイフリックの培養したヒト細胞は、一定回数分裂すると、そこで分裂をやめていた。研究仲間のポール・ムアヘッドとの独創的な実験では、すでに多数回分裂した男性由来の線維芽細胞を、数回しか分裂していない女性由来の線維芽細胞と混ぜた。男性由来の細胞はまもなく回数の上限に達して分裂をやめたが、女性由来の細胞は分裂と増殖を続け、やがて培養液中で支配的になった。老いた細胞は若い細胞に囲まれていても、なぜか自らが老いているという事実を覚えていた。周囲に若い細胞がいても若返らなかったし、環境内に汚染物質やウイルスがいても分裂をやめなかった。ヘイフリックとムアヘッドは、細胞が分裂を停止した状態を表す「セネセンス（細胞老化）」という言葉を作った。

他の若手科学者であれば、すでに確立された定説に異を唱えるのに不安を感じたかもしれないが、自信家のヘイフリックは違った。ムアヘッドとともに実験結果を37ページにわたって詳細かつ緻密につづった論文をまとめ、カレルが最初に成果を発表したのと同じ科学誌に提出した。ヘイフリックらが定説に異を唱えていたこと、そしてもしかすると編集長がカレルの同僚で、素性の知れない若手科学者よりカレルのほうを信頼できると考えたためか、論文は掲載を断られた。だが最終的に1961年に『エクスペリメンタル・セル・リサーチ』誌に掲載され、以来この分野の古典となっている。[*3] 特定の種類の細胞の分裂回数の上限は現在「ヘイフリック限界」と呼ばれる。

なぜカレルの結果はこれほど間違っていたのか。ヘイフリック自身は、カレルは培養液を補充するたびに、うっかり新しい細胞を追加してしまったのではないかという見方を示している。新しい細胞の追加は意図的だったのではないかという説[*4]もあるが、そうだとすれば重大な不正あるいはサボタージュ（妨害行為）にあたる。

私自身は、カレルがこの細胞実験に取り組んでいたころには、すでに脳が名誉と権力に侵され、傲慢になり、自らの研究を自己批判できなくなっていたのではないかとひそかに思っている。こうした姿勢は別の面でも顕著に現れている。1935年には『人間 この未知なるもの』と題した本を出版し、社会不適合者に断種手術を行い、犯罪者や精神障害者をガス室に送ることを勧めたほか、南欧人に対する北欧人の優越性を説いた。1936年に出版されたドイツ語版のまえがきでは、アドルフ・ヒトラーのナチス政権が掲げる新たな優生政策を賞賛している。高名なカレルの言葉は、ナチスの政策へのお墨付きとして使われたことだろう。[*5] ロックフェラー大学のカレルの記念碑は最近こうした思想を反映するように修正された。

かつてのカレルと同じロックフェラー大学に所属する著名な生物学者ティティア・デ・ランゲは、カレルの実験結果についてもっと単純な説明をする。[*6] カレルの実験室の隣では、ニワトリの悪性腫瘍の研究が行われていた。そうした癌細胞の一部が物理的に隣接するカレルの培養液に混入したのではないか、というのだ。癌細胞はヘイフリック限界の例外だ。一定回数を越えても分裂を続ける。この野放図な成長こそ、癌が身体にこれほどのダメージを引き起こす原因である。

なぜ癌細胞はヘイフリックが研究した正常細胞のように成長をやめないのか。そして細胞はどのようにして自らがすでに分裂した回数を記憶し、分裂をやめるべきタイミングに気づくのか。

細胞分裂の際に、染色体のなかにあるＤＮＡはすべて複製される必要がある。細菌のゲノムは円形（環状）のＤＮＡでできているのに対し、ヒトの46本の染色体内に存在するＤＮＡは線形（直鎖状）である。そして二重らせん構造を形づくるＤＮＡのそれぞれの鎖は矢印のように一定の方向を向いており、2本の鎖は逆方向を向いている。ＤＮＡを複製する複雑な仕組みでは、それぞれの親鎖が対になる娘鎖を複製するためのガイドとなるが、その仕組みは一方向にしか進まない。１９７０年代初頭、ＤＮＡの発見者の1人であるジェームズ・ワトソンとロシアの分子生物学者アレクセイ・オロヴニコフがほぼ同時期に、細胞がＤＮＡを複製する仕組みが、ＤＮＡの末端で問題が生じる原因となっていることに気づいた。

ある日オロヴニコフはモスクワ駅のプラットフォームでこの問題を考えていた。目の前に停まっている「列車」をＤＮＡを複製するＤＮＡポリメラーゼに、「線路」を複製されるＤＮＡに見立ててみた。すると列車はこれから進んでいく先の線路を複製することはできるが、今、列車の真下にある部分は複製できないことに気づいた。[*7] しかも列車は一方向にしか進めないので、線路の端から複製を始めたとしても、常に複製されない区間が生じることになる。このようにＤＮＡ鎖の末端部分を複製できないと、できあがった新たな鎖は元の鎖よりほんの少し短くなる。分裂のたびに染色体は少しずつ短くなり、やがて必要不可欠な遺伝子が失われるともはや分裂できなくなり、ヘイフリック限界に到達する。この「末端複製問題」と呼ばれる考え方によって、少なくとも原理的には細胞分裂が停止する理由は説明できるようになった。ただこれから見ていくように、本当の答えはもっと込み入っている。

もう1つ、答えの出ていない謎がある。なぜ細胞は染色体の末端部分をＤＮＡの損傷と認識し、他の末端部分と結合させようとしないのか。なぜなんらかのＤＮＡ損傷修復メカニズムが作動しないのか。

ハーマン・マラーがX線による染色体損傷を研究していた１９３０年代から40年代に、バーバラ・マクリントックという名の若き科学者がトウモロコシの遺伝的特徴を研究していた。あるときマクリントックは「動く遺伝子」と呼ばれる現象を発見した。[*8] 遺伝子がＤＮＡ上の本来の位置から別の位置へ、ときにはまったく別の染色体へと転移するのだ。

早くも１９３０年代には、それぞれ無関係の研究をしていたマラーとマクリントックは染色体の末端部分には何か特別な性質があると気づいていた。破損した染色体の末端部はたいてい再結合されるが、無傷の染色体の末端部はバラバラなままだ。マラーは染色体の本来の末端部分を「テロメア」と名づけた。マラーもマクリントックも、テロメアにはDNA損傷と誤認され、他のテロメアと結合されるのを防ぐような特別な性質がある、と主張していた。そのおかげで染色体はデタラメに結合されることなく、細胞内で個別の存在として安定的に存在できるのだ。だがその特別な特徴とはどのようなものなのか。

エリザベス・ブラックバーンはオーストラリアのタスマニア島にあるホバートという町で、7人の兄弟姉妹やたくさんのペットとともに育った。科学に興味を持って入学したメルボルン大学では生化学を専攻し、そこで幸運にもイギリスから来ていたフレデリック・サンガーという著名な生化学者と出会った。この出会いに勇気づけられたブラックバーンは、分子生物学に女性研究者がほとんどいなかったこの時代に、ケンブリッジ大学のサンガーの研究室で博士号取得に挑むことにした。タイミング的には完璧だった。というのもサンガーはちょうどDNAの塩基配列決定法を発明したばかりだったからだ。ケンブリッジでは人生で2つめの幸運な出会いが待ち受けていた。のちに夫となるアメリカ人のジョン・セダットとの出会いで、セダットはまもなくイェール大学に職を得た。その結果、ブラックバーンはイェール大学のジョセフ・ゴールの下でポスドク研究をすることになった。

細胞生物学者としてすでに評価を得ていたゴールは染色体の構造に関心があり、ブラックバーンはサンガーとの研究からDNA配列決定の方法を学んでいた。ゴールとブラックバーンはそれぞれの強みを生かし、染色体のテロメアに的を絞ってDNA配列を特定することにした。人間の細胞には46個の染色体に2つずつ、合計92個しかテロメアがない。ゴールらはそれでは研究材料として不十分だと考えた。そこでライフサイクルのある段階には最大1万個ものミニ染色体を持つテトラヒメナという単細胞生物を選んだ。その結果、染色体のテロメアのDNA配列は、染色体の他の部分はもちろん、これまで目にしたどんな配列とも違っていることがわかった。TTGGGG（対になるもう1本の鎖ではCCCCAA）という配列が、20〜70回も反復されていたのだ。[*9]

　ブラックバーンはこの反復パターンを発見して間もなく、ハーバード大学医学部で酵母に人工染色体を挿入する研究をしていたジャック・ショスタクと出会った。この人工染色体を通じて新しい遺伝子を導入すれば、酵母にもともと存在していた染色体と同じように複製されるのではないか、という発想だ。しかしどういうわけか人工染色体は不安定だった。酵母の細胞は人工染色体の末端を損傷によって切断されたものとみなし、損傷応答を始めてしまうのだ。ショスタクとブラックバーンは協力し、ショスタクの人工染色体の末端にテトラヒメナの染色体に見られたテロメア配列を追加したら何が起きるか調べた。すると魔法のようにうまくいった。[*10] 修正を加えた人工染色体は酵母のなかで安定したのだ。ショスタクはさらに酵母自体のテロメアのDNA配列も明らかにした。そこにはテトラヒメナと同じような反復が見られた。テトラヒメナのＴＴＧＧＧＧの代わりに、酵母のテロメアではＴＧ、ＴＧＧ、あるいはＴＧＧＧの組み合わせが反復されていたのだ。その後の研究で、人間や他の哺乳類ではＴＴＡＧＧＧという配列が反復されることが明らかになっている。

これらの短いテロメア配列が細胞に、自分たちは特別な存在であり、損傷したＤＮＡの末端部のように取り扱ってはならないと伝えているのだ。テトラヒメナと酵母の進化には10億年以上の開きがあるのに、酵母のなかでテトラヒメナとほんの少ししか違わない配列が機能しているというのは驚くべきことだ。これはこうした反復配列に基づいて染色体のテロメアを保護している普遍的メカニズムの存在を示唆している。

反復配列は染色体の末端にくっついた、無くても困らない余計な部分と考えてもいいだろう。染色体が複製されるたびに反復配列の一部は失われるが、最終的にそのすべてが失われるまでは何ら問題がない。ただすべてが失われると、染色体の末端に近い重要な遺伝子が失われはじめる。細胞分裂がヘイフリック限界という一定の回数に到達すると、そこで分裂が止まる理由はこれで説明できる。

これで原理的に説明のつくことはあるものの、基本的な問いのいくつかが未解決のままだ。このようなテロメア配列を追加しているものは何か。なぜ癌細胞や私たちの生殖細胞のように、ヘイフリック限界をはるかに超えて分裂を繰り返す細胞があるのか。

こうした疑問を解明するための最初の大きな一歩は、カリフォルニア大学サンフランシスコ校で自分の研究室を持つようになっていたブラックバーンが、大学院生のキャロル・グライダーと出会ったことで実現した。2人はテロメア反復配列を染色体の末端にくっつける酵素を発見し、それを「テロメラーゼ」と名づけた。[*11]

ほとんどの組織の細胞はテロメラーゼをまったく、あるいはほんのわずかしか作らないが、癌細胞や生殖細胞のような特殊な細胞は作る。テロメラーゼがなければテロメアは年齢とともに次第に短くなり、しまいには細胞が老化して分裂しなくなる。[*12] 対照的にテロメラーゼが作られる細胞は分裂するたびにテロメアが再構築されるので、際限なく細胞分裂を繰り返すことができる。正常細胞にテロメラーゼを注入するだけで、その寿命を延ばすこともできる。[*13]

ただ生物学の常として、事はそんな単純ではない。細胞は分裂するたびに、ワトソンやオロヴニコフが予測していたよりはるかに多くのＤＮＡを失う。しかも先端のテロメアが完全に失われる以前に分裂をやめてしまう。最後に、テロメアに特別な配列があるとはいえ、細胞がなぜそれをＤＮＡの損傷とみなして損傷応答を作動させないのかは依然として定かではなかった。

のちに明らかになったのは、テロメアの末端は一方のＤＮＡ鎖がもう一方より長くなる特別な形をしていることだ。[*14] この長い部分がシェルタリンと呼ばれる特別なタンパク質複合体の助けを借り、輪のような構造になることでＤＮＡの末端部が保護される。[*15] この構造のおかげで細胞は、染色体の末端を二重らせん構造の損傷とはみなさないわけだ。[*16] シェルタリンに問題が生じると、ときとして命にかかわる。テロメアの長さが正常であっても、シェルタリンに少しでも欠陥があれば染色体異常や早期老化を引き起こすこともある。

テロメアＤＮＡの喪失が一定量に達すると、こうした特別な構造が形成されなくなる。すると細胞は保護されなくなったＤＮＡの末端を損傷とみなし、損傷応答を発動して他の細胞に自殺か細胞老化を指示する。[*17] なぜレナード・ヘイフリックの研究対象のように老化する細胞もあれば、自殺する細胞もあるのか、その仕組みや理由は依然わからない。もしかすると細胞の維持や再生に特に重要な役割を果たす細胞（幹細胞など）は、損傷したＤＮＡを子孫に継承しないように、自殺を選ぶようにできているのかもしれない。

培養液のなかの細胞については、これだけわかれば十分だ。だがこれは「私たちはなぜ老いるのか」という問題とどうかかわっているのだろうか。寿命とはどうかかわるのだろうか。それに、なぜテロメラーゼは私たちの細胞の大部分では不活性なのだろうか。テロメラーゼを再活性化できれば、老化は止められるのだろうか。

テロメラーゼが正常に機能しない人、あるいはその量が通常より少ない人は、加齢とかかわりのあるさまざまな病気を早期に発症する。[*18] 同じようにストレスの多い生活を送っている人は、老けるのも早い傾向がある。顔はやつれ、若白髪が生えてきたりする。ストレスも加齢にともなう多くの病気の原因となる。生理機能にさまざまな影響を及ぼし、非常に複雑なかたちで老化プロセスに作用する。その1つがテロメアの短縮を加速することだ。ストレスにさらされると、私たちの身体は「ストレスホルモン」と呼ばれるコルチゾールの分泌を増やすが、これがテロメラーゼの活動を抑制するのだ。[*19]

テロメアの長い種ほど長生きするのではないかと思うかもしれない。マウスの寿命は実験室でも2年ほど、野生であればさらに短いが、テロメアはヒトと比べてはるかに長い。マウスのテロメアの短縮化はヒトより早く進むのかもしれない。[*20] テロメラーゼに問題を抱えたマウスに対し、テロメラーゼを再活性化してやると、老化とともに進行する組織劣化が反転する。人工的にテロメアを伸ばしたマウスは老化の兆候が減り、寿命が延びることが多くの研究によって示されている。[*21] おそらくマウスの場合、生まれつきテロメアがヒトよりはるかに長い分、短縮が速く進むのだろう。

こうした研究に基づいて、多くのバイオテック企業がテロメラーゼを作る遺伝子を細胞に追加したり、薬を使って細胞内にすでに存在するテロメラーゼ遺伝子を活性化したりといった試みを進めている。テロメラーゼを恒久的に活性化することで癌を誘発するリスクを避けるため、テロメラーゼを一時的に活性化する方法を研究している会社もある。こうした実験の多くは、まずテロメアの異常な短縮化が病気の原因と見られる特定疾病に集中している。しかしこうした方策の有効性や長期的影響は依然不明のままだ。

テロメラーゼの発見によって、癌研究は大いに盛り上がった。癌細胞はテロメラーゼを活性化するので、科学者はそれを癌攻略のターゲットとしてきた。テロメラーゼを阻害して不活性化できれば、癌細胞を殺すことができるかもしれない、と。一方テロメラーゼを不活性化すると、テロメアの短縮化が加速するリスクがあり、それは早期老化などの病気につながるだけでなく、テロメアが破壊されて染色体の配列変更につながり、皮肉なことにそれ自体が癌の原因になりかねない。片方の皿にテロメア喪失と老化、もう片方の皿に癌のリスク増大を乗せた天秤のように、両者のあいだには微妙な均衡が成り立っているようだ。[*22] 私たちの細胞の大半においてテロメラーゼを不活性化するという通常のプロセスは、人生の早い段階において癌を抑制するメカニズムなのかもしれない。このような均衡は、テロメアが短い人は臓器不全、線維症その他の老化症状を含む変性疾患にかかりやすい一方、テロメアが長い人はメラノーマ（悪性黒色腫）、白血病その他の癌のリスクが高まることを示す研究結果からも明らかだ。[*23] テロメラーゼに手を加えることが癌あるいは老化への有効な対策となるまでには、まだ時間がかかりそうだ。

ここまでの2章で、遺伝子に含まれるどのようなプログラムが、生命の複雑なプロセスをコントロールしているかを見てきた。次章では生命がどのようにしてDNAやテロメアの損傷による変化さえ受け入れているのかなど、DNAに書かれた生命のシナリオは確定的なものではないということを見ていく。シナリオは来歴や環境に応じて臨機応変に修正され、適応されていく。指揮者が楽譜に、映画監督が脚本にメモや注釈をつけるように、生命のシナリオに注釈をつける能力こそが生命の最も基本的なプロセス（たとえば単一の細胞から一体の動物へと成長するプロセスなど）の基礎となっている。この注釈付けがうまくいかないと、それも病気や老化の根本原因となる。

CHAPTER 5

生物時計をリセットする

2000年6月26日、アメリカのビル・クリントン大統領とイギリスのトニー・ブレア首相はそれぞれ両脇に世界的な科学者たちを従え、衛星回線をつないで入念に準備された「新たな英米パートナーシップ」を発表した。[*1] このとき公表されたのがヒトゲノム全体の「下書き版」、すなわち私たちのDNAを構成するほぼすべての塩基のほぼ正確な配列である。

この偉業は宗教の壁を越える熱狂を生み出した。クリントン大統領が「今日、私たちは神が生命を創ったときの言葉を学んでいます」と語れば、進化生物学者で無神論者として知られるリチャード・ドーキンスは「バッハの音楽、シェークスピアのソネット、アポロ宇宙計画と並んで、ヒトゲノム・プロジェクトのような偉業を成し遂げた人間の精神こそ、私が人間であることに誇りを感じる理由だ」[*2]と喜んだ。

他の科学者や報道機関も同じように大仰なコメントを発表した。ヒトゲノムが完全に解読されれば、病気の新たな治療法が見つかり、真にパーソナライズされた医療の新時代が幕を開けるだろう。個人の遺伝子配列が明らかになれば、その運命が詳しくわかるはずだと主張する者もいた。個人の強みと弱み、適性や才能、病気のかかりやすさ、どれくらい早く老化し、どれほど長く生きられるか、など。

両首脳による発表は、長く困難な道のりの集大成だった。アメリカとイギリスの科学者を中心とする国際コンソーシアムは長年にわたり、政府やウェルカム・トラストのような生物医学研究を支援する財団の資金援助を受けながら、ゆっくりと、だが着実にゲノム解読を進め、明らかになった部分の配列を発表してきた。相当な公的資金を受け取っていたため、得られたデータは万人が利用できるようにすると約束していた。

そんななか1990年代初頭に登場したのがJ・クレイグ・ヴェンターだ。インフルエンザ菌の完全な配列を初めて解読したことで名を挙げた人物である。ヴェンターはこの分野において一匹狼的なところがあった。[*3]いかにもアメリカの起業家、資本家らしく、自家用ヨットで世界をまわり、プライベートジェットで移動することも多かった。コールド・スプリング・ハーバー研究所でダーウィンの『種の起源』発表150周年を記念するカンファレンスが開かれた際には、プライベートジェットでやってきて、講演を終えるとすぐに飛び去っていった。その週末いっぱい会場にとどまった私とは違い、もっと重要な仕事があったのだろう。ヴェンターはかつてメリーランド州ベゼスダにある大規模な公的生物医学研究所、国立衛生研究所（NIH）で働いていた頃、ヒトのDNA配列の一部の特許を取得し、治療や診断に使われた場合に商業的利益を得ようとして、科学界でひと悶着起こしていた。NIHがそれにゴーサインを出したことに抗議して、NIH内の国立ヒトゲノム研究センターの初代所長に就任していたジェームズ・ワトソンが辞任する事態となった。[*4] NIHはヴェンターの名前で特許を申請していたが、ヴェンター自身はのちに自分は一貫して特許取得に反対の立場だったと語っている。[*5]

ヴェンターは国際コンソーシアムの進捗は遅すぎると感じており、自分が細菌の100万個の塩基配列の解読に使った方法をスケールアップして30億個近いヒトゲノムに応用すれば、解読コストも下げられると考えた。そこでそのための民間企業セレラを立ち上げた。もちろんヴェンターは自分が市場に参入する前に国際コンソーシアムが解読していた、ヒトゲノムのかなりの部分を利用することになんのためらいもなかった。ヒトゲノム業界の関係者の多くはヴェンターの厚かましさに怒り、ヒトゲノムはもちろん、それ以外の自然界のすべてのゲノムについて民間企業が自らの利益のために特許を取得することのないように、そして全人類が自由に使えるようにすると固く決意した。

ヴェンターを最も声高に批判した者の1人が、国際コンソーシアムのリーダーの1人だったイギリスの科学者ジョン・サルストンだ。[*6] サルストンとヴェンターは正反対のタイプだった。サルストンは高い名声と影響力を手に入れていたものの、サンダル履きで全般的に1960年代のヒッピーを思わせるような服装をしていた。ずっと慎ましい自宅で暮らし、研究室には古い自転車で通勤した。ゲノムを万人が自由に使えるものにすることを、ことさら熱心に主張していたサルストンは、ヴェンターの動機やプロジェクトへの関与を手厳しく批判した。「下書き版」発表の直前には国際コンソーシアムのメンバーとヴェンターの対立が激化したため、発表の壇上に両者が穏やかに並ぶようにクリントン大統領が自ら介入したほどだ。[*7]

大きな話題を呼んだものの、クリントン大統領とブレア首相が発表した「下書き版」はほんの始まりに過ぎなかった。文字が反復し、配列を見きわめるのが難しい箇所など、ゲノムのかなりの部分がまだ欠落していた。DNAの複数の箇所がどのように組み合わさるのか、科学者が解明すべきところも残っていた。それから3年後に配列完了が宣言されたが、[*8] 実際には男性性染色体であるY染色体（女性はX染色体を2つ持っているが、男性はXとYを1つずつ持っている）の一部など、今日でもいくつか欠落が残っている。

ヒトゲノム配列は「生命の書」と呼ばれることが多いが、これはいささか誤解を招く表現だ。実際には完全な配列を完璧に解読できたとしても、それは書物というより句読点のない文字の羅列に近い。個々の章、段落、文の切れ目を示す印もなければ、文脈を示す相互参照もない。お気に入りの遺伝子のページを開けばあらゆる形質や他の遺伝子とのかかわりを調べられる、きちんと編集された百科事典のようなものでは毛頭ない。しかもはっきり言ってゲノムのかなりの部分は理解不能だ。生命の機能の大部分を遂行するタンパク質のコードに相当するのはＤＮＡの２％程度だ。残りは生物学者がかつて「ジャンクＤＮＡ」〔がらくた遺伝子〕と呼んでいたものだ。今では徐々にその重要性が認識されているものの、それらがどのように、なぜ重要なのかは完全に理解されていない。

　当初はタンパク質をコーディングする遺伝子の多くがどこにあるのかもわからなかった。ＤＮＡ上のどこが遺伝子の始まりで、どこが終わりなのかを示すシグナルが常に明白ではないからだ。判読をさらに難しくしているのが、偽《ぎ》遺伝子と呼ばれるものの存在だ。かつてはタンパク質のコードであったかもしれないが、すでに発現や機能をしていない部分だ。偽遺伝子の多くは自らの遺伝子を人間のＤＮＡに挿入したウイルスに由来している。最後に、遺伝子の配列がわかれば自動的にその機能が明らかになるという話でもない。とはいえゲノム配列は出発点としてきわめて有益だった。以前なら考えもしなかったような疑問を抱き、実験をすることが可能になったからだ。まさに生物学の転換点だった。「生命の書」が手に入れば、私たち個人の物語がどのように進展し、最終的に終わりを迎えるのかも正確にわかるのではないか、と思うかもしれない。つまるところＤＮＡはあらゆる遺伝情報のキャリアであり、生物的プロセスを監督する司令塔なのだから。その配列がすべて明らかになれば、１個の生物あるいは細胞がどうなっていくかを予測できるのではないか。確かに個別の遺伝子の突然変異は線維症、乳癌、テイ・サックス病、鎌状赤血球貧血など多くの病気と関連づけられている。だが全体的に生物学というのはそれほど決定論的なものではない。

一卵性双生児はＤＮＡが運命を決めるという見方と矛盾する。彼らは同じ遺伝子を共有し、誕生時に生き別れになってもその容姿は驚くほど似ていることが多い。それは特に意外でもない。意外なのは、まったく同じ環境で育っても、彼らがまったく異なる性質を示すこともあるという事実だ。統合失調症のような強力な遺伝的要因がある疾患でも、それは変わらない。

私たち１人ひとりがＤＮＡそのものによって運命が決まるわけではないという事実の生きた証拠だ。私たちの細胞はすべて単一の細胞、すなわち受精卵から派生したものだ。受精卵は分裂しながら、同じ遺伝子を含む新たな細胞を生み出していく。ただその同じ遺伝子がまったく異なるさまざまな細胞を生み出していく。皮膚細胞はニューロン、筋肉細胞、白血球などとはまるで違う。さまざまな遺伝子は環境の変化に応じてオン（発現）、オフ（抑制）されることはすでにわかっている。そうだとすれば異なる細胞が異なる状況に置かれると、発現する遺伝子が変わり、異なる道を歩んで体内のさまざまな組織を作っていくというのも理にかなっている。重要なのは、このプロセスは逆戻りさせられないということだ。異なる細胞をまったく同じ培養基で培養しようとしても、細胞はそれぞれ自分がどの組織から来たかを記憶しているかのようにアイデンティティを保つ。

これは置かれた環境によって、細胞の遺伝プログラムに恒久的変化が起きたことを示唆している。この変化を研究するのが「エピジェネティクス（後成遺伝学）」だ。[*9] エピはギリシャ語で「上に」を意味する前置詞で、遺伝子の上にもう1つ、コントロールの階層が存在することを示す。この言葉は1942年にイギリスの博学者で、動物遺伝学の教授だったコンラッド・ウォディントンが作った。ウォディントンはこのプロセスを地形のたとえを使って説明している。大本の受精卵は山のてっぺんに置かれたボールのようなものだ。その子孫はさまざまなルートを通ってふもとの峡谷や渓谷まで転げ落ちていく。ここでいう峡谷や渓谷は異なる種類の細胞だ。いったん谷まで落ちると、山頂まで転がり上がっていくことも、尾根伝いに隣の谷に移動することも不可能だ。言葉を換えれば、ひとたび細胞の最終的なタイプが決まったら、別のタイプには変われない。皮膚細胞は白血球の一種であるリンパ球にはなれないし、それまでの歩みを逆転させて受精卵に戻り、まったく新しい身体を生み出すこともできない。

当初ウォディントンはラマルク学派と目されていた。後天的に獲得された形質が子孫に受け継がれるという進化生物学者ラマルクに似た考えを持つ者という意味だが、ラマルクの説はダーウィンとウォレスの自然淘汰説によって否定されている。ウォディントンの理論は環境が私たちの遺伝子に不可逆的影響を与えることを示唆しているようだった。そしてウォディントンの考えを受け入れた人々も新たな疑問を抱いた。細胞のゲノムの変化がどこまで進めば、個体全体の成長を指示する能力が失われるのか。ウォディントンのたとえでいうボールは、山のどこまでであれば転がり落ちてもまた山頂に戻ってくることができるのか。

ウォディントンの時代にはＤＮＡの構造や遺伝情報を保持する方法はおろか、ＤＮＡが遺伝にかかわっていることさえわかっていなかった。ただ受精卵（接合子）がきわめて特殊な細胞であることはすでにわかっていた。受精卵には適切な遺伝物質があり、その細胞質（細胞の内部物質）は新たな生命体に成長していくプロセスを作動させるのに必要な要素がそろっているように思われた。受精卵には「全能性（totipotent）」があると言われる。身体や胎

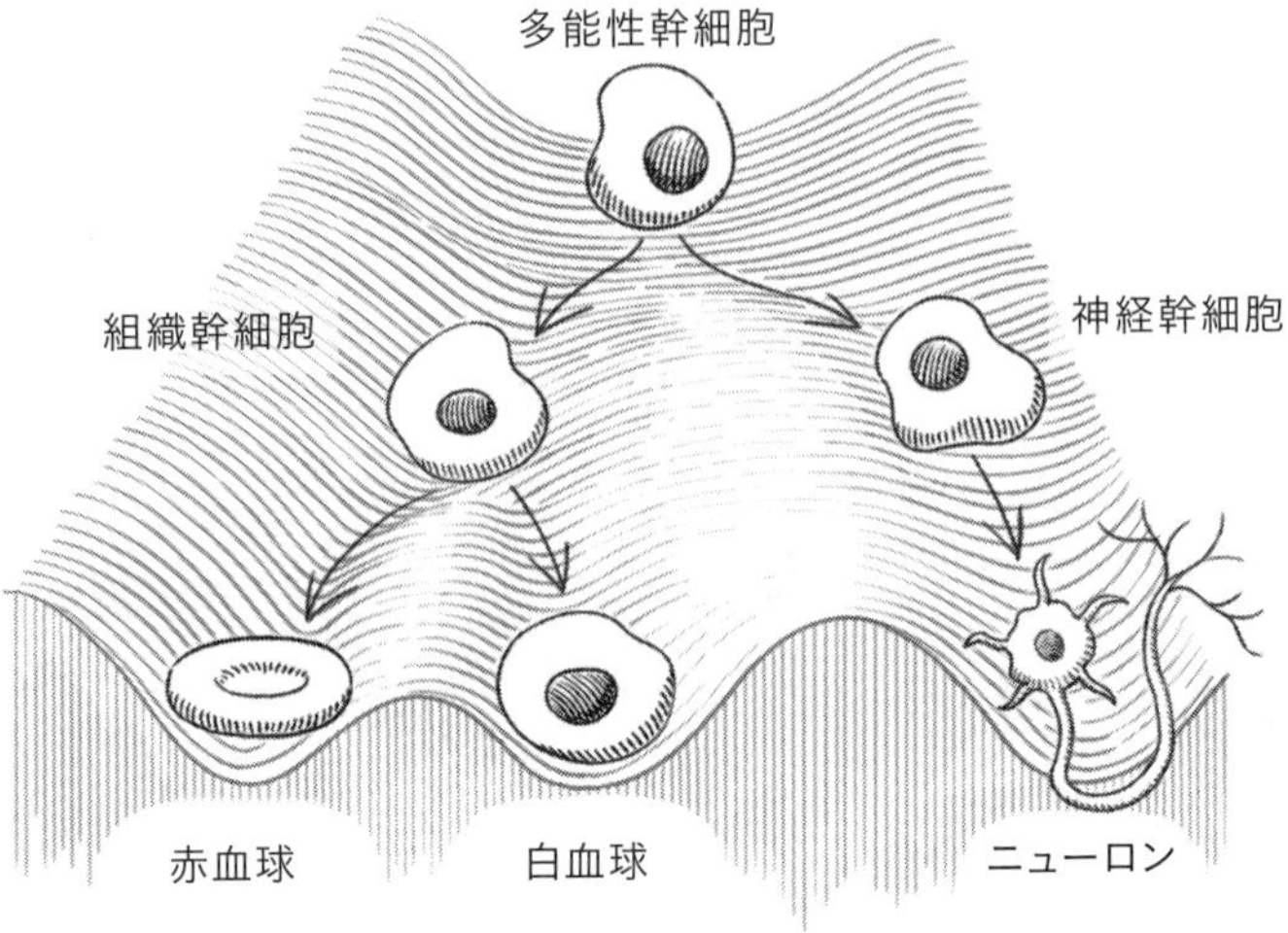

ウォディントンの山のたとえは、多能性幹細胞から特定の種類の細胞への分化を示している。

盤を含めて新たな動物を作るのに必要なあらゆる種類の細胞に分化できるという意味だ。数回の分裂を経た胚は、200～300個の細胞が液体で満たされた空洞を囲んでいる「胚盤胞」と呼ばれる段階に到達する。外側の細胞は胎盤となり、内側の細胞は新たな身体を生み出すのに必要なそれ以外のすべてになっていく。この身体に必要なすべての細胞に分化する能力を持った細胞は「多能性（pluripotent）」があるという。

受精卵の特殊な性質は、そのゲノムの産物だろうか、それとも環境がもたらすものか。後者だとすれば高度に分化した細胞から遺伝子を含む核を取り出し、核を摘出した受精卵に導入した場合、それ

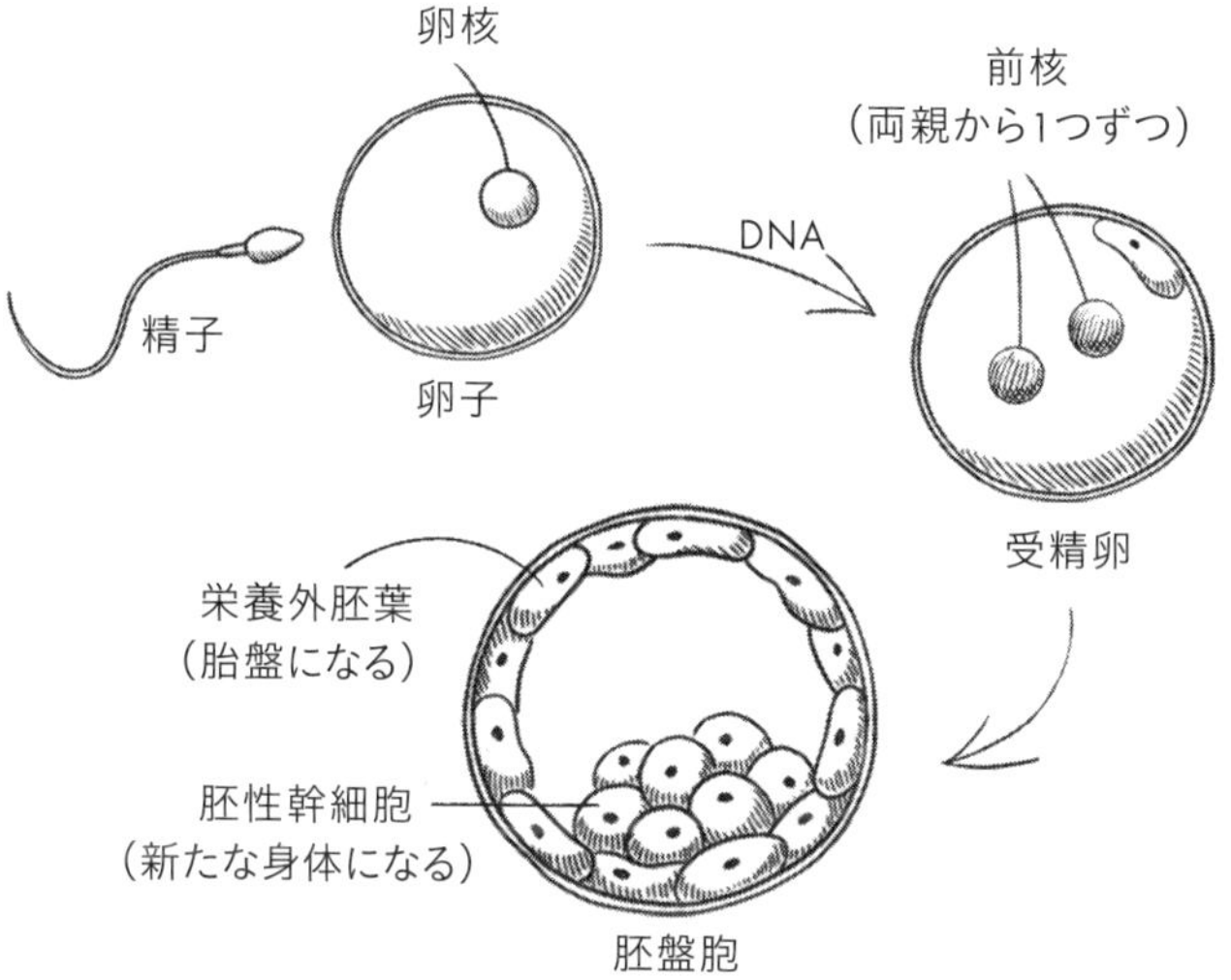

受精から胚盤胞形成まで

は全能性を持って正常な動物に成長していくのだろうか。これがフィラデルフィアの癌研究所およびランケノーメディカルセンターに所属していたロバート・ブリッグスとトーマス・キングが解明しようとした問題だ。実験は1952年にヒョウガエルを用いて行われた。カエルの卵は大きく透明であるため、顕微鏡下で操作しやすいからだ。ブリッグスらは胚盤胞段階にある胚の細胞から核を取り出し、核を抜いた受精卵に挿入すると、正常なオタマジャクシに成長することを発見した。しかしさらに成長段階を進んだ細胞から取り出した核を受精卵に挿入した場合、成長は部分的にとどまり、その後死んでしまった。つまり胚の細胞は成長の比較的早い段階ですでにそれぞれのプログラムにコミットするのだ。ウォディントンの山のたとえでいえば、すでに転がりすぎて山頂に戻ることができなくなる。*10

この時点では分化した細胞はゲノムのうち無から動物に成長するのに必要な部分を失ってしまったのか、それとも一定段階を越えて成長することを阻害する何らかの要素があるのか、まったくわからなかった。そこへ登場したのが、近代生物学界でも抜群に有名な実験を行った若き科学者である。

ジョン・ガードンに初めて会ったとき、

まず目に留まったのはライオンのような印象を与える豊かな金髪だ。私の研究室から5キロメートルほど離れた、イギリスのケンブリッジ中心部にある自らの名を冠した研究所で働いていたガードンはすでに70代で、世界的に有名な科学者だった。科学界でそれほどの地位にあるにもかかわらず控えめで、駆け出しの大学院生から研究所の幹部まで分け隔てなく丁寧に接した。他の科学者ならたいてい引退している年齢になっても科学への情熱を失わず、独自の実験を行っていた。だがそのキャリアの始まりは困難に満ちていた。

ガードンは1066年にウィリアム征服王とともにイングランドに侵攻したノルマン人を祖先に持つ貴族の出だ。名家の子弟の多くがそうするように、ガードンも13歳で名門パブリックスクールのイートン校に進んだ。だが滑り出しは順調ではなかった。生物学の教師が一学期末の理科の成績表に辛辣なコメントを書いたからだ。そこには上流階級の一部を除いてはすっかり時代遅れになった書き方で、こう書かれていた。「ご子息は科学者になりたいと思っているようだが、現状を見るかぎりかなりばかげた話だ。簡単な生物学的事実すら覚えられないのに専門家の仕事が務まる見込みはなく、彼自身にとっても、彼を教えなければならない者たちにとっても時間の浪費でしかない」。それ以降、ガードンは理科の授業を受けることを認められず、代わりに語学を履修した。[*11]

だが幼い頃から生物学や自然に強い興味があったガードンは、簡単には諦めなかった。科学界にとっては幸いなことに両親はガードンの味方で、支援する能力もあった。イートン校に数年分の高価な学費を払ったうえで、さらに卒業後1年間、生物学の家庭教師をつけたのだ。ガードンは仮入学の1年目に物理、化学、生物学の基礎講座の試験に合格するという異例の条件の下でオックスフォード大学に入学を認められた。そして無事に試練をくぐり抜け、学部生時代は動物学を専攻し、さらに同じオックスフォード大学のマイケル・フィッシュバーグの下で博士課程の研究を始めた。ブリッグスとキングがカエルの実験を行ったわずか4年後のことだ。

フィッシュバーグはガードンに、アフリカツメガエルという別の両生類を使ってブリッグスらの実験を繰り返してはどうか、と勧めた。当初は「ヒキガエル」と呼ばれていたアフリカツメガエルに生物学者の関心が集まったきっかけは、イギリスの〝さすらいの科学者〟ランスロット・ホグベンだ。イギリスからカナダに移り、さらに1927年には南アフリカのケープタウン大学の教授となった。そこでアフリカツメガエルの研究を始めたのは、そのカメレオン的性質のためだ。発生学のモデル生物としてアフリカツメガエルの人気が高まったのは、その卵がブリッグスらの研究したカエルと同じように大きかったためだけではなく、ライフサイクルが短く、しかも外部ホルモンによって年中いつでも産卵を誘発することができたためだ。[*12]

ガードンはいくつかの技術的問題を克服して、ようやくアフリカツメガエルを使った実験を成功させた。それは生物学の世界に革命をもたらすことになった。ガードンはオタマジャクシの腸を覆っている細胞の1つから核を取り出すことに成功し、それを大量の紫外線を浴びせて元の核を不活性化した卵に挿入した。こうしてできた卵は完全なオタマジャクシに成長した。これは抽出された腸細胞の核には、受精卵の核に備わっていた成長に必要な情報がすべてそろっていたことを意味する。受精卵本来の核が完全に非活性化していなかった可能性を打ち消すため、ガードンは核を提供する個体とそれを受け入れる個体には体の色が違うアフリカツメガエルを使うという念の入れようだった。色を見れば、提供された核からオタマジャクシが育ったことに疑問の余地はなかった。実際、新たなオタマジャクシの遺伝子は核を提供した個体と完全に同一だったので、前者は後者のクローンだった。完全に成長した動物の細胞から取り出した核から、まったく新しい動物がクローンとして作られたのはこれが初めてだった。[*13]

ガードンの成果はすぐに大反響を呼んだ。完全に成長した動物の体細胞の核には、まったく新しい個体（核を提供した個体のクローン）の成長をつかさどる能力があった。それは体細胞が成長の過程を後戻りできること、しかもウォディントンの山の頂に戻れることを意味していた。老化時計を巻き戻し、ふりだしに戻ってまったく新しい動物として成長することができるのだ。それはすでに腸のような特定の組織に成長した細胞が、もとの遺伝子をすべて保持していることも意味していた。分化したのは、選択的に遺伝子を喪失したためではなく、どの遺伝子をオンにし、どの遺伝子をオフにするかをそれぞれの状況に応じて修正したためだったのだ。

やがて他の研究者たちも別の種を使ってガードンの実験を再現しはじめた。[*14] ただそれが哺乳類で試みられたのは、ようやく１９９６年になってからだ。エジンバラ郊外のロスリン研究所の科学者たちが、成熟した個体の乳腺から取り出した細胞を使って「ドリー」という名のクローン羊を作った。このニュースは世界中で大きく報じられた。動物福祉への懸念から、長生きしたい金持ちが自分や大切な人たちのクローンを作る〝すばらしい新世界〟（その異常さは置き去りにされていたようだ）が実現する懸念まで、クローンの倫理が幅広く論じられた。今日では幅広い動物のクローンが誕生しているが、明らかな倫理的理由からクローン人間を作る試みは国際的に禁止されている。

これほどの熱狂を生んだとはいえ、ガードンの初期の実験はかなり効率が悪かった。核移植の成功率は低かった。ほとんどの卵がすぐに死んだり、胚に成長しても問題があり、やがて成長が止まって死んでいった。そしてガードンの最初の実験から60年、ドリーの誕生から20年以上にわたり科学者たちがクローン作製の成功率を高めるのに努力を重ねてきたにもかかわらず、それは依然として非効率な技術でありつづけている。自然界の子孫を生み出す仕組みのほうがはるかに効率的だ。

ヒトの抱える大きな問題の1つが、通常は組織を再生できないことだ。

腕が切断されたら、それを再び生やすことはできない。だが、たとえばヒトデのような生き物ならそれができる。世界初の核移植実験が成功するとすぐに、科学者たちはこんな解決策を検討しはじめた。初期胚細胞を操作して、心筋、ニューロン、膵臓細胞といった好きな組織に成長させることはできないか、と。それが現実的選択肢となれば、医療の世界で途方もない可能性が拓ける。しかも組織の劣化という老化にともなう重要な問題の1つについても、再生あるいは若返らせることが可能になるかもしれない。

ヒトは手足をまるごと生やすことはできないが、特定の種類の組織なら再生することができる。切り傷や擦り傷ができるたびに、体は新しい皮膚を生み出す。献血をすれば、体は血液の量を増やす。体はどうやってそれらを成し遂げているのだろうか。私たちの体内の細胞の大半は「最終分化」した状態（分化の最終段階に達し、あとは死ぬまで与えられた役割を実行するだけの状態）にあるが、きわめて特殊な細胞が老化した組織を再生するために新たな細胞を生み出す責任を負っている。それが幹細胞だ。

幹細胞にもさまざまな段階がある。その多くはウォディントンの山をかなり転がり落ちており、ほんの数種類の細胞にしか分化できない。たとえば骨髄にある造血幹細胞は、赤血球や免疫系の細胞など、血液中の主要な細胞すべてを生み出すことができる。だが肝臓細胞や心筋細胞にはなれない。ただし初期胚の内部にある細胞は、体内のあらゆる種類の細胞に分化できる多能性幹細胞だ。

科学者たちは、このような胚性幹細胞（ＥＳ細胞）を取り出し、培養し、それから環境を変えてさまざまな種類の組織に分化するよう促した。ＥＳ細胞を培養で増殖できるようになったことで、毎回新たな胚から取り出す必要がなくなり、幹細胞研究が一気に進展した。[*15]

とはいえES細胞の最終的な供給源は依然として胚で、その多くは中絶された胎児から取り出されたものだったので、倫理的問題があり、厳しい規制にもさらされた。一時はアメリカ連邦政府の助成金をヒトES細胞にかかわる研究に使うことはできず、研究室は政府の助成金の対象となる区域とそうでない区域を明確に区別しなければならなかったほどだ。

適当な成熟細胞を取り出し、操作して、完全に新しい動物の個体はもちろん、望みどおりの組織に分化させるなどというのは奇跡のような話に思われた。幹細胞、とりわけ多能性幹細胞と、私たちの体内のほとんどの細胞とは、いったい何が違うのか。

分子生物学者はすでに転写因子を発見しはじめていた。遺伝子の発現を調節する、すなわち遺伝子をどの程度オンしたりオフしたりするのかを決めるタンパク質のことだ。転写因子という名前は、それがDNA上の特定の遺伝子がmRNAに「転写」されるかどうかをコントロールするところからきている。mRNAに転写された遺伝子は読み込まれ、適切なタンパク質が作られる。幹細胞には膨大な数の活性転写因子が含まれており、なかには実験室で幹細胞を増殖させるのに必要なものもある。もしかしたら誕生したばかりの受精卵には同じような転写因子が含まれていて、それによって新たな動物へと成長していくことが可能なのかもしれないという仮説があった。同じ因子のなかには、際限なく増殖する癌細胞のなかでも働いているものがあった。

それが１９９０年代末、山中伸弥という日本人科学者がこの問題に関心を持ったときの状況だった。山中が生まれたのは、ジョン・ガードンがカエルのクローン化に成功した１９６２年。東大阪市で小さな工場を営んでいた技術者の父親の影響もあり、最初は整形外科医になった。だが整形外科に対する山中の情熱はまもなく薄れていった。自分の技術に自信を失いはじめただけでなく、関節リウマチ、脊髄損傷といった難治性の疾患や症状に苦しむ多くの患者を治療するうえでの整形外科の限界に気づいたからだ。それなら代わりに基礎科学の道に進み、彼らを治療する方法を見つけることに生涯を賭けよう、と山中は考えた。大阪市立大学で博士号を取得したのち、サンフランシスコのグラッドストーン研究所の心臓血管疾患研究部門でポスドク研究を行った。

１９９０年代に山中が帰国し、自らの研究室を立ち上げた頃には、ＥＳ細胞が相当な数の転写因子を発現させることがわかっていた。その一部、あるいはすべてを正常細胞のなかで活性化させたら、正常細胞を騙《だま》して幹細胞のようにふるまわせることができるのではないか。山中と一番弟子の髙橋和利はそう考えた。２人はＥＳ細胞に多能性という特徴をもたらしていると考えられる24の転写因子を特定し、それを皮膚や結合組織にみられる線維芽細胞（へイフリックが培養した細胞だ）に体系的に導入していった。さまざまな組み合わせで転写因子を実験した結果、わずか４つの因子で成熟した線維芽細胞を多能性幹細胞に転換できることを発見した。[16]

山中の研究のおかげで、多能性幹細胞を生み出すために胚から細胞を取り出す必要がなくなった。他の成熟細胞から作れるようになったのだ。山中の発見した因子を使って作られた多能性幹細胞は、人工多能性幹細胞（ｉＰＳ細胞）と呼ばれる。ｉＰＳ細胞の作製は容易なことから、幹細胞研究はさらに爆発的進化を遂げた。科学者たちはたゆみなくそのプロセスの効率性と安全性の向上に努めており、また幹細胞がどのように分化するかを見きわめる方法も一段と洗練されたものになっている。

こうした進歩は目をみはるようなものだが、ゲノムのどのような働きによって、すべて同じＤＮＡを共有しているはずの細胞がこれほどまでに異なる挙動を示すのか、正確な理由はわからない。なぜ細胞の種類によって遺伝プログラムはこれほど異なるのか。またなぜ細胞は自らの種類にこれほど忠実で、別の種類に突然変化するようなことが起こらないのか。幹細胞でさえ、血液細胞を作り出す役割を担っているものが、突然ニューロンや皮膚細胞を作り出したりはしない。

各細胞には「ハウスキーピング遺伝子」と呼ばれる、あらゆる細胞が必要とし、常に発現する遺伝子がある。だがそれ以外の遺伝子のどれをオンに、どれをオフにするかはその細胞が何を必要とするかでほぼ決まる。細胞はどのようにこのプロセスを調節しているのか。さきほど転写因子、すなわちどの遺伝子を活発に発現させるか抑制させるかをコントロールするタンパク質について触れた。転写因子のなかでもとりわけシンプルなものが、大腸菌という細菌がラクトース（乳糖）をどのように分解するかを調べるなかで見つかった。[*17] 通常、大腸菌はラクトースを摂取しないので、分解酵素を合成しない。だが、大腸菌がラクトースの存在を感知し、摂取する必要に迫られると、分解酵素を作る遺伝子を発現させる。そして周囲からラクトースが消えると、この遺伝子を停止させる。環境変化に応じて遺伝子のオンとオフを切り替える、シンプルかつ的確な方法だ。遺伝子調節の多くはまさにそんなふうに作用する。刺激に反応して転写をコントロールするのだ。ただこのラクトースのケースほどシンプルなものはまれで、通常は発現された遺伝子が今度は別の遺伝子を発現あるいは抑制させ、それがさらに多くの遺伝子に影響を与えるといった具合に複雑なネットワークが動く。

　大腸菌の場合、培養液の中からラクトースを除去するだけで、この反応は反転させられる。ただ皮膚細胞をたとえば肝臓に入れたとしても、突然肝細胞のようにふるまい始めるわけではない。皮膚細胞の転写因子と肝細胞の転写因子は異なる。しかも細胞にはＤＮＡ自体のコードを書き換えることによって、遺伝子プログラムの変更を長期間にわたって持続する仕組みがある。

これまで私たちはDNAを、生命に不可欠なさまざまな機能を遂行するタンパク質を合成するための情報がすべて書かれた、4つの文字から成るシンプルなプログラムだと考えてきた。ただDNAの構造が明らかになる以前から、科学者たちは4つの塩基A、T、C、G（RNAの場合はTの代わりにU）のごく一部には、さらに別の化学基がくっついていることを把握していた。当初はこうした変化がなぜ起こるのかはわかっていなかった。

今日ではこうした変化の多くが、遺伝子を長期にわたってオンあるいはオフの状態にとどめておくべきことを示すシグナルの役割を果たす、追加のタグであることがわかっている。タグのなかで最も一般的なのが、DNAのシトシン（C）へのメチル基（$-CH_3$）の追加だ。正しい位置にあるCがメチル基と結合（メチル化）すると、その直前の遺伝子はスイッチオフの状態になる。

細胞は分化していくなかで、DNA上の停止したい遺伝子の部分をメチル化し、活発に使用する必要がある遺伝子を含む部分はメチル化しないままにする。つまり皮膚細胞に分化していく細胞のメチル化のパターンは、ニューロンなどのそれとは異なっていく。

細胞が分裂し、DNAが複写される際には、新しいDNAは新しい塩基で作られていくのでメチル化のパターンが失われるのではないか、と思うかもしれない。[*18] だが細胞には、母細胞のメチル化パターンを復活させるための巧妙な仕組みがあるのだ。これが何を意味するのかというと、細胞分裂のときにはメチル化のパターンは正確に娘細胞に継承されるので、特定の細胞系譜で停止された遺伝子は、停止された状態が続いていく。この逆が起こることもある。メチル基を除去する脱メチル化酵素によって遺伝子に再びスイッチが入るのだ。どの遺伝子をオンまたはオフにするかを決める方法として、転写因子の使用のみならず、ＤＮＡ自体をこのように修正するというまったく別の次元があるということだ。これはＤＮＡの変更が確実に次世代以降の細胞に受け継がれていくようにする仕組みでもある。ＤＮＡのこうした変更によって、遺伝子がどのように使われるかが変わる。これらはコンラッド・ウォディントンが最初に言及したエピジェネティクス的現象を分子レベルで説明するので、「エピジェネティクス・マーク（エピジェネティク変化）」と呼ばれる。

このようなエピジェネティクス・マークは持続するだけでなく、老化にともなって増加もする。しかも世代を超えて受け継がれることさえある。第二次世界大戦末期の１９４４年９月から１９４５年５月にかけて、オランダでは猛烈な飢饉《ききん》が発生し、２万人以上が死亡した。その後の調査で飢饉の期間は比較的短かったものの、この時期に妊娠中だった女性から生まれた子供たちは、生涯にわたって身体的および精神的健康の悪影響に悩まされたことがわかった。飢饉の時期に子宮内にいなかった子供たちと比べて、肥満、糖尿病、統合失調症の発症率が高く、死亡率も高かった。飢餓を経験したのが妊娠初期か後期かによっても影響は異なっていた。母親の胎内で飢餓を経験した被験者たちのDNAを兄弟姉妹のそれと比較してみると、原因は明白になった。飢餓は胎児のメチル化パターンに影響を及ぼし、それが生涯にわたって悪影響を引き起こしたうえに、老化に伴う病気や死亡率を悪化させたのである。外的ストレスがDNAに生涯にわたって続くようなエピジェネティクス変化を引き起こすことがあるという衝撃的事例だ。[*19]

それほど複雑な話ではないと思った方は、もう少しお待ちいただきたい。DNAは細胞のなかで分子としてむき出しの状態で存在しているのではない。ヒストンというタンパク質に分厚くコーティングされており、このタンパク質とDNAの複合体をクロマチンという。なぜDNAがすべて細胞の小さな核に収まるのか、それを理解するカギとなるのがヒストンだ。細胞内のDNAを伸ばしていくと約2メートルの長さになる。一方、核の直径はミクロン単位、DNAの100万分の1ほどの小ささだ。ヒストンは正（プラス）の電荷を帯びており、DNAのリン酸基の負（マイナス）の電荷を中和する。それによってDNAはきわめてコンパクトなかたちに凝縮される。

コンパクト化の第一段階がヌクレオソームで、そこではDNAは8個のヒストンタンパク質でできたボール状の芯に巻きついている。ヌクレオソームはさらに線維状に自己組織化して、それが前後に折り畳まれていってすっかり核に収まる。細胞が分裂するときには、複製された染色体は娘細胞に移動しなければならない。引っ越しの際には家中の荷物をトラックにぎゅうぎゅうに詰め込むように、染色体は細胞分裂の直前が一番コンパクトになる。染色体がおなじみの「X」の形になるのはこのときだが、細胞が生きているあいだのほとんどは、クロマチンはもっと広がっている。

クロマチンをコンパクトにしておくことの問題点は、細胞は必要なときにDNA上の情報にアクセスできなければいけないことだ。自宅に大量の蔵書があるが、すべてを簡単に手に取れるように並べておくだけのスペースがない、という状況に似ている。大部分は箱にしまって屋根裏に保管しておきつつ、今読んでいる本や近々読もうと思っている本はすぐ手に取れるように本棚かナイトテーブルの上に出しておきたいと思うだろう。細胞も同じで、クロマチンの大部分は停止しておきつつ、適切な領域はアクセスできるようにしておく必要がある。その方法がヒストンに特定の化学基を追加し、タグ付けすることだ。DNAのメチル基のケースと同じように、ヒストンにタグを付ける酵素や、タグをはずす酵素がある。ヒストンに付けられたタグは細胞が他のタンパク質をその領域に招集し、クロマチンを不活性化あるいは活性化するためのシグナルとなる。そういう意味では、これらのタグもエピジェネティクス・マークのような働きをする。ヒストンの場合、よく使われるタグはアセチル基と呼ばれ、アセチル基をヒストンに結合させる酵素はヒストンアセチル基転移酵素と呼ばれる。

一般的にＤＮＡのメチル化とヒストンアセチル化の効果は正反対だ。ＤＮＡのメチル化はたいてい、メチル化された領域に続く遺伝子を沈黙させる。一方、ヒストンのアセチル化は、その遺伝子を積極的に転写せよというシグナルになる。どちらの効果も脱メチル化酵素あるいは脱アセチル化酵素という酵素を作用させることで元に戻せる。

どちらも特定の細胞のプログラムに持続性のある修正を加えるために、ＤＮＡ配列の上にもう1つ、別の修正を重ねるようなものだ。それによって細胞はニューロン、皮膚細胞、あるいは心筋細胞として安定したアイデンティティを保つことができる。受精卵から細胞が増殖していく過程で、異なる種類の細胞に分化していくためには、異なるエピジェネティクス・マークを付けていく必要があるのだ。

人によって老化ペースが異なることは周知の事実だ。

50歳でも老けてみえる人もいれば、80代でも驚くほど若々しい人もいる。原因の一端は遺伝的なものだが、老化はストレスや苦労によって加速することもある。母親の胎内に宿った瞬間から、私たちの細胞はＤＮＡの基本的プログラムそのものを変えるような変異を身につけていくだけではない。エピジェネティクス・マークも獲得していく。オランダの飢餓を経験した人々の例で見たように、エピジェネティクス・マークのなかには環境的ストレスの結果として付けられるものもある。

カリフォルニア大学ロサンゼルス校のスティーブ・ホルバートは、もともとエピジェネティクスには関心がなかった。あまりに無秩序かつ間接的で、老化とは有益な関連性がなさそうに思えたからだ。だがある日、性的指向の異なる一卵性双生児の研究のために唾液を集めていた同僚から協力を求められた。双子の間になんらかのエピジェネティクな違いがあるのか、調べたいというのだ。ホルバート自身も双子で、兄は同性愛者だったが自分は異性愛者だった。科学的好奇心から兄弟はこの研究に唾液を提供した。ホルバートらがシトシンのメチル化パターンを調べたところ、それと性的指向には何の関係も見られなかった[20]。

いずれにせよホルバートはさまざまな年代の双子について大量のデータを手にした。そこで他に何か学べることはないか、深掘りすることにした。するとＤＮＡメチル化のパターンと年齢にきわめて強い相関があることがわかった。それから他の組織の細胞に目を向け、メチル化のパターンと実際の老化の指標（肝機能や腎機能など、医者が採血をしたときに調べるような項目）の関係を調べた。その結果、513カ所のメチル化によって、死亡率だけでなく癌、健康寿命、アルツハイマー型認知症の発症リスクまで予測できることを突きとめた。[*21]

こうしたパターンは科学者たちが、「人々が生物学的に老化する速度はまちまちだが、どうすれば老化を測定できるのか」という根本的問題にアプローチするのに役立つ。メチル化のパターンは生物時計のようだ。[*22] 実際、加齢に伴う病気や死亡率を予測するうえでは実年齢だけを参考にするより精度は高まる。他の多くの研究グループも少しずつ異なるマーカーを使ってそれぞれのメチル化時計を開発しており、いずれも生物学的年齢とのはっきりとした相関が見られる。[*23] とはいえホルバートとその同僚らが指摘しているように、メチル化時計は研究の役には立つものの、生理機能の低下を測定したり、病気の早期診断を行ったりするための検査の代替にはまだならない。

ふつう私たちは幼い子供が年々老化しているとは思わない。子供時代や青年期を通じて人は頑強になり、死亡する確率は低下する。しかし実際には、胚発生初期には脱メチル化が起こり、生物時計をリセットするものの、それ以降メチル化は容赦なく進んでいく。つまり生まれる前から、私たちの老化は始まっているのだ！　同じように、長生きで知られるハダカデバネズミは時間の経過とともに死亡率が上昇しないために老化しないと考えられてきた。だがそのメチル化パターンは、彼らが確かに老化すること、単にそれが他の齧齧類よりもゆっくりなだけであることを示している。[*24]

エピジェネティクスが寿命に影響を及ぼす極端な事例を知りたければ、ミツバチの群れがうってつけだ。アリと同じようにミツバチにも女王がいる。女王バチはまったく同じ遺伝子を持つ働きバチに比べて何倍も長生きする。女王バチは2～3年生きるが、働きバチはわずか6週間程度で死ぬ。その理由の一端は、ひとたび女王に選ばれたハチは、働きバチとはまったく違う扱いを受けることだ。巣の奥深くにとどまり、甘やかされ、捕食者から守られる。反対に働きバチは巣の外に出て、命がけで食料を探さなければならない。女王バチはローヤルゼリーだけを与えられる。これは働きバチの食べるふつうの花蜜や蜂蜜とは組成が違い、栄養価ははるかに高い。とはいえこうした要因の影響は、はるかに深いものだ。食生活やストレスフリーな環境に起因して、女王バチは働きバチとは異なるエピジェネティクス・マークを持つようになり、老化速度もはるかに遅くなる。[*25]

なぜエピジェネティクス・マークが老化を引き起こすのかというのは、なかなか複雑な問題だ。マークのパターンは炎症経路の増加や、RNAやタンパク質を作ったりDNAを修復したりする経路の減少と関連があるので、それがどのように老化を引き起こすのかはわかりやすい。エピジェネティクスな変化はスケジュールどおりに進んでいくようにも見える。老化そのものが遺伝子にプログラムされているという意味ではない。エピジェネティクス変化は人生のある段階で必要になったときに起こるが、問題が解決した後もスイッチがオフにならないということかもしれない。なぜなら進化という観点からいえば、遺伝子を次世代に継承してしまえば、あとは私たちの身に何が起ころうが問題ではないからだ。多くの遺伝子を安定的に停止させることで、エピジェネティクス・マークは細胞が人生の早い段階で癌化するのを防いでいる可能性もある。テロメア喪失やＤＮＡ損傷応答と同じように、これも癌を防ぐか、老化を防ぐかというトレードオフの例なのかもしれない。

エピジェネティクス変化の多くは遺伝子にプログラムされていたものではなく、環境のランダムな変化によって引き起こされている可能性もある。一卵性双生児のケースを思い出してみよう。両者のＤＮＡに起こるエピジェネティクス変化は、誕生直後から異なっていく。両者のＤＮＡ配列はほぼ同じだが、まったく異なるエピジェネティクス・マークを獲得していくことになる。

老化時計は巻き戻すことができるのだろうか。

答えは「イエス」で、しかも私たちの誰もがもれなく経験する。受胎と同時に、老化時計はゼロにリセットされるのだ。40歳の女性が出産する新生児は、20歳の女性が出産する新生児より20歳年長なわけではない。40歳の生殖細胞のほうが歳をとっているが、２人の子供は同じ年齢からスタートする。

両親の体に起きた老化は、子供のなかではリセットされる。

私たちは老化時計をリセットする方法を、少なくとも3つ進化させてきた。1つめは生殖細胞には優れたDNA修復の仕組みがあり、体細胞よりも突然変異の蓄積が少ないことだ。[*26]

2つめは卵子と精子はそれぞれ受精前に厳しい淘汰のプロセスを経ることだ。女性はまだ胎児の頃に一生分の卵子を作る。その数はおそらく当初は数百万個あるが、誕生までに100万個ほどに減る。思春期を迎える頃には約25万個に、そして30歳になる頃には卵子は約2万5000個しか残っていない。[*27]ただ、そのなかで一生涯の月経周期で排卵に使われるのはわずか500個だ。精子の場合、この倍率はさらに衝撃的だ。男性は思春期以降、無数の精子細胞を作る。だから卵子も精子もものすごく余剰がある。なぜか。排卵（月1回受精を目的に、卵巣から成熟した卵子が1つ卵管へと放出されること）の前に、卵巣内の卵子はなんらかの検査を受け、損傷が見つかったら破壊される。検査に合格した卵子のみが排卵される。損傷は年齢とともに増える可能性が高いので、卵子の数が急激に減り、妊娠する可能性が低くなる理由はこれで説明できるのかもしれない。母親の年齢とともに赤ちゃんの遺伝子異常も増えるため、年齢とともに検査プロセスの有効性も低下するのかもしれない。

同じように精子細胞も選別を受けるのかもしれない。また精子はいち早く卵子に到達し、受精させるためには、他の無数のライバルよりも速く泳がなければならない。受精後も多くの胚は欠陥があるとみなされて発達の初期に排除される。さらに全体的に正常に発達している胚の内部でも、異常な細胞を取り除くための競争が起きている。[*28] 完璧なプロセスではないが、自然は私たちの子孫が親の細胞の損傷や老化を受け継がないように最善を尽くしてきた。

老化時計をリセットする3つめの方法は、ゲノムをプログラムしなおしてしまうことだ。受胎直後、受精した卵（接合子）は一次的に2つの核（前核）を持つ。1つは母親から、もう1つは父親から渡されたものだ。接合子の酵素や化学物質は、両方の前核のDNAからほぼすべてのエピジェネティクス・マークを消し去り、新しい受精卵が赤ん坊を生み出すプロセスをスタートできるように新しいマークを追加する。ここで私が「ほぼすべての」という表現をしたことに注目してほしい。前核が2個とも男親、あるいは女親から提供された卵は正常に成長しない。母親と父親から提供される前核にはそれぞれ異なる、それでいて補完的なエピジェネティクス・マーク（インプリンティングとも呼ばれる）のパターンがあり、それらが組み合わさって正常な成長のプログラムがスタートするからだ。[*29]

ここまで述べたような正常な成長の前提となる数々の複雑な条件を考えると、クローンのカエルやドリーが誕生したこと自体が驚きである。まずクローン動物のゲノムは成熟した体細胞から来たものだが、そこには親がそれまでの人生で蓄積したダメージがすべて含まれている。一方、正常な妊娠から生まれた動物は、それよりはるかに手厚く保護された生殖細胞から出発し、受精の前にも後にも厳しい選別のプロセスをかいくぐってくる。それに加えて体細胞のプログラムを変更するというのは、卵の通常の役割からは大きく外れている。こうした難しさを考えると、クローン動物が正常だったということがあり得るのか。早期老化の兆候など、自然な妊娠から生まれた動物と比べて何らかの異常があったのではないか。実際、クローン化はそれほどうまくいったわけではない。核移植の大部分は、完全な動物の誕生まで至らなかった。それでもドリーのようにいくつかの成功例はあった。

実際、ドリーはかなり病気がちな羊だった。テロメアは異常に短く、1歳の時点では複数の基準に照らして実年齢より老いていると判断された。羊の寿命は通常10〜12歳だが、哀れなドリーは肺に腫瘍ができたため6歳で安楽死させられた。とはいえクローン羊はドリーだけではない。ドリーほど有名ではないがデイジー、ダイアナ、デビー、デニスは驚くべきことに健康に、正常な寿命を全うした。[*30] これは少なくとも原理上は、成熟した体細胞から出発した命でも細胞をリプログラミングするだけで老化の効果を反転させ、老化時計をリセットできることを示している。エピジェネティクス・マークを消去し、新たな遺伝子発現のプログラムをスタートさせることで、ゼロから新たなクローン動物を生み出すことができる。

とはいえ細胞をリプログラミングする主な目的は、クローンの家畜や穀物を作ることではない。最大の成果は幹細胞を使った再生医療、すなわち死んでしまった、あるいは損傷した組織の修復や交換である。技術的な問題を克服できれば、途方もない、また幅広い可能性が拓ける。糖尿病患者にインスリンを分泌できる新しい膵臓細胞を導入する。心臓発作を起こした人は、損傷を受けた心筋を交換する。脳卒中を起こした人、あるいはアルツハイマー型認知症のような神経変性疾患を患う人の脳で再びニューロンを増殖させる。そんな可能性があるからこそ、今日幹細胞研究には何十億ドルもの資金が投資されているのだ。

今日研究されている幹細胞は、ゼロの状態に戻って新しいクローン動物を生み出すものではなく、老化した動物の個別部位を再生あるいは交換することで老化時計を反転させようとするものだ。ＥＳ細胞とｉＰＳ細胞はどちらもさまざまな種類の細胞に分化できるが、両者は同じものではない。ＥＳ細胞は自然に誕生した初期胚の幹細胞を培養し、さまざまな経路をたどって異なる組織になるようにプログラムしたものだ。一方ｉＰＳ細胞は受精卵の因子の活動によってリプログラミングされるのではなく、山中教授らが発見した体細胞内の４つの山中因子を使ってリプログラミングされる。この結果、両者のふるまいは完全に同じではない。それでもｉＰＳ細胞は手軽に作れるため（ＥＳ細胞のように法的および倫理的問題を解決する必要がない）、多くの科学者が山中教授らの当初の細胞リプログラミングの方法を改善しようと努力している。

科学者たちがこのアプローチを使ってどのように老化プロセスを反転させようとしているかは、これから見ていく。ＤＮＡのメチル化やヒストンの脱アセチル化を阻害するような特別な化合物を使い、細胞のリプログラミングをする試みへの関心も高い。このアプローチによって組織あるいは動物の個体全体の若返りを図るのは、現在の研究における重要な焦点となっている。[*31] テロメラーゼと同じように、エピジェネティクス・マークも人生の初期に癌を発症するリスクと老化を加速させることの微妙なバランスをとろうと進化してきた可能性がある。このため若返りによって老化を遅らせる、あるいは反転させるためのアプローチはすべて、いかに癌のリスクを抑えて安全性を確保するかという難題に直面する可能性がある。実際、４つの山中因子を使って作られた多くの組織は、腫瘍の発生率が異常に高いという関係性が見つかっている。

ここまでの３章で、年齢とともに蓄積されるゲノムへのダメージによって、生命をコントロールする遺伝プログラムがどのように破壊されていくかを見てきた。生命が生きていくうえで直面するさまざまなニーズに応じて、遺伝プログラムが臨機応変に自らに修正を加えていく様子も見てきた。こうしたプログラムによって、私たちの細胞内のタンパク質の組み合わせが変わる。タンパク質は膨大な数の複雑な、そして相互に結びついた作業をこなす。それぞれが大規模なオーケストラのメンバーのようだ。

オーケストラの調子が合わず、不協和音を響かせながら崩壊していくときに何が起こるか。それが次章のテーマだ。

CHAPTER 6

ゴミのリサイクル

最近、人との約束を忘れたり、手袋や傘や帽子などが見つからなかったりすると、私はしばしパニックに陥る。本書執筆時点で70歳になったところで、こうした出来事は避けられない老化の兆候のように思えるからだ。とはいえ20代になったばかりの頃も、友人を夕食に招いておきながらすっかり忘れ、彼が家に来たときは留守にしていたということがあった。その数年後、転居する私の送別会を隣人が企画してくれたのに、仕事に気をとられてすっぽかしたこともあった。そして人生を通じて、いろいろなモノを失くすことで有名だった。そんなことを思い出すと、また元気を取り戻す。

ただ、私が不吉な予感にとらわれるのにはもっともな理由がある。神経変性疾患にかかり、物忘れどころか、自分が何者であるかさえまったくわからなくなってしまうリスクは誰にでもある。

今日、認知症の患者数は5000万人を超える。[*1] 世界のほぼすべての国で高齢化が進むなか、その数は2030年には7800万人、そして2050年には1億3900万人に達すると予想される。イギリスのイングランドとウェールズでは最近、主な死因として認知症が心疾患を上回った。[*2] 心疾患の治療法は大幅に進歩してきたにもかかわらず、認知症には依然として有効な治療法が存在しないことも一因だ。アメリカでは依然として心疾患、癌、事故など従来型の死因を下回っているものの、認知症で死亡する人の割合は徐々に高まっている。2015年に生まれた人のほぼ3分の1は、何らかのタイプの認知症を患うと推定されている。[*3]

認知症患者の半分以上を占めるのがアルツハイマー病だ。[*4] 1900年頃、当時まだ名前もなかったこの病気の発病の兆候を指摘した、ドイツの精神科医アロイス・アルツハイマーにちなんで命名された。患者は落ち着いて明晰な時期と、ありふれたモノや自分の置かれた状況がわからなくなり、物忘れをし、動揺したり、ときには錯乱したりする時期を行き来する、とアルツハイマーは書いている。それはほんの始まりに過ぎない。病気が進行すると、アルツハイマー病患者の多くは家族や友人も認識できなくなる。話す、食べる、飲むといった基本的活動にも支障をきたす。自分を制御できなくなり、自分が誰だかわからなくなり、自らをとりまく世界を理解できなくなっていくことに次第に恐怖を感じるようになる。夫や妻、祖父母、大切な友人である患者の人格が失われていくのを見なければならない周囲の人々はさらにつらい思いをする。

アルツハイマー博士が病気を指摘してから1世紀以上経った今、アルツハイマー病の生物学的背景の理解は大きく進んだ。パーキンソン病、ピック病など他の神経変性疾患についても同様だ。そのすべてには2つの共通点がある。1つは年齢とともに発症率は上昇すること、そしてもう1つは原因がタンパク質の機能不全であることだ。

すでに見てきたように、タンパク質はアミノ酸の長い連鎖で、生成される過程で奇跡のように折り畳まれていく。いや、奇跡という言い方は妥当ではない。タンパク質が折り畳まれる理由は、アミノ酸のなかには油のように疎水性、すなわち水にさらされるのを嫌うものがあるからだ。反対に親水性のアミノ酸は水分子と触れ合うのを喜ぶ。タンパク質鎖が作られる過程で、疎水性のアミノ酸の大半がタンパク質の内側に、親水性のアミノ酸が周囲を囲む水と触れ合うように外側にむき出しになるように折り畳まれることで、特徴的な形に折り畳まれていく。ほとんどのタンパク質鎖には安定し、機能を発揮するための特定の形や折り畳み方がある。ときには1つのタンパク質鎖が他の鎖とともに畳まれ、複数の鎖から成る複雑な形になることもある。ただ原則は変わらない。私たちの細胞の1つひとつは驚くべき調整力を発揮しながら、必要なときに必要な量のタンパク質を何千個と作る。そのすべてが完璧に調和した1つの集合体として機能しなければならない。だがもちろん、このプロセスがうまく働かなくなることもある。

家財や家庭用品がさまざまな理由から不要になるケースを考えてみよう。新品の道具でも製造ミスによってさまざまな欠陥がある状態で出荷されてくることもある。道具を使っているときにうっかり壊してしまうこともある。あるいは徐々にすり減ったり錆びたりして、危なくて使えなくなったり完全に使えなくなったりする。あるいはかつては必要不可欠であったものの、もう必要がなくなったという製品もある。子供が成長したら哺乳瓶やベビーベッドは不要になる。技術が変化することもある。カセットレコーダーやフィルム式カメラはもはや無用の長物だ。持っている服が時代遅れになったり、もう着たいと思わなくなったりする。食べ物の賞味期限はもっと短い。私たちは日々の生活のなかで、当たり前のようにこうしたことに対処していく。食べ残した食品が腐ったら捨てるし、洋服が古くなったら修繕したり捨てたりするし、壊れた電子機器は修理したり廃棄したりする。そうしなければ家の中がすぐにガラクタでいっぱいになり、住めなくなってしまう。

細胞やそこで作られるタンパク質についても同じことが言える。タンパク質にも製造欠陥は生じうる。タンパク質鎖の組成が不正確だったり不完全だったりすることもある。適切な形に折り畳まれないこともある。存在しているあいだに折り畳みが崩れたり、化学物質その他の作用因子によって損傷を受けることもある。私たちが特定のアイテムを人生の特定の時期にしか必要としないように、多くのタンパク質は細胞が成長する特定の段階、あるいは何らかの環境的刺激に対応するあいだなど、ほんのわずかな期間だけ必要とされる。そして私たちが欠陥のある製品、使い古した製品、損傷した製品を捨てたりリサイクルしたりするのと同じように、細胞ももともと欠陥のあるタンパク質や変形したタンパク質を発見し、破壊する方法を進化させてきた。また完璧に正常でも、必要のなくなったタンパク質を廃棄する方法もある。いずれのケースでも細胞は、問題のあるタンパク質をその構成要素であるアミノ酸に分解する。分解されたアミノ酸は新しいタンパク質やエネルギーを生み出すのに使われる。

　しかし細胞内のタンパク質と家財や家庭用品には重要な違いがある。メーカーはふつう、製品を販売してしまえばあとはどうなろうと気にしない（保証期間中は別だが）。しかもあなたの家の洗濯機のメーカーは、洗濯機と他の家電との互換性を持たせる必要はないので、あなたが所有する冷蔵庫や電子レンジのブランドが何か、そもそもあなたが冷蔵庫やレンジを持っているかどうかなど気にしない。一方、細胞はタンパク質を製造するだけでなく使用するので、何千というタンパク質がすべて問題なく協調的に働くように目配りしなければならない。

年齢を重ねると、細胞の品質管理やリサイクルの仕組みが劣化し、神経変性疾患だけでなく炎症、変形性関節症、癌など加齢にともなうさまざまな疾患につながっていく。このため細胞はタンパク質の集合体の品質と健全性を確保するため、たくさんの方法を編み出してきた。

タンパク質の欠陥にはさまざまなものがある。タンパク質鎖は私が過去45年にわたって研究対象としてきた大きな分子機械であるリボソーム上で生まれる。リボソームはｍＲＮＡに書かれた遺伝情報を読み、タンパク質鎖を作るためにアミノ酸を正しい順番でつないでいく。このプロセスは数十億年かけてかなりの完成度に進化してきたが、それでもときには欠陥製品を生み出す。ｍＲＮＡに間違いが含まれていることもあれば、リボソームが読み間違いをすることもある。そういうケースでは新たに作られたタンパク質にはアミノ酸が誤った配列で並ぶことになり、機能不全を起こす。新品の電子機器に不良品があるようなものだ。最近では私や同業研究者の多くが、細胞がこうしたミスを認識し、除去の対象とするメカニズムの解明に努めている。

リボソームのトンネルから出てきたタンパク質鎖のアミノ酸配列が正しくても、次は正しい形に折り畳まれるかという挑戦が待ち受けている。タンパク質鎖には正しい形を形成するのに必要な情報はすべて含まれているが、だからといって自然にうまくいくわけではない。大型のタンパク質の場合、折り畳まれていくあいだに疎水性の部分が他の部分とくっつかないように隔てておくのは難しい（同時に作られる別のタンパク質鎖とくっついてしまうのはさらにまずい）。折り畳みプロセスの失敗にはたくさんのパターンがあるので、[*5]細菌から人間までのあらゆる生物の細胞は他のタンパク質が正しく折り畳まれるのを支援する特別なタンパク質を進化させてきた。私と同じケンブリッジ大学の科学者ロン・ラスキーは、ユーモアを込めてこの特別なタンパク質を「シャペロン」と名づけた（ラスキーはフォーク歌手の顔を持ち、科学者の生活をテーマにしてウィットに富む曲を自作してレコーディングまでしている。その1つが若い頃、イングランドの小さな会場で当時無名だったポール・サイモンと共演し、即座に自分は科学者の道に進んだほうがよさそうだと悟った経験を歌ったものだ）。ヴィクトリア朝の男女交際でお目付け役を果たした介添人《シャペロン》のように、〝シャペロン〟タンパク質もタンパク質鎖あるいは異なるタンパク質鎖同士の不適切な交流を防ぐ役割を担っている。それでもときにはタンパク質鎖の折り畳みの間違いは起こる。

タンパク質が正しい形に折り畳まれた後でもほどけることはある。鶏卵のタンパク質は一致団結して、受精卵をひよこに育てるという役割を遂行しようとする。だが私たちが鶏卵を茹でれば、タンパク質はすべて分解される。同じように牛乳にレモン果汁を入れて混ぜると、酸によって牛乳のタンパク質はほどける。いずれのケースでもタンパク質鎖がほどけると、タンパク質の内部にいた水を嫌う疎水性アミノ酸が周囲の水に触れる。それによってタンパク質は互いにひっついたり、絡まったりして、卵や牛乳はゲル状の固体になる。

茹でたりレモン果汁を加えたりしなくても、そもそもタンパク質は岩のような安定したかたまりではない。タンパク質内のアミノ酸は常にゆらゆらと揺れ、タンパク質自体も正常な形をとりつつ呼吸したり振動したりする。時間の経過とともに自然に、あるいは環境的ストレスに反応してほどけることもある。たいていは再び元の形に折り畳まれるが、ときにはそうならずに凝集することもある。私たちが歳をとるにつれてより多くの凝集が起き、それはより多くのタンパク質が機能を失ったことを意味する。それ以上に深刻なのは、タンパク質のかたまり自体が認知症などの疾患につながる可能性もあることだ。

このように私たちの細胞内には初めから正しく作られなかったタンパク質や、正しく折り畳まれなかったタンパク質が存在する。だがそれだけではない。多くのタンパク質には合成された後に表面の特別の場所に付加される、余剰な糖分子がある。グリコシル化（糖鎖付加）と呼ばれるこのプロセスは、タンパク質が機能するのに不可欠だ。だが年齢を重ねると、糖分子がデタラメにタンパク質に付加されるようになる。[*6] これは正常かつ秩序あるプロセスであるグリコシル化と区別して「糖化」と呼ばれる。糖化はさまざまなおなじみの健康問題を引き起こす。たとえば白内障や黄斑変性症などの疾患は、目の水晶体や網膜のタンパク質が糖分子によって変化させられ、性質が変わって正常に機能できなくなることで引き起こされる。こうしたタンパク質も問題になる前に発見し、破壊する必要がある。

防御の第一線となるのはシャペロンで、変形してしまったタンパク質を正しい形に畳み直す。だがほどけてしまったタンパク質が蓄積すると、もっと劇的な対応が必要になる。細胞にはほどけてしまったタンパク質の蓄積を感知する精緻なセンサーがある。[*7]「小胞体ストレス応答」と呼ばれる反応は、多面的だ。まず変形したタンパク質の折り畳みを支援するため、より多くのシャペロンが合成される。続いてそうしたタンパク質にタグ付けをして、破壊の対象とする。さらにタンパク質を適切に折り畳むことに問題が生じているのは明らかなので、細胞はタンパク質の合成のペースを落とす、あるいは完全に停止してしまう。こうした対策が十分な効果を発揮しない極端なケースでは、小胞体ストレス応答は細胞に自殺せよという指示を出す。[*8]

細胞は欠陥があったり、不要とみなしたりしたタンパク質をどうやって破壊するのだろうか。まず細胞は何かがおかしいと感知すると、そのタンパク質にユビキチンという分子でタグ付けする（ユビキチン化）。ユビキチン自体も小さなタンパク質だ。発見されたのは

1970年代半ばで、その名前は「あちこちにある《ユビキタス》」という言葉に由来する。科学者が調べたほぼすべての組織で、存在が確認されているのだ。ユビキチンはどうやら細胞内のタンパク質の調節にかかわっているようだが、どのようにかかわっているかは定かではなかった。

やがて巨大なディスポーザー（家庭用生ゴミ処理機）の役割を果たす、プロテアソームという巨大な分子機械が発見された。[*9] プロテアソームにユビキチン化されたタンパク質が投入されると、粉々にされてリサイクルされる。そんな強力な分解装置が勝手にタンパク質を取り込んで食べはじめたら、かなり危険であることは容易に想像がつく。このためプロセス全体がかなり厳重に制御されている。そしてプロテアソームは欠陥のあるタンパク質だけではなく、完璧に機能するが、もはや必要ではなくなったタンパク質の処分にも使われている。

プロテアソームやユビキチン化のシステムに何らかの問題が発生すると、不良タンパク質が細胞内をうろついて問題を起こすことになる。プロテアソームの活動は年齢とともに低下するので、それが老化の原因だと考えるのが合理的だ。プロテアソームやユビキチン化のシステムに意図的に欠陥を導入すると命にかかわることもあり、たとえささやかな欠陥であってもアルツハイマー病やパーキンソン病といった加齢にかかわる病気につながる可能性がある。[*10]

ユビキチンとプロテアソームを組み合わせたシステムは、不要あるいは異常なタンパク質を除去するという目的に見事に合致している。タンパク質鎖を1度に1本ずつ、かみ砕いていく。みなさんの台所の流しに付いているディスポーザーのように1度に少量ずつしか処理できない。だがたとえていうなら使用済みのソファなど家具、家電のように、もっと大きなゴミを大量に処分しなければならなくなったら細胞はどうするのか。心配ご無用。自然はそのための装置も用意している。奇妙なことに、こちらはプロテアソームよりも数十年前に発見された。

高等生物の細胞には染色体を含む核があることは、かなり前からわかっていた。ただ顕微鏡の性能が一段と高まるにつれて細胞をより詳しく調べられるようになり、細胞小器官という特殊な構造物がたくさんあることがわかった。それでも細胞を円滑に機能させるうえで細胞小器官が協調してどのような働きをするかはわかっていなかった。実はそんな細胞小器官の1つが、細胞のゴミをリサイクルするうえできわめて重要な役割を果たしていたのだ。

1955年、ニューヨークのロックフェラー大学とベルギーのルーヴェン・カトリック大学を行き来しながら研究をしていたクリスチャン・ド・デューブが、リソソームと呼ばれる細胞小器官を発見した。ド・デューブとルーヴェン大学の研究チームは、リソソームは生物の主要な構成要素をなんでも分解できる消化酵素をたっぷり含んでいることを明らかにした。当初リソソームはパッとしない存在と見られていた。都市のゴミ捨て場のようなもの程度に思われていたのだ。だがリソソームにはたいてい細胞の他の部分の残余物が含まれていることが示されると俄然注目を集めるようになった。細胞内で不要とみなされたありとあらゆる構造物が、廃棄するためにリソソームに持ち込まれていたのだ。細胞は自らの構成要素を消化していたことから、ド・デューブはギリシャ語で「自食」を意味するオートファジーという言葉を造った。だが細胞内のゴミはどのようにしてリソソームに到達するのか。

細胞内では「オートファゴソーム（自食胞）」と呼ばれる膜で囲まれた構造物が形成され、廃棄の対象となったあらゆるモノを飲み込みながら徐々に大きく伸展していく。オートファゴソームは巨大なゴミ収集車と考えるといい。オートファゴソームが収集するゴミには、タンパク質凝集体から大型の細胞小器官までなんでも含まれる。やがてオートファゴソームはリソソームと融合し、集めたゴミを引き渡し、分解してリサイクルしてもらう。プロテアソームが台所の流しに設置されたディスポーザーなら、リソソームはあなたの町の巨大なゴミリサイクル場にあたる。

このプロセスは絶え間なく続いていくが、綿密に調節されている。細胞がストレスや飢餓状態にさらされると、オートファジーが強化される。困難な時期を生き延びるためにはタンパク質その他の構造物を分解し、その構成要素をリサイクルするのが理にかなっている。

ただ、ここからは細胞がいつ、何をリソソーム送りにするのか、どのように決めているかはわからない。この問題が解決されるまでにはさらに50年近くを要した。１９８０年代末から90年代初頭にかけて、東京大学の若き助教授だった大隅良典が優れたアイデアを思いついた。

生物学の進歩は増殖や突然変異を起こしやすい単純な生物の研究を通じて実現することが多く、そこでの発見はヒトのような複雑な生物に容易に一般化できる。大隅が目をつけたのは、分子生物学者のお気に入りである酵母だ。大隈は酵母内の液胞がリソソームに相当すると推測し、液胞に細胞残渣《ざんさ》が蓄積された酵母株（オートファジーが起こっていない株）だけを抽出した。大隅はオートファジーを活性化させるのに不可欠な1ダースほどの遺伝子を特定することに成功した。[*11]

こうした画期的研究のおかげで、今ではオートファジーは細胞の全体的メンテナンスの一環として常に起きていることがわかっている。そのペースは細胞のニーズに従って速くなったり遅くなったりする。細胞が侵入してきたウイルスや細菌を排除しなければならなくなったときも誘発される。このタイプのオートファジーには、侵入した異物を認識してオートファゴソームに引き渡す特別なアダプタータンパク質が必要だ。オートファゴソームに引き渡された異物はリソソームに送られ、破壊される。細胞がこのような巨大な構造物を破壊するための唯一のプロセスがオートファジーだ。

オートファジーの役割はトラブルに対処することだけだと思うかもしれない。だが単一の受精卵が成熟した動物に成長するうえでも重要な役割を果たす。みなさんが今のままでも十分に住める家の改築を考えているとしよう。家族が増えた、あるいはパンデミックの最中でリモートワークのためのスペースが必要になったなど。単にもっと広いキッチンが欲しい、ということもあるだろう。家を改築する際には新しい部分を建てる前に、まずは既存の部分を取り壊す必要がある。壁や配管、カウンターを取り外したり、新しい空間に合わない家具を捨てたりする必要もあるだろう。細胞も大本の受精卵から、内部組織や構造がまったく異なるニューロンや筋肉細胞などの特殊な細胞に分化していく際には同じプロセスを経る。それを可能にするのがオートファジーだ。

要するにオートファジーは、細胞が正常に成長するため、欠陥のあるタンパク質や老化した構造物を廃棄するため、さらには細菌やウイルスを破壊するために使われる。これほど多くの重要な機能を担っているので、オートファジーがたとえ部分的にでもうまく機能しないと、癌から神経変性疾患まで重大な問題が発生する。[*12]

ここまで細胞が欠陥のある、あるいは不要になったタンパク質や大型の構造物をどのように処理するかを見てきた。細胞内に問題のあるタンパク質があまりにたくさん蓄積されると、リサイクルのメカニズムが追いつかなくなる。そうした場合には新たなタンパク質の合成を即座に停止するのが得策だ。トイレで水があふれたら水道の元栓を締めるのに少し似ている。また細胞が飢餓やストレスにさらされているときに、新しい細胞を作ったり育てたりするのは意味がない。

細胞がとる対応策の1つが、リボソームがmRNAを読んでタンパク質を合成するのを止めることだ。こうして危機対応のあいだは新しいタンパク質を作るペースを落とすのだ。高速道路で渋滞が発生したときに入口を封鎖し、ゲートから新しい車が入ってくるのを止めるようなものだ。このプロセスによってほとんどのタンパク質の合成は停止するが、同時に細胞のストレスを緩和し、生き延びるのに役立つタンパク質の合成がスタートする。渋滞の例でいえば、新しい車が高速道路に入ってくるのを止めるシグナルを送りつつ、渋滞の原因となっている事故現場を復旧させる緊急車両を呼び寄せるようなものだ。

ほとんどのタンパク質の合成を停止する一方、ひとにぎりの有益なタンパク質を合成するというプロセスは、飢餓やウイルスの侵入、あるいはあまりに多くのタンパク質が崩れてしまうという状況によって引き起こされる。さまざまな種類のストレスに対する統一的反応であることから「統合的ストレス応答（ISR）」と呼ばれる。[*13]

タンパク質の質や量にまつわる問題は加齢とともに悪化するので、ISRがしっかり機能しているのが良さそうに思える。まさにそうした研究成果を発表したグループもある。マウスからISRを発動させる遺伝子を消去すると、タンパク質合成の異常に起因するさまざまな病気にかかりやすくなった。[*14]タンパク質が折り畳まれないことに起因する病気に苦しむマウスに、ISRを持続させる化合物を投与すると症状が和らぐ反面、ISRを抑制すると症状が悪化して死期が早まった。ISRを強化するグアナベンズやその誘導体であるセフィン1のような化合物は、タンパク質合成の品質管理の劣化に起因する病気を防ぐし、寿命を延ばす効果もある。[*15]ただこれらの化合物の作用や、ISRに直接影響を与えるのかといった点については、少なくとも1件のケースで異なる見解が示されている。[*16]

ここまで読むと、年齢を重ねるとともにISRを回復あるいは強化したらいいという結論になりそうだが、一部の研究グループではまったく逆の結果が出ている。マウスからISRを発動させる遺伝子を除去すると、記憶障害などアルツハイマー病の症状の一部が改善したというのだ。[*17]ISRを停止させる分子は、脳外傷後の認知記憶を向上させ、認知障害を回復させた。さらに驚くことにこうした効果は、実験薬である統合的ストレス応答阻害剤（ＩＳＲＩＢ）を脳外傷後1カ月経過したマウスに投与した場合でも確認された。[*18]

なぜ全般的なタンパク質調節の仕組みを停止することがプラスに働くのか。カナダのモントリオールにあるマギル大学でｍＲＮＡの翻訳を専門とし、ＩＳＲＩＢに関する研究の共著者でもあるネイハム・ソネンバーグは、ＩＳＲ自体が慢性的に動作し、制御不能になる病態が存在すると考えている。[*19] 必要ないときにまでタンパク質の合成を抑制したり、過度に抑制したりする状態だ。いわば徐行信号が出たとき、あるいは前方で事故があったときだけにブレーキを踏むのではなく、常にブレーキのかかった状態のまま車を運転するようなものだ。そうなるとブレーキもＩＳＲも命を救うどころか厄介者になる。私たちは歳をとっても新しいタンパク質を作る必要がある。何かを新たに記憶するには、脳細胞間の結合を強化する新たなタンパク質を合成する必要がある。だがＩＳＲ自体が制御不能になると必要な量のタンパク質を合成できない。そうしたケースではＩＳＲを停止させることがプラスに働くかもしれない。

メディアはＩＳＲＩＢを、弱っていく記憶力にテコ入れし、脳の損傷を修復する「奇跡の分子」ともてはやしてきた。グーグルの親会社アルファベットが所有するサンフランシスコのカリコ・ライフサイエンスはＩＳＲを不活性化するＩＳＲＩＢのような化合物の臨床試験を開始した。小胞体ストレス応答やＩＳＲＩＢの発見者の１人であるピーター・ウォルターは最近、誰もが羨むカリフォルニア大学サンフランシスコ校の教授職を投げうってカリフォルニアやイギリスのケンブリッジを拠点として老化研究に取り組む民間会社アルトス・ラボに加わった。

こうした研究の行方はまだわからない。ＩＳＲは本来、折り畳みが崩れてしまったタンパク質の増加、アミノ酸欠乏、ウイルスの侵入といった細胞におけるさまざまなトラブルに対処するための汎用的な制御メカニズムであったことを思い出してほしい。すでに見てきたように、科学者たちは当初ＩＳＲを持続させると特定の病状に効果があることを発見した。だからＩＳＲを促進するとメリットがある状況と、阻害したほうがいい状況の両方があるのかもしれない。どの段階でどれだけＩＳＲを働かせるのが最適なのかを明らかにするのは容易ではないだろう。老化にともなう疾患に対する長期的治療法として、自信をもってＩＳＲ調節を使えるようになるまでにはまだ時間がかかりそうだ。

本章ではたくさんのトピックを見てきたが、そこには共通のテーマがある。細胞が機能するためには、そこに含まれる何千というタンパク質が協調しなければならない。適切なタイミングで適量合成され、正しい形をとらなければならない。すべてがそれぞれの役割を果たさなければならないという意味では、オーケストラを構成する楽器に似ていなくもない。最近のオーケストラにはときどき見られるように、細胞というオーケストラに指揮者はいない。そして一部のセクションが正しい演奏をしなければ、すべてが崩壊する。

ここまで何かがおかしくなったときに細胞が感知し、修正するためのさまざまな方法を紹介してきた。驚くほど複雑な相互作用のネットワークであり、それをコントロールするのもタンパク質だ。コントロールするタンパク質自体に欠陥が生じると、問題は増幅される。それがまさに老化にともなって起こることだ。

本章の冒頭ではアルツハイマー病の恐ろしい苦しみについて述べた。高齢期の恐怖となりつつあるこの疾患は、意外なかたちで原因が解明された興味深い疾患群と関連がある。この謎を解明したキーパーソンがダニエル・カールトン・ガジュセックだ。[*20] ノーベル賞受賞という優れた業績と児童性的虐待という嘆かわしい犯歴で知られる科学者である。

ハーバード大学で医学の学位を取得したガジュセックは、ボストンで特別研究員として働いているときに徴兵された。そのまま朝鮮戦争に従軍することになり、そこでアメリカ兵が死亡する原因となっていた熱病が渡り鳥によって拡散されていたことを証明した。その功績によってアメリカ政府の疾病対策センター（ＣＤＣ）の職をオファーされたが、それを断ってオーストラリアのメルボルンで著名な免疫学者マクファーレン・バーネットとともに研究する道を選んだ。[*21] バーネットは児童の発達、行動、疾患についての国際的研究の一翼を担わせるため、ガジュセックをニューギニアのポートモレスビーに送り込んだ。近代的研究施設から遠く離れた僻地でフィールドワークを実践するのは容易ではなかったはずだが、ガジュセックは特異な人物だった。バーネットはあるとき愛弟子のガジュセックについて「IQ180、精神年齢は15歳レベル」[*22] と評し、どこまでも自己中心的で厚かましく、思いやりに欠けると率直に語ったことがある。それと同時にこのアメリカ人の若者は目的を達成するためなら、どんな危険や身体的困難（あるいは他人の感情）も意に介さなかったと付け加えている。

ポートモレスビーに滞在していたガジュセックはクールー病という奇妙な病気の話を聞きつけ、320キロメートルほど離れた東部山岳州に向かった。そこで暮らすフォレ族のあいだでクールー病は蔓延していたのだ。クールー病患者には熱や炎症などの兆候は一切見られなかったが、震えや笑いを制御できないなど異常行動を引き起こす進行性の脳疾患によって命を落としていた。シャーリー・リンデンバウムとロバート・グラスという2人の人類学者は、フォレ族の女性と子供は死んだ家族の体を骨まで食べる習慣を観察していた（成人男性は食べない）。これはフォレ族でも最近の風習で、このカニバリズムの詳細な情報を集めた結果、参加者のクールー病の発症パターンと一致した。[*23] ここからガジュセックらはカニバリズムの慣行がクールー病の感染と関係している可能性がある、と結論づけた。

ガジュセックと共同研究者のヴィンセント・ジガスは、フォレ族はカニバリズムの一環として、葬儀の後に死んだ家族の脳を調理して食べることに気づいた。そこでガジュセックは病人の脳のなかの何らかの要素が、それを食べた人にうつったのではないかと考えた。この直感にもとづいて、チンパンジーの脳にクールー病で死亡した患者の脳の抽出物を注入すると、クールー病が伝染することを証明した。

フォレ族の脳を解剖し、顕微鏡で調べたところ、スポンジのように穴がたくさん開いていた。クールー病はこのパターンが見られる海綿状脳症と呼ばれるたくさんの脳疾患の1つだ。そこには変異型クロイツフェルト・ヤコブ病も含まれる（変異型とは遺伝ではなく伝染性の意味）。クロイツフェルト・ヤコブ病も約10％が遺伝だが、ガジュセックはクールー病で行ったのと同じ方法で、ヤコブ病にかかった患者の脳の抽出物によってチンパンジーを感染させることに成功した。遺伝で発症するケースと、感染症のように伝染されるケースの両方が存在するというのは先例のない見解だった。ガジュセックは1976年にノーベル賞を受賞している。

残念ながら、ガジュセックのキャリアの終わり方はあまり輝かしいものではなかった。ガジュセックは長年のあいだにニューギニアやミクロネシアから50人以上の子供たちをアメリカに連れてきて、彼らの保護者となった。１９９０年代に研究室のメンバーからの告発を受けて、ＦＢＩが捜査に着手した。ＦＢＩは少年の１人を説得してガジュセックとの通話を録音させ、２人のあいだに性行為があったことを認めさせた。今日では考えられないような司法取引によって、ガジュセックは１９９７年に1年だけ収監された。釈放されるとすぐにアメリカを離れ、その後は生涯をヨーロッパで過ごした。自主的な国外追放のあいだも科学者としては積極的に活動し、複数の大学に籍を置いた。自らの身に起きたことはアメリカが性的に潔癖すぎるせいだとして、まったく反省するそぶりは見せなかった。[*24] 連れてきた少年たちの多くはガジュセックと交流を続け、なかにはガジュセックの名を名乗ったり、子供たちにその名をつけたりした。ガジュセックは２００８年、頻繁に訪問していた大学のあるノルウェーのトロムソのホテルで亡くなった。

ガジュセックの伝染性という概念は、この種類の疾患に対する考え方に大きな影響を与えた。１９８０年代にイギリスの牛のあいだで狂牛病（牛海綿状脳症、ＢＳＥ）が広がった原因は、この病気に感染した動物の肉や骨粉を飼料として与えていたことだった。同じ頃、１００人以上がクロイツフェルト・ヤコブ病で亡くなった。科学者らは原因はＢＳＥに感染した牛の肉を食べたことではないかと疑いはじめた。感染した牛の肉を食べることとヤコブ病の関係は万人に受け入れられたわけではなく、当時イギリスの農業・漁業・食料大臣だったジョン・ガマーがテレビカメラの前で4歳の娘コーデリアにハンバーガーを食べさせ、イギリスの牛肉は完全に安全だとアピールしたのは有名な話だ（コーデリアは病気にはならなかった）。それにもかかわらず多くの国が慎重姿勢を崩さず、イギリス産牛肉の輸入を禁止した。禁輸が解除されたのは、数百万頭の牛が殺処分され、畜産のあり方が見直された後のことだ。

こうした疾患が伝染することは実証されたものの、それが具体的にどのように拡散するかは明らかではなかった。19世紀から20世紀初頭にかけて、あらゆる感染性疾患は寄生虫あるいは細菌、菌類、ウイルスのような微生物など、宿主のなかで増殖する生命体を通じて伝染するというのが確固たる定説となってきた。1980年代初頭、カリフォルニア大学サンフランシスコ校のアメリカ人神経学者スタンリー・プルシナーは、羊やヤギを侵すスクレイピーという海綿状脳症の病原体を見つけようとしていた。スクレイピーを伝染させる脳からの抽出成分は、熱など標準的な殺菌方法では感染力を失わなかった。このため病原体は不活性化に抵抗力があり、潜伏期間の長いウイルスだろうというのが一般的見解だった。しかしプルシナーが時間をかけて病原体を絞り込んでいったところ、それはタンパク質であることがわかった。当初は懐疑的な声が圧倒的だった。細菌やウイルスと違い、タンパク質は増殖できないじゃないか、それでどうやってある動物から別の動物へと病気を感染させられるのか、と。

それから数年かけてプルシナーは問題のタンパク質を突きとめ、それがふだんから脳内に存在しているが、スクレイピーに感染した脳では異常な形になることを明らかにした。そしてこのタンパク質をプリオンと名づけ、正常版とスクレイピー版の2つの形があると主張した。周囲の善人をみな悪の道に引きずり込む邪悪なキャラクターのように、異常な折り畳み構造のスクレイピー版プリオンは自ら型あるいはテンプレートとなって、正常なプリオンタンパク質に出会うそばから異常な形に転換させてしまうのだ。その結果、異常な折り畳み構造が細胞全体に、さらには細胞の境界を越えて組織全体に感染症のように広がり、病気を引き起こす。
*
25

一見すると、クールー病、スクレイピー、アルツハイマー病といった疾患群の唯一の共通点は死に至る脳疾患であることぐらいだが、これから見ていくようにもっと根深いものもある。アロイス・アルツハイマー博士は死亡した患者の脳を自ら解剖し、細胞の外側にプラークが沈着すること、また一部のニューロンの中にもつれた原線維があることを発見した。こうした沈着物の形成が病気の原因なのか、それとも兆候であるのかは当初はわからなかった。
*
26

1984年、科学者たちはプラークの主な構成要素がアミロイドベータ（Aβ）と呼ばれるタンパク質であることを突きとめた。[*27] アミロイドベータ自体ははるかに大きなアミロイド前駆体タンパク（APP）が切断されて作られる。アルツハイマー病は通常は高齢期に発症し、必ずしも親から子へと遺伝しないが、遺伝性アルツハイマー病患者のなかには若くして発症する人もいる。彼らは*APP*遺伝子に突然変異があることがわかっている。[*28] さらにAPPを切断して成熟型アミロイドベータを作る酵素も明らかになった。それは老衰（セニリティ）を引き起こすことから、「プレセニリン」と命名された。これらのタンパク質の突然変異は家族性アルツハイマー病の原因にもなっていた。アルツハイマー病は過剰に、あるいは不適切に処理されたアミロイドベータ・タンパク質が蓄積することで引き起こされるという事実は疑いようがなさそうだった。その後研究者の多くはプラークができる原因やそれを防ぐ方法を詳しく調べることに集中していった。

ただ科学において、それほどわかりやすい話というのはまずない。まずプラークは通常、ニューロンの外側にできるのに、それでなぜ細胞を殺せるのか。もう1つ興味深いのは、他の組織（たとえば血管）にもアミロイドベータの沈着物は含まれるのに、死因となるのは病変を起こした脳であるという点だ。当初は看過されていたアルツハイマー病の特徴に、患者のニューロンの一部にタウという別のタンパク質でできた線維が含まれていたという事実があった。もしかしたらこのタウ線維が病気の原因ではないか？[*29]

科学界には当初懐疑的な見方もあったものの、3つの独立した研究グループがパーキンソン病に関連する遺伝的認知症の患者にはタウ遺伝子の突然変異が見られることを明らかにしたことで、タウが原因であるという証拠が積み上がりはじめた。[*30] またタウがどのように病気を引き起こすかは容易にイメージできた。タウ線維はニューロン同士を結ぶ細い軸索や樹状突起を塞いでしまうことがある。当然というべきか、最初に異常が出てくるのはこうした結合部で、それが認知障害を引き起こす。

最近、認知症の脳に特徴的に見られる線維は、折り畳みが崩れたタンパク質がデタラメに絡み合っているのではないことがわかってきた。異常な分子が集まり、認知症のタイプそれぞれに特有の線維を形成するのだ。[*31] 病変を起こした脳の線維のもつれにはきわめて明確な構造があること、それぞれが特定の疾患の顕著な特徴であることが、さまざまな研究で一貫して示されている。これはほんの数年前にはわかっていなかったことだ。

このように現状では、アミロイドベータやタウなどの線維が病気と関連しているというきわめて強力なエビデンスがある。1つ問題なのは、こうしたタンパク質が通常は何をしているのか、誰にもよくわからないという点だ。マウスからこれらのタンパク質の基となる遺伝子を消去すると、多少の異常は見られるものの、プラークやアルツハイマー病は生じないことがわかっている。[*32] これはアミロイドベータやタウが病気を引き起こすのは、通常の機能を果たさなくなったためではないことを意味している。そうではなく折り畳みが崩れると線維が形成され、それが脳全体に拡散することで病気になるのだ。

アルツハイマー病やプリオン病の原因は異常な形になったタンパク質が集まってもつれやプラークを形成することだ。プリオン病ではプリオンは正常版とは異なる形をとり、接触する正常版を次々とプリオン版に変えていくことで拡散する。アルツハイマー病や他の神経変性疾患についてもまったく同じことが起こるのではないかという認識が強まっている。[*33] 折り畳みが崩れて異常な形になったタンパク質が線維の形成を誘発し、それが脳全体に拡散していくのだ。アルツハイマー病患者の脳からの抽出物をマウスに注入すると、早い時期からプラークやもつれが形成される。だがクールー病や狂牛病のようなプリオン病と異なり、アルツハイマー病やパーキンソン病といった疾患に伝染性があることを証明した者はいない。それは私たちが認知症患者の脳を食べたり、病に侵された彼らの脳の抽出物を自分の脳に注入したりしないためかもしれない。

アルツハイマー病の原因を解明することは火急の課題だ。それが予防のカギを握るからである。答えは原因をどう定義するかで決まってくる。病気の直接的原因はおそらく、脳内でタウあるいはアミロイドベータの線維が形成されることだろう。しかしもっと早い段階の根本原因をたどれば、まず折り畳みの崩れたタンパク質が増えすぎ、それらがまとまって線維を形成するのを細胞が制御できなくなることだ。その原因は私たちのコントロールシステム、すなわち本章の前半で述べた細胞の品質管理やリサイクルシステムの損傷だ。そのコントロールシステムの損傷は、老化の結果である。

結局は私たちが長生きしすぎたために損傷が起こるということに尽きる。ここ1世紀の平均寿命の延長がもたらした結果の1つが、人生最後の数年間をアルツハイマー病などの恐ろしい影響に苦しみつつ過ごすリスクの上昇であるというのは、なんとも皮肉な話だ。

何か打つ手はないのだろうか。数十年にわたる努力にもかかわらず、こうした認知症に対する有効な治療法はまだ1つも見つかっていない、というのが厳しい現実である。癌の治療が難しいのは、原因が制御不能になった私たち自身の細胞であるためだが、アルツハイマー病の原因も同じように私たち自身のタンパク質の異常行動である。そしてこれもまた癌と同じように、このプロセスを加速するのには遺伝的因子と、化学物質あるいは感染性因子の両方がかかわっている可能性がある。これが治療をきわめて難しくしている。ごく最近、アミロイドベータ・タンパク質と結合する抗体を使った治療によって、18カ月後の認知力の低下が約25%抑えられたことが示された。[*34] 病気の進行を遅らせるのに最も効果があったのは、病気の初期かつタウの蓄積レベルが低い段階で治療を受けた患者だった。脳卒中や脳内出血といった重大な副作用のリスクがあったが、それでも確かにベータアミロイドを標的とすれば多少の臨床効果があると示したわけだ。アルツハイマー病患者に提供できる治療法がないに等しい状況では、たとえ高価で複雑、それでいて効果は比較的控えめといった治療法でも画期的発見としてもてはやされた。

しかし病気の根本を理解するのに役立つ近年の業績は、希望を与えてくれる。線維がデタラメに形成されるわけではなく、きわめて特殊な接触によってその構造が形成されることが明らかになった今、その形成を防ぐ薬を開発できるかもしれない。問題のタンパク質そのものの合成を阻害する試みも進んでいる。また科学者たちは老化した細胞に変更を加え、若い細胞と同じように異常なタンパク質を効率的に処理できるようにする方法など、根本原因の解決に熱心に取り組んでいる。病気の初期段階で早期警戒サインとなる適切なバイオマーカーも突きとめなければならない。問題の根底にある生物学的要因への理解が深まれば、病気を未然に防ぐ方法や、いざ病気にかかったときには早期診断、早期治療をする方法がもっと見つかるかもしれないという希望が持てる。

CHAPTER

7

過ぎたるは及ばざるがごとし

私が生まれ育ったインドは多宗教国家で、常にどこかに断食をしている集団がいるようだった。ヒンドゥー教徒は特定の宗教行事の前に（厳格なヒンドゥー教徒なら毎週）、イスラム教徒はラマダン（断食月）の1カ月間は夜明けから日暮れまで水1滴口にしない。たとえラマダンがインド亜大陸の暑い夏にあっても、それは変わらない。キリスト教徒は四旬節の期間は断食する。断食は単に宗教的な掟《おきて》ではない。ほとんどの文化では断食や全般的な節制は健康に長生きする秘訣であり、暴飲暴食は悪とみなされている。

人類史のほとんどを通じて、人間は狩猟採集で生きてきた。不本意な断食が長く続き、その合間にときどきごちそうが食べられるという生活だ。もしかすると私たちの代謝がそうした生活に適応するように進化したのかもしれない。ただ今日の状況は異なる。とりわけ西洋の先進国ではそうだ。新型コロナウイルス・パンデミックが始まった当初は、世界の数百万人の人々と同じように私も尋常ではないほど体重が増えた。ほとんどの人が家から出られなくなり、しかも冷蔵庫までわずかな距離を歩けばいつでも食べ物が手に入る状況だったからだ。今日では肥満が蔓延し、心臓血管疾患や2型糖尿病だけでなく、特定の癌やアルツハイマー病とも関連が指摘されている。肥満は感染症の重要なリスク因子でもある。新型コロナウイルス患者のなかでも肥満だった人の死亡率は大幅に高かった。高齢期の健康問題やそうした問題によって死亡するリスクの上昇など、肥満に幅広い悪影響があるのは明らかだ。

現代社会で肥満が蔓延している原因は複雑だ。通説の1つが、人類史のほとんどを通じて食べ物は不足し、たまにしか手に入らなかったことから、脂肪を効率的に蓄えられる「倹《スリ》約《フト》遺伝子」を持っている人のほうが欠乏期を生き抜くことができたというものだ。現代の飽食の時代になってもこの倹約遺伝子が私たちの食べ過ぎた脂肪分を蓄えつづけるため、肥満の原因となっているわけだ。[*1] この説はあまりに流布したためにもはや自明の理のようだが、今では疑問符が付けられている。今日でもアメリカで肥満の人の割合は人口の半分以下だ。生物のエネルギー摂取と体重の関係を研究するジョン・スピークマンは、人間という母集団のなかで脂肪をどれだけ効率的に蓄えられるのかについては遺伝的バラツキが大きいというだけの話だと説得力をもって論じている。このバラツキをスピークマンは「浮《ド》動《リ》遺《フ》伝《ト》子」と呼ぶ。[*2] 食料が全般的に不足している時代には、太りやすい体質の人でもめったに肥満にはならない。だがカロリーの高い食料があふれた今日、かつては害にならなかった遺伝子を受け継いだ人々を中心に肥満が増えているというのだ。歴史的に見ても、人間が節制するように進化する理由は1つもない。

肥満が増加する理由がなんであれ、節制し、適切な体重を維持することが健康につながることに疑問の余地はない。食べすぎが体に悪いのは明らかだが、その逆も真だろうか？食事の量を厳格に制限すれば、寿命を大幅に延ばすことにつながるのだろうか。この仮説を検証するための研究が初めて行われたのは１９１７年のことだが、さして注目されなかった。[*3] おそらく人類という種が存在して以来、生命を脅かすリスクとして栄養不足のほうが食べすぎよりはるかに深刻だったからだろう。それでもこの仮説は命脈を保ち、その後の研究ではカロリー制限を受けたラットは制限なく食事を与えられたラットよりも長生きし、健康だったという結果が出ている。

カロリー制限の期間中、実験動物は好きなだけ食べられる場合（不断給餌）と比べて30〜50％カロリーが低くなるようにエサを与えられるが、栄養失調にならないように必須栄養素を十分摂取させる。齧歯動物などの場合、カロリー制限を受けた個体は平均寿命と最大寿命の両方の観点から20〜50%寿命が延びた。しかも糖尿病、心臓血管疾患、認知の衰え、癌といった加齢にともなう複数の疾患の始まりを遅らせられたようだった。[*4]

とはいえマウスは体が小さく、寿命も短い。もっと人間に近い動物ではどうだろう。

2009年にウィスコンシン大学の長期的研究が、カロリー制限を受けたアカゲザルは寿命が延び、健康で若々しくなったことを明らかにした。[*5] だがほんの数年後にはアメリカ国立老化研究所（NIA）の25年にわたる研究でそれと矛盾する結果が出た。[*6] ウィスコンシン大学が対照群のサルに与えたエサは栄養価が高く糖分も多かったことを考慮すると、カロリー制限下の個体の寿命や健康状態に違いが生じたのはカロリーを制限したためではなく、健康的な食生活を送ったためかもしれない。一方、NIAの対照群の個体は好きなだけエサを食べられたのではなく、肥満にならないように与えられた量のエサだけを食べていた。ウィスコンシン大学の対照群では糖尿病の発症率が40%を超えたのに対し、NIAではわずか12・5%にとどまった。両方の実験結果を合わせると、すでに健康的な食生活を送っていて体重が適正な個体の場合、さらにカロリー制限をしても寿命を延ばす追加的効果はなかった。興味深いことに、2つの実験に参加した動物はカロリー制限下に置かれた個体も含めて、すべて野生の個体より体重が多かった。これはたとえエサを制限されても、野生で生きているよりはたっぷり食事ができたことを意味する。

サルの寿命は25～40年に及び、20年以上にわたって続いているNIAやウィスコンシン大学の研究の費用はすでに数百万ドルに達している。サルを使った実験でさえかなり難しいので、同じような実験を人間相手に実施するのは論外に思える（人間の寿命はサルの2倍以上で、その食物摂取を追跡調査するのははるかに難しい）。これまでのところカロリー制限が人間の寿命に及ぼす影響についてのエビデンスは個別事例にとどまる。[*7] それでも自分自身を実験台にして、さらには自らの生き方を売り込む本まで書く人は後を絶たない。

断食には食べ物の全体的な摂取量を減らすことにとどまらず、健康にさまざまな効果があるという主張も根強い。「5対2ファスティング」の実践者は、週2日は500～600キロカロリーしか摂取しないが、残る5日は通常どおりの食生活を送る。[*8] 毎日数時間のあいだに、その日の食物摂取を集約するよう説くメソッドもある。最近ではマウスを対象に、単なるカロリー制限や断続的断食だけでなく、食事の時間を1日の生物学的リズムに合わせることとの効果を調べる実験も行われている。その結果、概日リズム（サーカディアンリズム）に食事の時間を合わせることで、断続的断食の効果を大幅に高められるという結論が出た。[*9] すばらしい発見に思われるが、実験結果の解説を読むと、断食効果が高まった理由は食事時間とは無関係であることがわかる。というのも日中は本来マウスが寝ている時間で、日中しかエサを食べさせないというのは彼らに飢えるか寝ないかの二者択一を迫ることだ。実験に使われたマウスたちは睡眠パターンを乱すほうを選んだ。制限された量の食事を24時間にわたって均等に分割して与えた場合でも、起きている間だけでは十分な量が食べられないので、マウスたちはやはり睡眠パターンを乱してでも残りを食べようとした。

私は睡眠不足になると、自分がボロボロになった感じがする。歳をとるほど時差ボケは悪化するようで、他の大陸に出張するとすぐには使いものにならない。だから他の分野の科学者たちが、健康とこれほど密接なかかわりのある睡眠という要素を無視しているのにはいつも驚かされる。睡眠は脳、とりわけ目や視力と結びついていると考えられている。だがマシュー・ウォーカーが著書『睡眠こそ最強の解決策である』で説明するとおり、睡眠には脳はおろか神経系すら必要ない。実際、睡眠は太古の昔から存在し、生命世界全体でしっかりと維持されてきた。単細胞生物ですら睡眠と関連する1日のリズムに従って生きている。睡眠には危険が伴うことを考えれば（睡眠中の動物は攻撃に対して無防備だ）、それには進化の過程を通じて存続するだけの大きな生物学的メリットがあるはずだ。睡眠が私たちの健康に及ぼす影響は重大で、多岐にわたる。とりわけ睡眠不足は心臓血管疾患、肥満、癌、アルツハイマー病といった加齢に伴う疾患のリスクを増大させる。[*10] 最近の研究によると、睡眠不足によって老化や死が加速する理由の1つは、細胞損傷の蓄積を防ぐ修復メカニズムが変わってしまうためだという。[*11]

ただマウスの起きている時間とエサやり時間をマッチングさせる研究に話を戻すと、そこではマウスの睡眠パターンを明確にモニタリングしなかったものの、意図的にマウスの睡眠パターンを崩さないかぎり、カロリー制限は健康と長寿の両方に有意なプラス効果をもたらす、と研究者たちは指摘している。ここ数十年にわたる研究で、多くの種においてカロリー制限をするほうが好きなだけ食べるよりも好ましいという結果が繰り返し確認されてきた。

そんな単純な話があるのか、と思われるかもしれない。確かに1つの研究では、カロリー制限の効果はマウスの系統や性別によって大きく異なるという結果が出た。[*12] そこでは実験動物の大多数が、カロリー制限によって実際寿命が短くなっていた。老化研究の先駆者のひとりであるレナード・ヘイフリックは、食事制限が老化に何らかの影響を与えるという考えそのものに懐疑的だった。好きなだけ食べることを許された実験動物は食べすぎになり、その結果不健康になったのであり、カロリー制限は単に実験動物を野生に近い状況に置いただけのことだ、と考えたのだ。[*13] しかも科学者がひとたび実験室を出て、野生の動物の生態に目を向けてみると、食事量を抑えることと長生きの関連性ははるかに低くなる。[*14]

それにもかかわらず多くの実験室での研究では、ラットやマウスだけでなく蠕虫からハエ、地味な単細胞酵母に至るまで、好きなだけ食べるよりカロリー制限をするほうが有益だという結果が出ている。老化研究に取り組む科学者のほとんどは、マウスでは食事制限によって健康寿命と全体的寿命を延ばすことができ、人間についても癌や糖尿病を減らし、全体的死亡率を下げられるという見方で一致している。もっと細かく見ていくと、タンパク質あるいはメチオニンやトリプトファン（どちらも私たちの体内では作ることができず、食事からとらなければならない必須アミノ酸）など特定のアミノ酸の摂取を抑えるだけで、全体的な食事制限によるメリットの一部を享受することができる。[*15]

栄養失調を避けられる最低限の食事が好ましいと言われても、ピンと来ないかもしれない。カロリー制限の効果も、老化にかかわる進化論が当てはまる事例なのかもしれない。たくさんカロリーを摂取することは成長を早め、若い時期により多く生殖活動をするのに役立つが、それはその後の人生において病気や死の加速という代償を伴う。

それではなぜ誰もが食生活でカロリー制限を実践しないのか。理由は先進国で肥満が蔓延する理由と同じだ。私たちは食料が潤沢にある時代に生きているが、そうしたなかで節制するようには進化していないのだ。しかもカロリー制限にも弊害がないわけではない。傷の治りが遅くなる、感染症にかかりやすくなる、筋肉量が落ちるといったことは、いずれも高齢期には深刻な問題となる。他にも体温低下に伴う冷えや性欲の喪失などがカロリー制限のデメリットとして報告されている。[*16] そしてもちろん、多くの読者にとって自明ともいえる副作用もある。食生活でカロリー制限をしていると、常に空腹を感じる。カロリー制限を強いられた実験動物は、許可されればすぐにできるだけたくさん食べようとする。

アンチエイジング産業はアイスクリームやブルーベリーパイを我慢しなくても、カロリー制限と同じような効果を得られる薬をなんとか開発しようとしている。それを実現するには、カロリー制限が代謝システムに具体的にどのような影響を与えるかを理解しなければならない。そこに至るまでの紆余曲折、さらにはその過程で発見された細胞内の新たなプロセスについて見ていこう。

1964年、カナダの科学者の一団がイースター島を目指して出航した。[*17]

一番近い有人島からも2400キロメートル離れた、南太平洋に浮かぶ辺鄙《へんぴ》な孤島だ。目的は外界との接触がほとんどないイースター島の先住民がかかりやすい病気を研究することだった。とりわけ関心があったのは、先住民は裸足《はだし》で歩きまわるにもかかわらず破傷風にかからない理由だった。科学者たちは島のあちこちから67個の土壌のサンプルを集めた。そのうち破傷風菌の胞子を含んでいたのは1つだけだ。破傷風菌は通常、手つかずの土壌よりも微生物の多様性が少ない耕作土壌に多く見られる。参加した科学者の1人が土壌のサンプルを製薬会社エアスト・ラボラトリーズのモントリオール研究所に送っていなければ、この調査団の活動から何も生まれなかっただろう。同社は細菌が生み出す薬効のある化合物を探していた。すでに土壌中の細菌、とりわけストレプトミセス属は多種多様な興味深い化学物質を生み出すことが知られていた。そのなかには今日、きわめて有益な抗生物質として使われているものも多い。土壌中の細菌がそうした化学物質を生み出す理由は、土壌中の微生物間の生物学的戦いのためであると考えられてきた。微生物のなかには他の微生物に有毒な化合物を生み出すものもある。

土壌サンプルに含まれる未知の細菌から何か有益な物質を見つけるためには、まずはそれを分離し、慎重に操作して研究室で培養しなければならない。それからその細菌が作る何百あるいは何千という化合物を分析し、有益な性質があるものを選別していく。この困難な作業を通じてエアストの科学者らは、薬瓶の1つに「ストレプトミセス・ハイグロスコピクス」という細菌が含まれており、それが真菌の増殖を阻害する化合物を合成することを発見した。真菌は細菌より人間に似ているため、人間の細胞にダメージを与えずに真菌感染症を治療する化合物を見つけるのは難しい。このためこの発見には深掘りする価値があるように思われた。エアストはそれから2年かけてこの活性化合物を分離することに成功し、イースター島を意味する先住民の言葉「ラパ・ヌイ」にちなんで「ラパマイシン」と名づけた。

科学者たちはまもなくラパマイシンには別の、はるかに有益な性質がありそうだと気づいた。強力な免疫抑制剤として細胞の増殖を防ぐのだ。エアストの科学者だったスレンドラ・セーガルがラパマイシンをアメリカ国立癌研究所（NCI）に送付したところ、通常は治療の難しい固形癌に有効であることが明らかになった。このように有望な結果が出ていたものの、エアストが1982年にモントリオールの研究所を閉鎖し、従業員をニュージャージー州プリンストンの新たな研究施設に配置換えしたことにより、ラパマイシンの研究は中断してしまった。

だがセーガルはラパマイシンが有益な薬剤になると確信していた。アメリカに引っ越す直前にはストレプトミセス・ハイグロスコピクスを大量に培養し、薬瓶に詰めると、「食べるな！」と書いた紙を貼って自宅の冷凍庫のアイスクリームの隣に置いた。薬瓶はそこで何年も過ごすことになった。1987年にエアストがワイス・ラボラトリーズと合併すると、セーガルは新しい上司にラパマイシンを研究したいと訴えた。ゴーサインが出ると、セーガルは臓器移植時の拒絶反応を抑えるのに有効な免疫抑制作用を研究した。最終的にラパマイシンは移植による拒絶反応を防ぐ免疫抑制剤として認可を受けたが、作用機序が解明されていなかった。ラパマイシンは真菌の成長を阻害し、細胞の増殖を防ぎ、さらに免疫抑制剤の役割を果たすというマルチタスクをどうやってこなしているのか。

ここで物語の舞台はスイスのバーゼルに移る。[*18] 予想外の突破口を見つけたのは、2人のアメリカ人とインド人だ。1人目のアメリカ人、マイケル・ホールは実に国際的な子供時代を送った。生まれたのはプエルトリコで、父は多国籍企業で働き、母はスペイン語の学位を持っていた。両親ともにラテンアメリカの文化が気に入ったので南米で家庭を持つことを決め、ホールはまずペルー、続いてベネズエラで育った。13歳になると、両親は息子には厳格なアメリカ式教育を受けさせる必要があると判断した。こうしてホールは太陽の降り注ぐ暖かいベネズエラでのTシャツ、短パン、サンダル履きの生活から、突如として冬は凍《い》てつく寒さになるマサチューセッツ州の全寮制学校に送り込まれた。そこからノースカロライナ大学に進み、当初は芸術を専攻するつもりだったが最終的に医学部進学を視野に動物学を専攻した。学部生時代の研究プロジェクトをきっかけに科学への興味を刺激されたホールは、ハーバード大学で博士号を取得、その後はカリフォルニア大学サンフランシスコ校でポスドク研究を行った。その間に有名なパリのパストゥール研究所で1年近く過ごし、妻となるフランス人女性サビーヌと出会った。こうした生い立ちから、アメリカを離れることを都落ちと考える多くの同胞と異なり、ホールはポスドク後の就職先を探す際に対象を世界に広げた。もともとスイスに移り住むつもりはなかったが、バーゼル大学バイオ研究所の新規職員ポストの面接を受けたとき、研究所とバーゼルの町に一目惚れしてしまった。

バーゼルで自らの研究室を立ち上げてまもなく、ホールのもとに同じアメリカ人の若者、ジョー・ハイトマンがやってきた。ハイトマンはコーネル大学医学部での医学研究とロックフェラー大学での研究を組み合わせた「医学博士号プログラム（MD-PhD）」に籍を置いていた。博士号を取得すると、すぐに医学の勉強に集中する代わりにしばらくポスドク研究をすることにした。妻がスイスのローザンヌでポスドク研究を始めようとしていたことも一因だった。ローザンヌ近辺に良い研究所がないか探すなかで、一緒に働きたいと思った相手がホールだった。だが当初与えられたプロジェクトはフラストレーションが溜まるもので、ハイトマンは束の間、医学部に戻ることも考えたほどだったという。そんなとき免疫抑制剤「シクロスポリン」に耐性を持つアカパンカビという カビの突然変異体についての論文を読んだ。そこで酵母を使って免疫抑制剤を研究するというアイデアをホールに持ちかけた。

メンターであるホールがこのうえなく理解ある態度でハイトマンの申し出を受け入れたのは、まったくの偶然だった。シクロスポリンはバーゼルに本拠を置く製薬会社サンドのドル箱製品で、ホールはシクロスポリンをはじめとする免疫抑制剤がどのように作用するかを調べたいと考えていたサンドの科学者と共同研究を始めたところだったのだ。このサンドの科学者というのがインドの小さな村で育ったラオ・モーヴァで、酵母を使ってシクロスポリンのメカニズムを解明する試みで一定の成功を収めていた。モーヴァは患者への使用に向けて開発が進んでいたラパマイシンを研究しようという意欲に燃えていた。

この分野の研究者の大半は、ホールらのアイデアをバカげていると思ったはずだ。そもそも免疫系すら持ち合わせていない単細胞生物の酵母から、免疫抑制剤と人間について何を学べるというのかと。だがホールは、ラパマイシンのような化合物は土壌微生物同士の生物学的戦いのなかで生み出されており、酵母はその自然な標的なのだと指摘する。むしろ不自然なのは、それを人間に投与することのほうだ。ハイトマンがこの問題への関心を表明すると、ホールはすぐに彼をモーヴァに紹介した。そこには大きなメリットがあった。サンドのような大手製薬会社に所属するモーヴァには、十分な量のラパマイシンを生産するリソースがあったからだ。ある日ホールの研究室に小さな薬瓶を持ってきたモーヴァは、ハイトマンにこういった。「いいかい、世界のラパマイシンの供給量はこれで全部だ。どんな実験をするか慎重に考えてくれ。失敗するなよ、これしかないんだから」

賭けは成功した。3人はラパマイシンが存在しても増殖する、酵母の突然変異株を調べた。実験の結果、突然変異の多くは密接に関連する2つの新しい遺伝子で起きていることが明らかになった。2つの遺伝子は酵母のなかでもとりわけ大きなタンパク質をコードしていた。酵母の遺伝子やそれがコードするタンパク質の名前は通常、部外者にはまったく意味不明のアルファベット3文字で表す。このケースでは、3人はさまざまな選択肢のなかから「target of rapamycin（ラパマイシンの標的タンパク質）」の頭文字である「ＴＯＲ《トア》１」「ＴＯＲ２」を選んだ。ハイトマンがこの名前を気に入った理由はもう1つあった。当時、バーゼルを囲む中世の城壁のなかでも特に美しい城門の近くに住んでおり、「Ｔｏｒ」はドイツ語で「門」を意味するのだ。

　これは大発見だった。ラパマイシンの免疫抑制作用は、細胞の成長を阻害する能力がもたらしていると思われていた。しかしラパマイシンは酵母の成長も止めることから、その標的タンパク質を特定すれば作用機序が正確にわかるはずだ。ただホールらによって突然変異株から2つの遺伝子が特定されたものの、そのクローン作製や配列決定をしなければそれらがコードするタンパク質はわからず、その働きなどなおさらわからない。

　この段階で、ホールらの研究は立ち消えになりそうだった。ハイトマンは時間の許すかぎり研究室にとどまっていたが、医学の勉強を終わらせるためにニューヨークに帰らなければならなかった。当時ラパマイシンが重要な免疫抑制剤になる可能性は認識されていたが、ホールらの発見がどれほど重要なものかは誰にもわかっていなかった。ハイトマンが作った突然変異株は、研究室の冷凍庫に置きっぱなしにされていた。そこに登場したのが、かつてのハイトマンと同じように与えられたプロジェクトがうまくいかず、フラストレーションを抱えていた女子学生だ。この学生は他の学生や研究所のメンバーとともに、ハイトマンの変異株を使って*TOR1*遺伝子と*TOR2*遺伝子のクローン化と配列決定に取りかかった。当時の配列決定は手作業だった。しかも2つの遺伝子は酵母のなかでも最も大きい部類で似ていたが、同一ではなかったことから簡単な作業ではなかった。1つの遺伝子は削除すると酵母自体が死んでしまうことから酵母の生命維持に不可欠なことがわかったが、もう1つはそうではなかった。

抗癌剤にもなりうる免疫抑制剤のメカニズムを解明するのは医学的にきわめて重要な試みであり、ホール率いる研究チームはラパマイシンの標的を発見する熾烈な競争の渦中にあった。アメリカでは3つのグループが、哺乳類のラパマイシン標的タンパク質を直接精製した。それらはホールらが特定した酵母の遺伝子の哺乳類版であることがわかった。科学者も競争心に燃え、絶対に2番にはなりたくないと思うことがある。エベレストに2番目に登頂するグループ、あるいは月に到着する2組目の宇宙飛行士たちと同じで、二番手では1番と同じような評価は得られない。2つの遺伝子をめぐっては厄介な自我や二番手であることを認められない気持ちから、同じものにたくさんの違う名前がつけられ混乱を招いた。

アメリカの研究グループは自分たちが発見した哺乳類版の標的タンパク質が、ホールらがすでに酵母で特定していたものと同じであることを認識していた。それにもかかわらず、まったく異なる名前をつけた研究者もいた。最終的に彼らは自分たちの発見したタンパク質をホールらのものと区別するため、「哺乳類（mammalian）」を意味する「m」を冒頭に付けて「mTOR」と呼ぶことで合意した。同じタンパク質がハエ、魚類、線虫などさまざまな生物で特定されると、ゼブラフィッシュ（英名 zebrafish、学名 *Danio rerio*）を研究していた科学者はそれを「zTOR」と名づけたり、「DrTOR」と名づけたりするなどバカげた状況になった。結局（おかしな話だが）最初に発見された酵母を除くあらゆる種について、このタンパク質は「mTOR《エムトア》」と呼ばれることになった。ここでの「m」は「機械的（mechanistic）」の頭文字で、非機械的なラパマイシン標的タンパク質というものがあるような名前で意味不明だ。なぜ当初の名前である「TOR」に立ち戻らなかったのか、私にはさっぱりわからない。一貫性を保つため、また第一発見者への敬意を込めて、本書ではこの分子を「TOR」と呼ぶ。みなさんが何らかの小文字を先頭にした「xTOR」という表記をどこかで見かけたら、基本的には同じタンパク質の話だと思ってほしい。

　当初からラパマイシンは培養されている細胞の増殖を抑制することはわかっていたが、具体的なメカニズムは明らかではなかった。細胞の数を制限するのか、それとも1つひとつの細胞の平均的サイズを抑えるのか。ホールは当初、ラパマイシンが細胞分裂を阻むのだろうと考えていた。ただ同分野の著名な専門家の指摘を受けて、TORが細胞内で栄養素が手に入るときにタンパク質の合成を活性化し、細胞の成長をコントロールしているのだと気づいた。ホールらの重要な発見の1つが、ラパマイシンあるいはTORの突然変異体が存在するとき、細胞は栄養素が豊富にあっても飢餓状態になり、成長が止まるということだった。

細胞の大きさや形が厳重にコントロールされていることはかなり前からわかっていた。種が違えばもちろん、同じ種でも組織や臓器が違えば細胞の大きさは異なる。たとえば卵子細胞の直径は精子細胞の頭部の30倍近くある。神経軸索と呼ばれるニューロンの突出部は90センチメートルにもなる。細胞の大きさや形がどのようにコントロールされているかについては、今でもきわめて活発に研究が行われている。[*19] ただ「成長を止めろ」という明確なシグナルを受け取るまで、細胞は栄養素があるかぎりひたすら成長と増殖を続けていくというのが一般的な認識だった。ホールの実験はその通説をひっくり返したのだ。細胞の成長は受動的なものではなく、栄養素があることを感知したTORが能動的に誘発するものであると主張したのだ。

昔ながらの蒸気機関車とガソリン車の違いをイメージするとわかりやすい。蒸気機関車はひとたび動き出せば、火室《かしつ》に燃える石炭と、ボイラーに水がたっぷり入っているかぎり、運転手が停止動作をするまでひたすら線路を走り続ける。一方、自動車はたとえタンクに満タンのガソリンが入っていても、アクセルを踏まなければ走り続けることはない。燃料を使うために、なんらかの能動的行為が必要だ。入手可能な栄養素が細胞の成長に使われるように、アクセルペダルを踏み込む運転手の役割を果たすのがＴＯＲなのだ。

このホールの結論は、細胞が成長する仕組みについてのパラダイムシフトであり、数十年来の常識に反していた。ホールの論文は科学誌から７回も拒絶された末に、ようやく１９９６年に『モレキュラー・バイオロジー・オブ・ザ・セル』誌に掲載された。[*20] 同じ頃ホールは、第６章に統合的ストレス応答（ＩＳＲ）の研究者として登場したネイハム・ソネンバーグと共同研究を行った。ソネンバーグの研究として最も有名なのは、リボソームがどのように起動するか、つまりどのようにしてｍＲＮＡ上のコード配列の始まりを見つけ、読み込みを開始してタンパク質を合成するかにまつわるものだ。ホールとソネンバーグはＴＯＲが能動的に動かないかぎり、細胞はｍＲＮＡを翻訳してタンパク質を合成することができず、成長が止まることを発見した。

ホールや他のグループによる発見を皮切りに、ＴＯＲは生物学において最も重点的に研究される分子の１つとなった。２０２１年だけでも７５００本の研究論文が出されている。

ラパマイシンがどのように免疫を抑制するかを解明するのが重要であったことに議論の余地はない。だが初期にラパマイシンを研究していた優秀な科学者でさえ、そこから細胞の代謝にかかわる最古の、また最も重要なハブ（中枢）の1つが発見されるとは想像もしていなかっただろう。代謝においてタンパク質が単独で行動することはめったになく、互いに他のタンパク質の行動に影響を及ぼす。個々のタンパク質をノードと考えれば（航空会社のルートマップをイメージしてみよう）、TORはロンドン、シカゴ、あるいはシンガポールのような主要なハブであり、世界中の多くの都市と直接結びついている。

なぜたった1つのタンパク質が細胞にそれだけ広範な影響を及ぼすことができるのか。またそれはカロリー制限とどのように結びついているのか。マイケル・ホールのチームが2つのTOR遺伝子の配列を明らかにしたことで、TORがキナーゼと呼ばれるタンパク質ファミリー［共通の祖先から進化したと考えられるタンパク質のグループ］に属することはわかった。キナーゼは他のタンパク質にリン酸基を追加するスイッチの役割を果たすことが多い。このスイッチはタンパク質をオン・オフするためのタグあるいはフラグとなる（リン酸基を付加する化学反応をリン酸化という）。キナーゼは他のキナーゼを活性化することもあり、その活性化したキナーゼがまた別の酵素を活性化する。キナーゼを巨大なリレーシステムの一部と考えるとわかりやすい。大きなネットワークに属するさまざまなタンパク質が、外的環境あるいは細胞の状態から何らかのシグナルを受けて活性化したり、不活性化したりする。TORを活性化したり、逆にTORに活性化されたりするすべてのタンパク質の相関図を書くとおそろしく複雑になる。そうだとすれば、多種多様な環境的シグナルに対応し、さまざまな標的のスイッチをオンあるいはオフにするTORが細胞内で広範な影響力を持つのも意外ではない。環境的シグナルのなかにはTORが直接感知するのではなく、他のタンパク質が感知してTORを活性化させるものもある。

TORは単独で機能するタンパク質ではない。TORC1、TORC2と呼ばれる2つのもっと大きなタンパク質複合体の一部を成す。詳細がより明らかになっているのはTORC1のほうで、個別のアミノ酸やホルモンなどの栄養素のレベルを感知するタンパク質（ここには成長因子と呼ばれる成長を促進するタンパク質も含まれる）によって活性化される。TORC1は細胞内のエネルギーレベルにも影響を受ける。適切な条件が整うと、TORC1はタンパク質だけでなくDNAやRNAの構成要素となるヌクレオチド、さらには細胞や細胞小器官の膜組織を形成する脂質の合成も促進する。

TORの重要な機能が、栄養素が十分あり、細胞がストレスにさらされていない状況では、オートファジー（第6章を参照。細胞内の壊れた、あるいは不要になった構成要素をリソソームに送り込み、分解・再利用するプロセス）を抑制することだ。このような状況では細胞の成長や増殖を抑制ではなく刺激したいのだから理にかなっている。

ここまででTORとカロリー制限との関連性は明らかになっただろう。[*21] カロリー制限をしていると細胞内の栄養素が減少するので、それを感知したTORはタンパク質の合成その他の成長経路のスイッチを切り、オートファジーを作動させる。細胞の働きを最適化するうえで、また老化全般に関して、タンパク質の合成を調節し、オートファジーを通じて欠陥のあるタンパク質などの構造物を除去することがきわめて重要なのはすでに見てきた。

だがカロリー制限をせずに、その恩恵だけ享受できたらどうだろう。正常なTORを抑制し、その効果を疑似的に作り出せたら？　TORが発見されたのはラパマイシンの標的だったからにほかならない。ラパマイシンこそが食事を減らさなくてもカロリー制限と同じ効果を得られる、私たちがずっと求めてきた魔法の薬なのだろうか。

実際、単純な酵母からハエ、線虫、マウスに至る幅広い生物において、TORに欠陥がある、あるいはラパマイシンによってTORを阻害した場合、健康や寿命が改善することがわかった。[*22] 衝撃的なのは、ラパマイシンの投与がたとえ短期であっても、あるいはマウスが比較的晩年（人間の場合60歳に相当）になってから治療を始めても、健康と寿命の両方に有意な改善が見られたことだ。[*23] 特別な遺伝子操作をしたマウス系統を使って実験したところ、ラパマイシンはハンチントン病の発症を遅らせることもわかった。[*24] おそらくオートファジーが活性化し、折り畳み異常のタンパク質が蓄積されるのを防いだためだろう。これはラパマイシンが寿命を延ばすだけでなく、健康な状態を保つことも示している。実際この2つは密接に関連しているのかもしれない。つまり、これらの実験でマウスが長生きした理由は、加齢に伴うさまざまな疾患から守られていたからなのかもしれないのだ。

そもそも免疫抑制剤であることを考えると意外だが、ラパマイシンには免疫反応を改善する面もある。私たちの免疫系には2つの重要な構成要素がある。1つがB細胞で、細菌、ウイルスなど外部からの侵入者（抗原）を感知し、その表面と結合する抗体を作る白血球の一種だ。それを合図に体の〝防衛軍〟の他の歩兵たちが現場に駆けつけ、侵入者をやっつける。もう1つがT細胞で、これも白血球の一種だ。このうちヘルパーT細胞はB細胞を刺激して抗体を作らせ、キラーT細胞はその名前からもわかるように病原体に侵された細胞を認識して破壊する。ラパマイシンは免疫系のなかでも（腎臓、脊髄、肝臓などの移植手術において）ドナーから移植された組織片を拒絶し、炎症を引き起こす部分を阻害するが、その一方で一部のヘルパーT細胞の機能を改善し、ワクチンへの反応を良くする可能性がある。[*25] 2009年の別の研究では、マウスにラパマイシンを投与すると免疫系細胞などの元になる造血幹細胞が若返り、インフルエンザ・ワクチンへの免疫応答が強化されることが示されている。[*26]

こうした研究結果から、アンチエイジング産業はラパマイシンに夢中になった。しかし拙速に免疫抑制剤を老化に抗うための長期投与が可能な万能薬として使い始める前に、注意喚起をしておく必要がある。容易に予想できることだが、多くの研究がラパマイシンを長期にわたって使用すると、癌患者などでは感染症のリスクが高まると警告している。[*27] 一見好ましい結果に思える2009年のマウスを使った研究でも、インフルエンザ・ワクチンを投与する前の2週間は「免疫反応が抑制される可能性を避けるため」ラパマイシンの投与を中断したことを研究者らが認めている。体内からラパマイシンを除去するための2週間の停止期間がなかったら、あれほど好ましい結果が出ただろうか。

それに加えて、ラパマイシンやTOR阻害薬の効果の一部は、炎症が全般的に減少したことによるものである可能性がある。しかし他の研究では健康状態を最適化するためには、「過剰な炎症反応」と「感染症への感受性」との微妙なバランスをとる必要があると指摘されている。最近のゼブラフィッシュを使った研究では、TOR阻害薬を投与すると、人間の体内で結核を引き起こす細菌に近い病原性マイコバクテリウムへの感受性が劇的に高まることが示された。この研究は「世界の結核のリスクの高い地域では、TOR阻害薬をアンチエイジングあるいは免疫力を高める目的で使うのは慎重にすべきだ[*28]」と指摘している。

それでも魔法の薬の可能性を秘めたラパマイシンは科学者を魅了しつづける。一部には熱に浮かされ、データを軽視する人もいるようだ。ある著名な老化研究者は、ラパマイシンをひそかに服用している科学者を何人も知っていると私に打ち明けた。マイケル・ホールにアンチエイジング目的で免疫抑制剤を使うことをどう思うかと尋ねたところ「ラパマイシンの信奉者たちは『毒か薬かは量次第』というパラケルススの格言に従っているのだろう」という答えが返ってきた。[*29] パラケルススはルネッサンス期のスイスの医師で、大量に服用すると有害な物質でも、適量を飲めば薬効があると信じて使っていた。アスピリンのような比較的安全な薬でも、大量に飲めば毒になる。もしかするとラパマイシンその他のＴＯＲ阻害剤を少量、あるいは間欠的に服用すると、重大なリスクなしに恩恵をあらかた享受できるのかもしれない。だが人間の老化を標的としてこうした薬剤を使う前には、その安全性と有効性を長期間にわたって調べる必要がある。

マウスを含めた研究室の実験動物の問題点は、厳重に保護されていて、現実の生活環境とは似ても似つかない相当な無菌状態に置かれていることだ。この問題を解決するため、ワシントン大学シアトル校のマット・ケーバーラインはアメリカ中の飼い犬の健康状態と寿命を全米規模で調査する「ドッグ・エイジング・プロジェクト」を運営している。イヌは大きさがバラバラであるだけでなく飼い主によって生活環境もまったく違うので、これは実験室ではなく自然な環境での対照研究となる。プロジェクトは犬の代謝のさまざまな側面を分析する予定で、そこには微生物叢《そう》の調査のほか、大型犬と小型犬では老化の進み方がどのように違うのかといったことが含まれている。[*30] 中年期の大型犬を対象に、ラパマイシンの効果について無作為研究も実施する予定だ。こうした実験は、ラパマイシンが高齢期の全般的健康の維持に役立つかどうかを確かめるのに大いに役立つだろう。

ラパマイシンを使って細胞内の主要な経路を阻害することが、体にとってプラスに働くというのは興味深い。この矛盾の答えもご多分に漏れず、「進化論から見た老化の説明」にあるのかもしれない。２００９年に科学誌『エイジング』に掲載された論文のなかで、バーゼル大学のマイケル・ホールとロシア出身の進化生物学者のミハイル・ブラゴスクロニーはこう説明している。細胞の成長を促進するＴＯＲの働きは、人生の初期には不可欠だ。だがその後、たとえ成長が過剰になってもＴＯＲは自らのスイッチを切ることができず、それが細胞劣化や加齢に伴う疾患を引き起こす、と。さらに２人は、このような老化を引き起こす経路を突然変異によって完全に封鎖することはできないが（それは人生の早い段階では有害で、命にかかわることさえある）、中年期に達し、抑制のきかないＴＯＲが厄介者になった時点で、ラパマイシンのような薬によって阻害することができるかもしれない、とも指摘している。[*31]

本章は「断食が体に良い」という昔からの通念に、カロリー制限に関する科学的研究が裏づけを与えたという話から始まった。強固な自制心がない人でもカロリー制限のメリットを享受できるようにする可能性を秘めた薬が発見されるまでの紆余曲折は、まさに驚くべきものだ。はじまりは人里離れた「ラパ・ヌイ島」（イースター島）の土から何かおもしろいものを見つけたい、というカナダの科学者らによる気儘《きまま》な遠征調査だった。彼らの集めた大量の土壌サンプルのたった1つに有望な化合物を生み出す細菌が含まれていたが、それも科学者が国境を越えて引っ越すなかで冷凍庫に放置されて死にかけていた。それから何年も経ってからバトンを引き継いだのは、スイスで働く2人のアメリカ人とインド人だ。研究に携わった科学者の誰ひとりとして、癌と老化の両方とかかわりのある細胞内の最も重要なシグナル伝達経路の1つを明らかにしようとしているという自覚はまったくなかった。科学とは往々にしてそういうものだ。科学者がそれぞれの好奇心の赴くままに活動し、1つの発見が別の発見へとつながっていく。粘り強さ、洞察、知性、ビジョンの物語だが、偶然の出会いや純粋な幸運といった要素も含まれている。この奇妙な旅路の末に、迫りくる老いから私たちを守るための扉が開くのであれば、それこそまさに科学の奇跡といえるだろう。

CHAPTER

8

小さな虫が教えてくれること

長寿の家系というのはどこにでもある。だが実際のところ遺伝子が寿命に与える影響はどれほどのものだろう。デンマークの2700組の双子の寿命を調べた研究では、遺伝の寄与率は25%程度であることが示されている。[*1] こうした遺伝的要因は膨大な数の遺伝子による小さな影響が積み重なった結果であり、個別の遺伝子の寄与度を正確に測るのは困難だというのが長年、衆目の一致するところだった。デンマークの研究が実施されたのは1996年だが、その頃すでにこの通説を覆すために一役買っていた小さな虫がいる。

この小さな虫とは土壌線虫の「カエノラブディティス・エレガンス（Cエレガンス）」だ。Cエレガンスを現代生物学に持ち込んだのはシドニー・ブレナー。痛烈なウィットの持ち主として知られる、この分野の第一人者だ。南アフリカ出身で、大学卒業後に渡英し、ケンブリッジ大学で研究者として活躍した。その後カリフォルニアからシンガポールまで世界中に研究所を設立して「ブレナー帝国では日が沈まない」とまで言われた。最初にその名を世に知らしめたのは、ｍＲＮＡの発見だ。ブレナーはフランシス・クリックと緊密に協力しながら、遺伝子コードの性質とそれがどのように読み込まれてタンパク質が合成されるかを研究した。クリックとともにこの基本的問題が決着したことを確認すると、ブレナーの関心は複雑な動物が単一の細胞からどのように発達するのか、脳や神経系はどのように機能するのかを調べることに移った。[*2]

Ｃエレガンスは育てるのが容易で、世代時間が比較的短く、しかも透明なので細胞を生きたまま観察できることから、ブレナーはモデル生物として理想的だと考えた。そしてイギリスのケンブリッジのＭＲＣ分子生物学研究所で大勢の科学者を訓練し、発生から行動までＣエレガンスのすべてを研究する研究者たちの世界的ネットワークを作り上げた。同僚研究者の１人が、第５章に登場したジョン・サルストンだ。サルストンの研究のなかでもとりわけ秀逸なのが、Ｃエレガンスの成虫を構成する９００個近い細胞について、１つひとつを受精卵まで丹念に系譜をさかのぼったものだ。その結果、予想外の発見があった。一部の細胞は個体の成長が特定の段階に達すると、死ぬようにプログラムされているという事実だ。その後の研究によって、個体の成長のためにそうした細胞に正しいタイミングで自殺するよう指示を出す遺伝子が特定された[*3]。

900個しか細胞のない動物にしては、Cエレガンスは驚くほど複雑だ。口、腸、筋肉、脳や神経系といった、より大型の動物と同じ器官を、よりシンプルな形で備えている。循環系や呼吸系は備えていない。体長はわずか1ミリメートルほどだが、このちっぽけな線虫を顕微鏡で見ると、もぞもぞ動き回っているのがよくわかる。Cエレガンスは雌雄同体であるため精子と卵子を両方作り、無性生殖する。通常は群居性があるが、非群居性を持つようになる突然変異も発見されている。細菌を食べ、細菌と同じように実験室のペトリ皿で培養することができる。小さな薬瓶に入れて液体窒素タンクで冷凍保存でき、必要なときに解凍して復活させることができる（半永久的に冷凍保存が可能だ）。

Cエレガンスの寿命は通常、2〜3週間だ。ただし飢餓状態になると「耐性幼虫（ダウアー）」という休眠状態になる（ダウアーとは「永続」を意味するドイツ語）。その状態で最大2カ月生き延びることができ、再び栄養素がたっぷり与えられると復活する。彼らの2カ月は人間の寿命で考えると300年に相当する。どうやら通常の老化プロセスを一時停止できるようだ。とはいえ、1つ注意すべき点がある。耐性幼虫になれるのは若い線虫だけなのだ。生殖機能を持った成虫になった個体は、その選択肢を失う。

デビッド・ハーシュはケンブリッジ大学でブレナーの下でリサーチフェローとして働い

ていたときにCエレガンスに興味を持ち、コロラド大学の教員となった後も研究を続けた。そこでポスドクとして採用したのが、老化研究を専門にしたいと望んでいたマイケル・クラスだ。当時老化は正常な、そして避けられない消耗のプロセスに過ぎないと考えられており、老化研究は主流派の生物学者からやや見下されていた。ただアメリカ政府が高齢化を憂慮していたこともあり、状況は変わりつつあった。ハーシュとクラスがこの分野を選んだ一因に、国立衛生研究所（NIH）が国立老化研究所を設立したばかりで、アメリカ政府の助成金を受け取れそうだという腹づもりがあったとハーシュは振り返る。[*4]

2人はまず耐性幼虫となったCエレガンスは多くの基準に照らして、ほぼ老化しないことを示した。続いてクラスは、耐性幼虫にならずに長生きする突然変異体を分離できないかと考えた。そうすれば寿命に影響を与える遺伝子を特定するのに役立つからだ。長生きの突然変異体を迅速に作り出すため、クラスはCエレガンスに突然変異を誘発する物質を投与した。こうしてペトリ皿何千枚分ものCエレガンスができあがり、クラスはテキサス大学で自身の研究室を立ち上げてからもこの研究を続けた。1983年には長生きする突然変異体数種について論文を発表したが、その後研究室を閉鎖してシカゴ近郊のアボット・ラボラトリーズに入社した。ただ退職前に冷凍した突然変異体をコロラド大学の元同僚で、カリフォルニア大学アーバイン校に移っていたトム・ジョンソンに送っておいた。

ジョンソンが突然変異体同士を近親交配させた結果、平均寿命に10日から31日までバラツキが生じることがわかった。ここから少なくとも線虫の場合、寿命には遺伝的要素が相当影響しているという結論に達した。寿命に影響を与える遺伝子の正確な数は依然不明だったが、1988年にジョンソンは熱意あふれる学部生デビッド・フリードマンとの共同研究で、寿命には多くの遺伝子がささやかな影響を与えるという通説とまったく逆の、衝撃的な結論を導き出した。2人の研究によって、たった1つの遺伝子の突然変異によって寿命が長くなることがわかったのだ。[*5] 2人はこの遺伝子を「*age-1*」と名づけた。さらにジョンソンは、*age-1*に突然変異のあるCエレガンスはあらゆる年代を通じて死亡率が低く、その最大寿命は通常の個体の2倍以上であることを示した。[*6] 母集団の上位10％の寿命と定義される最大寿命は、老化を測る指標として平均寿命より優れているとされる。平均寿命は環境因子や病気への抵抗力など、老化とは必ずしも関係のないさまざまな因子に影響を受ける可能性があるためだ。

当時トム・ジョンソンは無名で、またたった1つの遺伝子が老化にこれほどの影響を与えるという彼の主張は大多数の見解に反していた。このためジョンソンの論文が出版されるまでには2年近くかかった。ようやく1990年に名門科学誌『サイエンス』に掲載されたが、反応は懐疑的だった。[*7]

ただ数年後、第2の突然変異体が登場した。この研究を主導したのは、すでにCエレガンス研究の世界で期待の星と目されていたシンシア・ケニヨンだ。ケニヨンの経歴はピカピカだった。MITで博士号を取得した後、Cエレガンスの遺伝学研究が始まったケンブリッジのMRC分子生物学研究所で、シドニー・ブレナーの下でポスドク研究をした。その後は同じく分子生物学と医学研究の中心地として名高いカリフォルニア大学サンフランシスコ校の教員となった。ケニヨンはCエレガンスの発生におけるパターン形成で主導的地位を確立していた。パターン形成とは成長につれて体の設計図を実行していくプロセスを指す。ケニヨンは老化研究に興味を持っていたが、分子生物学においては依然として不人気の領域だったため、このテーマに取り組む学生を集めるのに苦労した。だがロサンゼルス近郊のアローヘッド湖のほとりで開かれた会議でトム・ジョンソンが*age-1*に関する自らの研究を語るのを聞いて老化研究に夢中になり、自ら新たな突然変異体のスクリーニングにとりかかった。[*8]

ハーシュ、クラス、ジョンソンと同じように、ケニヨンも耐性幼虫に注目した。それまでの10年で、科学者たちは耐性幼虫化に影響を与える遺伝子を多数特定し、「*daf*」で始まる名前を付けていた（遺伝子の名前は斜体で、その遺伝子がコードするタンパク質は正体で書くのが伝統的なルールだ）。通常こうした遺伝子に突然変異があると、Cエレガンスは耐性幼虫になりやすくなる。ただそのなかには耐性幼虫になっていないときも寿命に影響を与えるものがあるのではないか、とケニヨンは感じていた。そこで温度に敏感な突然変異体を使って実験することにした。この変異体は低温（20℃）でも休眠状態にならない。まず幼虫期を過ぎて耐性幼虫になるという選択肢がなくなるまで変異体を低温状態で育て、それから高い温度（25℃）に移して成虫に成長させ、寿命を測定した。

こうした研究を通じてケニヨンらは、寿命を平均的な個体の2倍に延ばす*daf-2*変異体を発見した。疑惑の目を向けられたジョンソンとは対照的に、ケニヨンは何の問題もなく研究成果を発表できた。1993年に科学誌『ネイチャー』に掲載された論文は大評判となった。[*9] ケニヨンは輝かしい経歴と科学者としての能力に加えて、弁が立ちカリスマ性があったので、メディアの寵児となった。[*10] 残念なことにケニヨンの論文やそれに関する論評は、先行研究であるジョンソンの*age-1*遺伝子については一切触れておらず、ケニヨンの業績に関する報道の大半は寿命を延ばす突然変異が発見されたのは初めてであるかのような印象を与えた。

この段階ではジョンソンやケニヨンが見つけた遺伝子が具体的に何をするかはまったくわかっていなかった。そこに登場したのがゲイリー・ラブカンだ。今日ラブカンの業績として最も有名なのは、マイクロRNAと呼ばれる小さなRNA分子が遺伝子発現を調節する仕組みを解明したことだが、ラブカンはプライベートでも科学者としても波瀾万丈な人生を送ってきた。私がラブカンに初めて会ったのは10年ほど前、クレタ島での会議だったが、アルコールを数杯飲んだだけでずいぶんと陽気になった。しまいにはバンダナを巻いてギリシャの強い酒をコップに注ぎながらタバコをふかすふりをするなど、よく手入れされた口髭《くちひげ》と相まって、さながら上陸許可をもらってギリシャの食堂でくつろぐ水夫のようだった。そんな姿とは裏腹にRNA生物学の研究は粛々と進めていた。1990年代にはラブカンも*daf-2*変異体などCエレガンスの耐性幼虫を使って研究をしていたが、目的は老化とは無関係だった。どうやら老化研究は軽く見ていたようで、ケニヨンの報告書が発表されたときには「『なんてこった、オレは老化研究にかかわっているのか。毎年IQが半減するんじゃないか』と思った」と振り返っている。[*11]

そんなラブカンが*daf-2*遺伝子を分離し、配列決定をしたことが大発見につながった。*daf-2*は細胞表面から突き出し、インスリンによく似た分子「IGF-1」（インスリン様成長因子1）に反応する受容体をコードしていたのだ。インスリンとIGF-1はいずれもホルモンであり、細胞内の受容体と結合する。どちらの受容体もキナーゼであり、下流の分子を活性化し、その分子が長生きに関連する代謝経路に影響を及ぼす。これらのホルモンやそれに相当する物質はほぼすべての生物に存在するので、生命の進化のきわめて初期にできたはずだ。それほど古代から存在するホルモンが老化をコントロールしているというのは衝撃的な発見だった。

こうした発見はＩＧＦ－１経路がどのように作用するかという全般的理解につながっていった。ＩＧＦ－１はキナーゼであるＤＡＦ－２受容体と結合し、活性化する。これがキナーゼの連鎖反応を引き起こし、最終的にＤＡＦ－16と呼ばれるタンパク質がリン酸化される。要はドミノ倒しのようなものだ。連鎖反応の最後のドミノであるＤＡＦ－16は転写因子、つまり遺伝子のスイッチを入れる役割を担う。リン酸化すると細胞の核、すなわち染色体上に遺伝子が存在する場所まで運んでもらえなくなるので、標的となる遺伝子を活性化することができない。しかし、この連鎖反応のなかのいずれかのタンパク質を突然変異させて経路を封鎖してしまえば、転写因子ＤＡＦ－16は核に移動し、ストレスや飢餓にさらされて耐性幼虫化したＣエレガンスが生き延びるのに役立つたくさんの遺伝子を発現させ、寿命を延ばすことができる。研究のなかで当初トム・ジョンソンが発見した*age-1*は、*daf-2*から始まり*daf-16*で終わる連鎖反応の中ほどに位置する遺伝子であることがわかった。[*12]

ＤＡＦ－16は飢餓や温度上昇に起因するストレスに対応するための遺伝子のほか、シャペロン・タンパク質（タンパク質を畳んだり、折り畳みが崩れたり間違ったりしたタンパク質が細胞内で問題を起こす前に畳み直す）をコードした遺伝子を発現させる。ケニヨンは２０１０年のレビュー論文に、これらの遺伝子は「未来の発見が詰まった宝箱だ」と書いている。[*13] この経路によって「老化や長寿はたくさんの遺伝子のささやかな影響が重なって起こると思われていたのに、*age*－*1*や*daf*－*2*といった単一の遺伝子の突然変異によってＣエレガンスの寿命が実質的に2倍に延びるのはどういうわけか」という不可解な謎が解けた。どうやらこの２つの遺伝子は転写因子ＤＡＦ－16の活性化につながる連鎖反応の一部であり、ＤＡＦ－16が大量の遺伝子を発現させ、それらの効果が重なりあって寿命に影響を与えているようだ。

成長ホルモン経路が寿命に関連していると考えることで、興味深い事実も説明できる。大型動物は代謝ペースが遅く、捕食者にもつかまらないため、一般的に小型動物よりも寿命は長い。しかし同じ種のなかで見ると、小さい種族のほうが大きい種族より通常は長生きだ。たとえば小型犬は大型犬より2倍ほど長く生きる。その一因は、成長ホルモンをどれだけ作るかにあるのかもしれない。

女王アリは働きアリより何倍も長生きする、というのを覚えているだろうか。理由はたくさんあるが、その1つが女王アリはインスリン様成長因子を結合させてアリの体内におけるＩＧＦに似た経路を封鎖するタンパク質を生み出すことだ。[*14]

とはいえ人生の質の面はどうか。長生きする線虫は病気がちで、なんとか生きているだけの状況ではないのか。結論からいえば、答えは「ノー」だ。彼らは単に長生きするだけでなく、見た目も行動もはるかに若い個体のようだ。老化を恐れる理由の1つがアルツハイマー病であるのは誰もが一致するところだ。線虫の遺伝子を操作して、筋肉細胞内でアミロイドベータ・タンパク質を合成して筋肉を麻痺させれば、アルツハイマー病のモデルを作れることはすでにわかっている。だがIGF-1経路の遺伝子を操作した長寿の個体を使ってこの実験を繰り返すと、筋肉の麻痺を抑えられたり遅らせたりすることができた。[*15]つまり寿命を延ばす遺伝子変異が、タンパク質の折り畳みの不具合やもつれに起因するアルツハイマー病や他の加齢に伴う疾患も防いでいる可能性がある。逆に、この遺伝子変異は老化の悪影響を部分的に防ぐことによって寿命を延ばしているのかもしれない。

線虫の寿命が延び、より健康になるというのは結構な話だが、他の種についてはどうか。動物界の他のエビデンスも、IGF-1経路と寿命のあいだに強い相関があることを示している。ハエの体内でIGF-1経路を活性化するCHICOというタンパク質をコードする遺伝子を削除すると、ハエの寿命は40〜50%延びる。[*16]体の大きさは有意に小さくなるが、それ以外の面では健康だ。IGF-1受容体は不可欠なものだが、人間と同じようにそれを2つ（母親と父親の染色体から1つずつ）持っているマウスの場合、そのうち1つを機能停止させると明らかなデメリットなしに寿命を延ばすことができた。[*17]

もちろん科学者がこうした研究にいそしむのはネズミのためではない。人間の場合どうなるかを解明するためだが、人間に遺伝子変異を起こすわけにはいかない。ただ生まれつきインスリン受容体に遺伝子変異がある人もおり、そのなかに妖精症（Donohue症候群）の患者がいる。妖精症は成長が止まり、乳幼児期に亡くなる人が多い。妖精症患者と線虫では、同じ*daf*－2遺伝子の変異が、寿命についてはまったく異なる結果につながっている。[*18] それでもＩＧＦ－１経路が人間の長寿にもかかわっていることを示唆する証拠はある。アシュケナージ系ユダヤ人で１００歳を超える人を調べたところ、ＩＧＦ－１の機能を阻害する突然変異体を持つ人がきわめて多かった。[*19] また日本人を対象とする調査で、インスリン受容体遺伝子の変異は長寿と関連があることが示されている。ＩＧＦ－１連鎖反応の一部であることが判明しているタンパク質の変異体も、長寿と関連があることがわかっている。[*20] こうなるとＩＧＦ－１とインスリン経路を標的とすることが、老化に抗うための正攻法となりそうだ。だが経路の複雑さやその広範な影響を考えれば、それが精緻に調整されたメカニズムなのは明らかだ。予想外の悪影響を避けながら操作するのは至難の業だろう。

食事制限をするとＩＧＦ－１とインスリンのレベルはどちらも低下する。ＩＧＦ－１経路がすでに抑制されていれば、カロリー制限をしても追加的効果はあまりなさそうだと予想がつく。実際そのとおりで、線虫ではカロリー制限によって*daf*－2変異体の寿命がさらに延びることはなく、しかもその効果はＤＡＦ－16に完全に依存していた。[*21] これも不可解だ。というのも、これとはまったく異なる別のＴＯＲ経路もカロリー制限の影響は受けるからだ（第7章参照）。ＩＧＦ－1経路が抑制されていても、ＴＯＲ経路を通じて多少はカロリー制限の影響がありそうなものだ。研究の結果、この2つの経路は完全に独立したものではないことがわかった。両者は大きなネットワーク内のそれぞれ別のハブだが、そのあいだにはたくさんのやりとりがある。つまり一方の経路で活性化されたタンパク質が、別の経路上のタンパク質を活性化することもあり、両者は相互につながっている。とりわけＴＯＲはＩＧＦ－1経路の要素や栄養素感知によって活性化する。

2つの経路は緊密に協調しているが、カロリー制限にかかわるのはこの2つだけではない。2人の科学者が線虫の咽頭（動物の喉に相当）を塞ぎ、部分的な飢餓状態を引き起こす突然変異を発見した。「*eat-1*」と命名された遺伝子に変異を起こした個体は、寿命が最大50％延びる。しかもＤＡＦ－16の活性を必要としない。また*daf-2*と*eat-1*の二重変異体は、*daf-2*だけの変異体より寿命が長かった。これはカロリー制限がＴＯＲやＩＧＦ－1以外の経路にも影響を及ぼすことを意味する。[*22]

遺伝子の突然変異によって寿命に劇的な影響が生じる様を見ると、老化は遺伝プログラムのコントロール下にあるかのような印象を受ける。一見、進化論から見た老化の説明と矛盾するようだが、実は矛盾しない。線虫に食料のある時期とない時期を交互に経験させると、長寿の変異体は生殖の面で短命の野生種にかなわないことが明らかになった。[*23] こうした経路は生殖後の余命が短くなるという代償と引き換えに、個体により多くの子孫を残すことを可能にする。まさに拮抗的多面発現、あるいは進化と老化に関する「使い捨ての体」理論から予測されるとおりの結果だ（第1章参照）。

ラパマイシンがＴＯＲを阻害する効果についてはすでに見てきたが、ＩＧＦ-１経路などに作用する薬はないだろうか。大きな関心を集めているのが糖尿病治療に使われるメトホルミンだ。言うまでもなく糖尿病はＩＧＦ-１ではなく、インスリンの分泌や調節の問題にかかわる病気だが、ＩＧＦ-１とインスリンの分子は密接にかかわっている。この2つのホルモンの違いを理解するため、私は自分の研究室から少し歩いたところにあるケンブリッジ大学アデンブルック生物医学キャンパスのウェルカムＭＲＣ代謝科学研究所に足を運んだ。[*24] インスリン代謝とその糖尿病や肥満への影響に関する世界的権威、スティーブ・オラヒリーに話を聞くためだ。

数々の受賞歴があり、主要な研究所の所長という立場にありながらスティーブには尊大なところがまったくない。自分の体形は肥満とその原因の研究者にぴったりだと冗談を飛ばす陽気さも持ち合わせている（肥満というには程遠いが、確かに栄養状態は良さそうだ）。ただにこやかな笑顔の奥には、知的厳格さをもって厄介な学問領域を進歩させてきた鋭く批判的な科学者の顔がある。数々の業績の1つが、肥満における食欲遺伝子の重要性を証明したことだ。これも個人的関心と結びついているそうだ。食欲はきわめて強力な欲求で、「私は空腹のときには食べ物のこと以外何も考えられなくなるんだ」とスティーブは語った。

インスリンとIGF-1は構造も細胞への作用も似ているが、いくつか重要な違いがある、とスティーブは指摘した。インスリンはきわめて迅速に作用し、ちょうどよい量しか分泌されない。インスリンの調節に問題が生じると命にかかわる。脳は燃料としてグルコース（ブドウ糖）を必要とするので、低血糖（血液中にインスリンが増えすぎて血糖値が下がること）が起きると、たとえ数分でもきわめて危険だ。

インスリン受容体は肝細胞、筋肉細胞、脂肪細胞のなかに特に潤沢に含まれている。空腹時にはインスリン分泌量は比較的低く、肝臓は蓄積した炭水化物などを原料に脳が恒常的に必要とするグルコースを作る。とはいえ肝臓がグルコースやケトン体（脂肪が分解されてできる物質）を作りすぎないようにするためには、たとえ少量でもインスリンが分泌されている必要がある。食事をとるとインスリンの分泌量は一気に10倍から50倍に増え、グルコースを筋肉細胞に取り込んだり、肝臓で脂質（脂肪分）を合成したり、脂肪細胞に脂質を蓄えたりするのを促進する。

新たに分泌されたインスリンは血流のなかに長くはとどまらない。半減期はわずか4分だ。インスリンが目的地に急行するスピードボートなら、IGF-1は石油タンカーのようなものだ。その効果ははるかに長く続き、血流のなかではたいてい他のタンパク質と結合し、不活性になる。活性化するためには結合から解放される必要があり、それが正確にどのように起こるかは依然として定かではないが、それもホルモンのコントロール下にあるのかもしれない。またインスリン受容体と異なり、IGF-1受容体は体内のあらゆる細胞に幅広く分散しており、個体が成長しなければならない成長期には数が増える。

IGF-1は成長ホルモンの分泌に反応して作られるが、その働きとして成長ホルモンの分泌量をコントロールするなど、両者のあいだには複雑なフィードバックループが存在する。IGF-1の量が少ない、あるいはIGF-1に問題があると、体は成長ホルモンの分泌を増やすことで反応する。問題は成長ホルモンにはIGF-1の合成を促す以外にもさまざまな効果があることだ。とりわけ重要なのが、脂肪細胞から脂肪を放出させることだ。それは動脈硬化や肝臓や筋肉の代謝の混乱といったさまざまな疾患の原因となる。だからインスリンやIGF-1の受容体の突然変異が糖尿病を引き起こすというのは意外ではない。一方カロリー制限をする場合、摂取するのは必要最低限のカロリーだ。そうなるとエネルギーを供給するために脂肪を燃焼するわけで、体内の余分な脂肪は少なくなる。これはカロリー制限の影響は、単にＩＧＦ−１の量を減らす（結果として体内に余分な脂肪が放出されてダメージを引き起こす）だけではないことを意味する。こうした本質的違いがあるため、ＩＧＦ−１経路に作用してカロリー制限と同じ効果を引き出そうとする薬を開発するのはきわめて難しいだろう。私たちの身体が作り上げた精緻なシステムを欺くのは容易ではない。

現在メトホルミンが注目されるのはこのためだ。メトホルミンはすでに糖尿病治療薬として世界中で数百万人に使用されており、さまざまな臨床検査で安全性は確認されている。実はその歴史は中世ヨーロッパまでさかのぼる。学名ガレガソウ、一般的にはフレンチ・ライラックと呼ばれる植物の抽出液が糖尿病の症状を緩和するために使われていたのだ。抽出液から採れる物質の１つであるガレギンは血糖を下げる効果があったが、毒性もきわめて高かった。最終的にガレギンと類似したメトホルミンが合成され、現在では２型糖尿病治療の第一選択となっている。２型糖尿病は一般的に人生の後半に発症しやすく、インスリンの欠乏ではなく、インスリンが受容体とうまく結合しないことに起因する。

メトホルミンが２型糖尿病にどのように作用するかは完全には解明されていない。従来描かれてきたメトホルミンの相互作用の図は、きわめて複雑な配線図のようだった。近年、生物学的分子を可視化する分子イメージング技術が進歩したことで、今ではメトホルミンが標的タンパク質とどのように結合し、また阻害するかが正確に見られるようになった。[*25] この標的タンパク質は細胞内呼吸、すなわち細胞内で酸素を使ってグルコースを燃焼し、エネルギーを生み出すプロセスにおける必須の要素だ。グルコースの使用能力が損なわれると、エネルギー代謝に影響が出て、グルコースの取り込みを制御する酵素を含むIGF経路の構成要素に作用する。[*26] 一部の研究ではメトホルミンは肝臓におけるグルコース生成を抑制するという結果が出ているが、他の研究では健康な人や軽症糖尿病患者の場合は逆にグルコース生成を増加させることが示されている。[*27] また別の研究ではメトホルミンは腸内細菌叢の変化を引き起こし、それが薬効の一因であることが明らかになった。[*28] スティーブ・オラヒリーの研究は、メトホルミンは食欲を抑制するホルモンの分泌量を高めることによって作用することを示している。[*29]

作用のメカニズムがこれほど複雑で十分解明もされていない薬が、糖尿病患者にこれほど広く処方されているというのは奇異に思えるかもしれないが、医薬の世界では珍しい話ではない。アスピリンがどう作用するかは100年近くわからないままだったが、その間にも人々は痛みを抑えるために何十億錠と服用していた。こうした不確定要素が存在するにもかかわらず、メトホルミンがいまや抗老化薬になるかもしれないとして関心を集めているのは驚くべきことだ。その理由の一端は2つの初期研究にある。1つめは国立老化研究所によるもので、マウスにメトホルミンを長期投与したところ、健康と寿命の両方に改善が見られた。[*30] 2つめは人間を対象にした研究で、メトホルミンを服用した糖尿病患者は他の薬を服用していた糖尿病患者のみならず、非糖尿病患者と比べても長生きしたというものだ。[*31] 糖尿病は老化と死のリスク要因とされていることを考えると重要な結果だ。

このような有望な結果が出たことで、糖尿病を患っていない人までがメトホルミンを使うことで健康寿命を延ばせるのではないか、という見方が広がった。だがその後の研究では、こうした結果に疑問符が付いている。2016年のある研究は、メトホルミンを服用した糖尿病患者の生存率は一般人と同程度で、他の糖尿病薬と比べてマシというだけだと結論づけた。[*32] メトホルミン以上に、コレステロール値を下げるスタチンという薬は、心臓血管疾患の既往歴のある患者を中心に、死亡率を劇的に下げる効果があることがわかった。線虫が若い時期に投与を始めた場合、メトホルミンは確かに寿命を延ばす効果があったが、高齢になってから投与を始めると毒性が高く、寿命は短くなった。興味深いことに、並行してラパマイシンを投与すると、毒性はやや緩和された。[*33] また運動は老化に伴う疾患への特に優れた対策とされるが、メトホルミンは運動の健康効果を損なうことがわかった。[*34] また1つの研究は、メトホルミンを服用した糖尿病患者は、アルツハイマー病など認知症のリスクが高まると主張している。[*35]

不確定要素が渦巻くなか、ニューヨークのアインシュタイン医学校の老年学者ニール・バルジライは首席調査官として、65～79歳の約3000人のボランティアを動員した大規模な臨床試験「メトホルミン老化抑制（TAME）」研究を進めている。この研究の目的は、メトホルミンに心臓疾患、癌、認知症など加齢に伴う疾患の発症を遅らせることができるかを見きわめ、副作用がないかを監視することだ。[*36]

ただ相当な努力がなされたにもかかわらず、今日に至るまでメトホルミンの長寿に関するエビデンスはまるではっきりとしない。TOR経路を阻害することが明確に検証されているラパマイシンのような確固たる効果はない。メトホルミンが関心を集める1つの理由は、糖尿病治療薬として長期使用の安全性が確立していることだ。糖尿病を患っている人はメトホルミンの治療を受けないほうが健康状態は悪化し、最終的に糖尿病の合併症によって死ぬリスクが高まることから、まったく躊躇なくメトホルミンを服用するだろう。しかしここまで挙げてきた問題がある可能性を考えると、健康な成人にメトホルミンの長期使用を推奨するのは時期尚早だ。

食生活で節制を心がけることは健康に良く、

暴飲暴食は健康を損なうという古来の知恵から、私たちの理解は大いに進んできた。まず好きなだけ食べるより、カロリー制限をしたほうが健康寿命は延びることに科学的裏付けが得られた。さらにここ20〜30年で、TORとIGF－1というそれまで知られていなかった経路が、カロリー制限に反応する細胞内の主要なプロセスであることが証明された。その結果、これらの経路を操作することで健康寿命、さらには寿命そのものを延ばせる可能性が出てきた。医学界ではラパマイシン、メトホルミンなどの化合物が老化や寿命に及ぼす影響について膨大な研究がなされてきた。とりわけラパマイシンとその化学的類似体は、老化に抗うアプローチとして有望だ。とはいえ、これらの経路を個別に阻害してもカロリー制限と同じ効果は得られないこと、またこうしたアプローチの有効性と安全性を確立するまでには今後も相当な研究が必要であることを忘れてはならない。

TORとIGF－1という2つの経路の発見については、いくつかの印象深い点がある。1つめはこれらの経路の存在そのものが完全なサプライズであったこと。2つめは少なくともTORのケースでは、科学者たちは当初、老化は言うに及ばず、カロリー制限との関連性すら想定していなかったことだ。老化だけでなく、多くの疾患に影響する細胞内の重要なプロセスが発見されたのはまったくの偶然だった。3つめはこうした研究には酵母や線虫など、老化研究に役立つとは思えないような生き物が使われたことだ。そして最後に、たった1つの遺伝子が寿命にこれほど劇的な影響を及ぼすという発見は、かなり予想外のものだった。

カロリー制限とそのシグナル伝達経路にまつわる難解な物語を締めくくる前に、3つめのストーリーに触れておきたい。これもTORのストーリーと同じように酵母から始まる。ただ老化プロセスとの関連をまったく探していなかったTORの発見者と異なり、3つめのストーリーの科学者たちは老化に関連する遺伝子を発見するために意図的に酵母を使った。酵母の分裂は小さい娘細胞が芽を出し、やがてポロっと分離することで起こる。分裂のたびに母細胞の表面には傷がつくので、分裂回数には限界がある。このように分裂能力を失うことを複製老化という。酵母のような単細胞生物のかなり特殊な性質を研究することが、人間の老化のように複雑な現象の参考になるのだろうか。レオナルド・ガレンテが酵母を使って老化を研究するつもりだと告げたとき、MITの同僚たちはまさにそんな懐疑的反応を見せた。[*37]

分子生物学者の多くがそうであるように、ガレンテはDNAのmRNAへの転写をコントロールし、遺伝子のスイッチが入ったり切れたりする様子を研究するのに長年酵母を使っていた。ジョンソンが線虫の寿命を延ばす*age-1*変異体の発見を報告した1991年には、すでにMITで終身在職権（テニュア）を得ていた。すでに業界で一目置かれ、学者としては安泰だったため、ブライアン・ケネディとニカノル・アウストリアコという2人の学生から老化研究をしたいと相談されたとき、自分にとってまったく新しいその分野に足を踏み入れ、研究者として大きな方向転換をすることに合意した。

まずガレンテと教え子たちは、SIR遺伝子（「サイレント・インフォメーション・レギュレーター」の略）と呼ばれる遺伝子ファミリーに属する3つの遺伝子を発見した。SIRファミリーは酵母の「性別」に相当する、接合型を決定する遺伝子をコントロールする（酵母の接合は複雑で、「性別」を転換することができる）。最終的にガレンテのチームはSIRファミリーのたった1つの遺伝子「*Sir2*」が、酵母の寿命に最も大きな影響を及ぼすことを突きとめた。細胞内でSIR2タンパク質の量が増えると寿命は延び、反対に*Sir2*遺伝子を変異させると寿命は短くなった。[*38] 線虫の寿命を2倍に延ばした*age-1*や*daf-2*変異体ほど大きな効果ではなかったが、ガレンテらが酵母の母細胞が力尽きるまでに分裂できる回数をコントロールする遺伝子を突きとめたのは明らかだった。さらに好ましいことに、*Sir2*はきわめて長期間にわたって保存されてきた遺伝子だった。つまりハエ、線虫、人間など他の種にも相当する遺伝子が存在するのだ。研究チームはまもなくハエや線虫でもSIR2タンパク質の量を増やすと寿命を延ばせることを発見し、いよいよ注目度は高まった。[*39]

だが具体的に*Sir2*遺伝子はどのように作用するのか。ゲノムのコードはDNA自体、あるいはそれとしっかり結びついているヒストンタンパク質にエピジェネティクス・マーク（化学物質によるタグ）を付けることで書き換えられる、という話を思い出してほしい。一般的にヒストンにアセチル基を追加すると、クロマチン（染色質）のその領域が活性化され、反対にアセチル基を外すとその領域は不活性化する。*Sir2*遺伝子がコードするのは脱アセチル化酵素、つまりヒストンのようなタンパク質からアセチル基を取り外す酵素であることがわかった。[*40] この作用によってテロメアの境界付近の遺伝子が抑止され、寿命に影響を及ぼすというエビデンスが確認されている。

ＳＩＲ２タンパク質はニコチンアミドアデニンジヌクレオチド（ＮＡＤ）という補酵素を必要とするが、ＮＡＤは細胞内のエネルギーを代謝するのにも使われる。これは飢餓状態にあるときは、ＳＩＲ２を活性化する自由なＮＡＤが不足することを示唆していた。突如としてかねてから酵母を含む多くの生物の老化への関与が指摘されてきた、ＳＩＲ２とカロリー制限の関連性が見えてきた。果たして、ハエと酵母菌で*Sir2*の変異株ではカロリー制限による寿命延長効果が消えることが明らかになった。[*41] そして線虫においてはＳＩＲ２が効果を発揮するためには、ＩＧＦ－１経路の標的であることが特定されている転写因子ＤＡＦ－16が不可欠であることがわかった。にわかにすべての要素が収斂してきたようだった。酵母の寿命に影響を与える変異体は、線虫の老化に影響を与える経路と関連があり、しかもカロリー制限と結びついていた。

線虫と酵母の両方の寿命を延ばす突然変異を見つけたガレンテとケニヨンは、老化問題を解決する可能性が出てきたとする前のめりな論文を科学誌『ネイチャー』に発表した。変異体は人間でいえば90歳の人が45歳の外見や感覚を持っているのに等しい。こうした根拠に基づき、私たちは老化を治療可能な、少なくとも先送り可能な疾患と考えはじめている[*42]。「たった1つの遺伝子を変えるだけで歳をとっているはずの動物が若々しさを維持する。

2人はこの楽観主義をそのまま社名にしたような「エリクサー・ファーマシューティカルズ」［エリクサーは「不老不死の薬」の意味］という会社をマサチューセッツ州ケンブリッジに設立した。

ガレンテは最初の画期的発見から間もない頃、オーストラリアのシドニーで講演をした。その聴衆のなかにいたのがデビッド・シンクレアだ。ニューサウスウェールズ大学の博士課程に籍を置く、怖いもの知らずの若者だった。ガレンテの研究成果に感動と興奮を覚えたシンクレアは、MITで自分をポスドク・フェローに採用してほしいとガレンテに頼み込んだ。フェローの期間が終了すると、シンクレアは同じボストンの対岸にあったハーバード大学医学部で研究室を立ち上げ、*Sir2*と老化の研究を続けた。要はかつてのメンターのライバルになったわけだ。続いてシンクレアは会社を立ち上げたが、社名はガレンテらより控えめに、事業内容をそのまま表す「サートリス・ファーマシューティカルズ」とした。

その頃には人間など哺乳類のＳＩＲ２タンパク質に相当する物質にも同じように寿命や健康への好ましい影響があるのか、多くの研究者が解明に取り組んでいた。哺乳類の場合、このファミリーには7種のメンバーがおり、「ＳＩＲＴ1」から「ＳＩＲＴ7」まで番号が振られている。これらのタンパク質は他の生物のＳＩＲ２同等物と同じように、ひとまとめに「サーチュイン」と呼ばれていた（他のタンパク質を活性化するタンパク質の名前には末尾に「イン」と付くことが多い。サーチュインは「ＳＩＲ２《サーツー》＋イン」というシンプルな言葉遊びだ）。ＳＩＲＴ１はＳＩＲ２に最も似ているように思われたため、当初は大いに関心を集めた。目的は好ましいかたちでサーチュインを活性化する薬、いわば魔法の不老不死薬を見つけることだ。

ここから物語は奇妙な展開を見せる。舞台はフランスだ。かねてからフランス人はこってりした食事が多いにもかかわらず心臓疾患の発症率が比較的低いのは、赤ワインをたっぷり飲むからだと考えられてきた。シンクレアはボストンのバイオテック企業と協力し、ＳＩＲＴ１を活性化する化合物の1つとしてレスベラトロールを特定した。レスベラトロールは赤ワインに含まれているため、世界中のワイン愛好家は歓喜した。フランスのライフスタイルのメリットがようやく科学的に実証されたのだ。[*43] こうした研究で投与されたレスベラトロールの一服分は赤ワインのボトル１０００本に相当するという事実も、彼らの興奮に水を差さなかったようだ。

シンクレアの研究チームやライバルの研究グループが糖分や脂肪分の高いエサを与えたマウスにレスベラトロールを投与したところ、病気は抑え込まれたようだった。マウスが太りすぎであったことは変わらず、最大寿命にも影響は見られなかったが、食べすぎにともなう病気からは守られていたのだ。[*44] マウスの多くは高齢期まで生き延び、その臓器は典型的な肥満体のマウスのように病んではいなかった。

これこそ人々が待ち望んでいた〝免罪符〟のように思われた。体への悪影響など一切気にすることなく、好きなだけ不健康な食生活を送れるようになるのだ。２００８年に製薬大手グラクソ・スミスクライン（ＧＳＫ）がサートリスを７億２０００万ドルという目をむくような価格で買収したことで、注目を浴びることが大好きなシンクレアは再びメディアの寵児となった。科学者としても商業的にも、大当たりを引いたようだった――少なくともその時点では。とはいえ当時もＧＳＫによる買収については業界内でかなり懐疑的見方が強かった。

サーチュイン信奉者の主張に対しては、常に相当な反論が存在していた。奇妙なことに、批判者のなかにはガレンテの研究室時代にシンクレアの同僚だったブライアン・ケネディ、マット・ケーバーラインも含まれていた。批判点はいくつもあったが、２人の研究ではカロリー制限をするとＳＩＲ２タンパク質の欠如した酵母のほうが寿命が延びたという。つまりかつての研究結果とは逆の結果が出ていたのだ。[*45] これはカロリー制限とＳＩＲ２には関連がない可能性を示唆していた。むしろＳＩＲ２タンパク質はＤＮＡ上のヒストンを脱アセチル化することで遺伝子発現のプログラムを修正し、何か別の働きをしている可能性があった。ケネディらはさらにシンクレアらの実験でレスベラトロールがＳＩＲＴ１タンパク質を活性化したのは、活性化を追跡するために使われていた蛍光分子のためであることを明らかにした。この蛍光分子を追加しなければＳＩＲＴ１の活性化は一切観察されず、そもそもレスベラトロールがＳＩＲＴ１に何らかの影響を及ぼすのかさえ定かではなかった。それだけではない。ケネディらは寿命も含めて、レスベラトロールが酵母中のＳＩＲ２の活性に与えた影響を何ひとつ確認しなかった。[*46] 製薬会社は通常、同業他社の誤りを証明するのに時間を割いたりはしないが、ファイザーの科学者らはサートリスが特定したレスベラトロール以外の複数の化合物も、ＳＩＲＴ１を直接活性化しないとする異例のレポートを発表した。[*47]

どんな機械でも性能を向上するより動作を止めるほうがはるかに簡単だ。それは医薬品開発も同じである。多くの薬が酵素を阻害することで作用する。酵素の効果を高めるような新薬の製造は困難で、比較的珍しい。だからＧＳＫが大金を払ってサートリスを買収したことに業界は眉をひそめたのだ。最終的にGSKはサートリスから獲得したリード化合物の開発を断念し、部門そのものを閉鎖した。買収から5年後、『フォーブス』誌の記事は「赤ワインの恩恵を享受する最善の方法は適量を飲むことだ」と結論づけている。[*48]

もちろん「科学者は矛盾する証拠を示されてもまず自説を曲げない」というドイツの理論物理学者マックス・プランクの格言もあるとおり、シンクレアらは依然として立場を変えていない。ケネディらの研究結果に対しては、レスベラトロールは試験管内でSIR2の活動を観察するために使った蛍光分子と同じような性質を持つ、細胞内の他のヘルパー化合物とともに作用すると反論している。これは「赤ワインは（やはり）町の人気者」と題した論文として科学誌『サイエンス』に掲載された。[*49]

しかしこのようなお気楽な評価は、国立老化研究所が2013年に行ったレスベラトロールを含む健康寿命あるいは寿命そのものを延ばすとされる複数の化合物に関する体系的研究と比較検討する必要がある。レスベラトロールのほかターメリックに含まれるクルクミンや緑茶からの抽出物など、研究対象となった化合物のなかでマウスの寿命に有意な影響を与えたものは1つもなかった。[*50]だからといって多くの健康食品店が倒産に追い込まれるようなことはなかったが。

レスベラトロールに限らず、サーチュイン遺伝子の前提そのものが疑問視されるようになった。*Sir2*は酵母の複製寿命を延ばすが、複製能力を失うのは老化の一側面に過ぎない。もう1つ、たとえば栄養分が枯渇したときなどに半休眠状態で生きられる時間の長さを示す経時寿命という指標がある。ＳＩＲ２タンパク質が活性化すると、酵母の経時寿命は短くなる。[*51] 私たち人間の場合（ほんのひと握りの大金持ちの高齢男性は例外かもしれないが）最大の関心事は高齢期に生殖能力を残すことではなく寿命を延ばすこと、そして健康状態を改善することだ。

その後の研究でも、*Sir2*の寿命への影響に関する初期の研究に矛盾する結果が出ている。ある効果を特定の突然変異に起因するものだと主張するためには、変異株を作製する際にその生物の何千という他の遺伝子を1つも変更しないよう慎重を期さなければならない。線虫やハエでＳＩＲ２タンパク質を過剰生産しても、他の遺伝的構成を一切変更しなければ、どちらの寿命にも一切影響は出ないことを科学者たちは確認した。これによって寿命を延ばす魔法の薬かもしれないサーチュインへの期待はかなりしぼんでしまった。それは学術誌に掲載された「サーチュインの中年の危機」「老化：行き詰まる寿命延長」といった記事のタイトルにも表れている。四面楚歌に陥ったレオナルド・ガレンテは、改めて遺伝的背景を変えることなくＳＩＲ２タンパク質を過剰生産する実験を行ったが、結果として過去の推計では最大50％としていた寿命延長効果を15％に下方修正せざるを得なくなった。[*52]

サーチュインのなかで最も劇的な影響があるのはSIRT6かもしれない。SIRT6に欠陥のあるマウスでは生後2～3週間で深刻な異常が発生し、約4週間で死んでしまう。このタンパク質もヒストン脱アセチル化酵素で、テロメア領域における遺伝子の発現に影響を与える可能性がある。[*53] SIRT6がマウスの寿命を延ばすことを示唆する研究もあり、そこでは理由としてSIRT6がDNA修復を促進することが挙げられている。

ほかならぬガレンテの研究室でサーチュイン研究を先導し、それぞれ研究者として高く評価されていたケネディとケーバーラインが今では完全にサーチュイン研究を離れ、TOR経路とそこへのラパマイシンの影響といった老化研究の他の側面に集中している事実が多くを物語っている。サーチュインはヒストンへの作用を通じて遺伝子発現パターンやゲノムの安定性に関与している可能性があり、まだ明らかになっていない方法で人間の生理機能に重要な役割を果たしているのだろう。だがそれを老化対策に使おうとする熱は、一部の信奉者を除けば冷めてしまった。老年学関係者の多くは、サーチュインがカロリー制限や寿命延長と直接かかわっているという見方にかなり懐疑的だ。[*54]

サーチュインの命運にかかわらず、それと関連がありながら依然として高い注目度を保っている分子が1つある。ニコチンアミドアデニンジヌクレオチド（NAD）だ。NADはサーチュインを活性化させるなど細胞内で多くの重要な役割を担っている。私たちの身体は、形の異なるビタミンB_3であるニコチン酸あるいはニコチンアミド（2つを総称してナイアシンと呼ぶ）を使ってNADを合成するが、細胞もアミノ酸のトリプトファン、あるいはリサイクルされた分子を使ってNADを合成することができる。*55

細胞内ではNADは酸化と還元のサイクルを繰り返し、細胞がグルコースを燃焼して他のエネルギー形態に転換するのを助ける。細胞内呼吸と呼ばれるこのプロセスは、私たちがグルコースを燃料として使うために必須だ。このプロセスではNADは酸化型と還元型のあいだを行ったり来たりするので、急速に消費されることはない。しかしNADはDNA修復やサーチュインを通じた遺伝子発現調節など、他にも重要な機能を担っており、そちらで消費される。こうして年齢を重ねるにつれてNADの量は低下していく。体内でエネルギー源としてグルコースを最も消費する器官の1つは脳なので、NADの減少が脳の機能を損なう可能性があることは想像できる。それは炎症の増加や神経変性疾患など他にもさまざまなトラブルを引き起こす。*56 たった1つの分子の影響としてはかなり大きく、それはNADが私たちの代謝においてどれだけ中心的役割を担っているかを示している。

細胞は私たちが摂取した食べ物から直接NADを取り込むことはできないが、NADの直接的前駆体となる分子を活用することはできる。なかでも最も人気があるのがNR（ニコチンアミドリボシド）とNMN（ニコチンアミドモノヌクレオチド）だ。この2つをインターネットで検索すると、どちらのほうがアンチエイジング・サプリとして有効かを主張するウェブサイトがごまんと出てくる。推しているのはもちろん、そのサイトが販売しているほうだ。ある研究ではマウスにNRやNMNを投与してNADのレベルを高めると、幹細胞の喪失ペースが鈍化し、筋肉の劣化など老衰の兆候を防げることがわかった。[*57] 別の研究ではNADのレベルを高めると寿命が延びた。しかしNADは生命を維持する化学作用にきわめて重要であるため、寿命延長とは無関係のメリットがたくさんあるかもしれない。長きにわたってNAD代謝を研究してきたチャールズ・ブレナーはこう語る。「NRは寿命延長の薬ではないし、その用途はサーチュインとは無関係だ。最大の用途はNADシステムを攻撃する疾患において、酸化還元反応や修復機能が急性的・慢性的に低下するのを防ぐことだ。NRの試験のなかで私が一番関心を持っているのは、擦り傷や火傷の治療薬だ[*58]」。NRやNMNを摂取することの効果は依然として確定的ではなく、これまでのところ人間における恩恵や副作用に関する長期的研究は1つもない。[*59] それでもアメリカ食品医薬品局（FDA）のような政府機関の承認を必要としない、生理学効果を謳った抗老化栄養補助食品あるいはサプリメントとしてNRやNMNを大っぴらに宣伝する動きが止む気配はない。NMNの全世界売り上げは現在約2億8000万ドルで、2028年には10億ドル近くに達すると予想されている。[*60]

ここまで私たちの細胞がどのように精緻なタンパク質合成プログラムを運用しているか、そして加齢とともにこのプログラムがどのように機能低下しはじめるかを見てきた。カロリー制限ときちんとした食生活というシンプルな対応策は複雑で相互に結びついたいくつもの経路を通じて、この機能低下を遅らせるのに大きな威力を発揮する。老化研究で注目されるのは、こうした経路を阻害してカロリー制限と同じ効果を引き出す薬を開発する可能性だ。

だが細胞は単にタンパク質の入った袋ではない。そこには調和を保ちながら機能する、大きな構造物や細胞小器官がそっくり含まれている。こうした関係性がいつ、またなぜ崩れていくのかというのは老化研究の最先端のテーマだ。そして奇妙なことに、すべては大昔の寄生生物に行きつく。私たちは通常、寄生生物を有害なものと考えるが、この寄生生物には良いところと悪いところが入り混じっている。それは私たちが小さな単細胞生物から今日のような複雑な存在に進化することを可能にした。その一方で、老化の主要な原因にもなっている。

CHAPTER

9

私たちに巣くう寄生生物

私は年に1、2度、ニューヨークに住む10歳の孫を訪ねるたびに、世の中の祖父母ならみんな覚えがありそうな経験をする。年齢の割には健康なほうだが、孫と1日過ごすとヘトヘトになる。見ているだけで疲れてしまうような無限のエネルギーを孫が持ち合わせているのはなぜだろう。私に孫のようなエネルギーがない理由は、私たちが複雑な生物として存在できている理由でもあり、その起源はおよそ20億年前の出来事にさかのぼる。

最初の生命体は、原始スープのなかを泳ぎ回っていた単細胞生物だった。それがどうなって人間まで進化したのか。私たちの体内の1つひとつの細胞も典型的な細菌よりもはるかに大きく複雑で、これほど複雑な細胞がどうやって進化してきたのかも謎だった。1900年代初頭にコンスタンチン・メレシュコフスキというロシアの植物学者が、1つの細胞がもっとシンプルで小さい別の細胞を飲み込んだという説を提唱した。それ自体は特別めずらしい話ではない。ふつうなら小さいほうの細胞が殺されて消化されてしまうか、大きいほうが噛み砕けないほどの異物を飲み込んでしまい消化不良で死ぬかだ。だがそうしたケースの1つで飲み込んだほうも飲み込まれたほうも生き残り、ずっと共存と複製を続けてきたのではないかとメレシュコフスキは考えた。

この説は数十年にわたって存在しつづけていたが、信用を得たのは1960年代になってリン・マーギュリスという生物学者が研究しはじめたためだ。マーギュリスは因習にとらわれない女性だった。最初に天文学者のカール・セーガンと結婚し、続いて化学者のトーマス・マーギュリスと結婚したが、また離婚し、こう言ったとされる。「私は妻の仕事を2度辞めた。同時に良き妻、良き母、一流の科学者であることは常人には不可能だ。人間業《にんげんわざ》ではなく、どれかを手放さざるを得ない」[*1]。マーギュリスの唱えた学説のなかで最も論議を呼んだものの1つが、ジェームズ・ラブロックとともに提唱したガイア仮説だ。地球、その大気、地質、そこで暮らすあらゆる生物を包含する生物圏全体が、自己調節機能を持つ1つの生命体であるとする考え方だ。マーギュリスは9・11テロはアメリカ政府が主導した陰謀の一部であるとするエッセイを書いたり、[*2]ヒト免疫不全ウイルス（HIV）が本当に後天性免疫不全症候群（AIDS）を引き起こすのか疑問を呈したりするなど、[*3]もっと極端で不穏当な主張もしている。一匹狼を自認する生き方ゆえに陰謀論にとらわれたのかもしれないが、生命に対する私たちの理解に大きな貢献ができたのもそのためかもしれない。

マーギュリスは共生は広範に見られる現象で、真核生物（核を持つ複雑な細胞）は細菌同士の共生関係から進化したと考えた。単純な細菌がより複雑なかたちに徐々に進化していったという当時の通説に異を唱えたのだ。マーギュリスの考えはメレシュコフスキが60年近く前に提唱した理論を発展させたものといえるが、[*4] それでも相当な物議を醸し、15の学術誌から却下された末に１９６７年にようやく（リン・セーガンの名で）『理論生物学ジャーナル（*Journal of Theoretical Biology*）』に掲載された。飲み込まれた側の細菌の子孫は、今ではより大きな細胞内で細胞小器官として存在している、とマーギュリスは主張した。動物の細胞内ではミトコンドリアと呼ばれるものだ。植物はミトコンドリアに加えて、別の細菌の子孫である葉緑体を内包している。葉緑体は光合成を通じて太陽光を糖に転換する。植物も私たち動物も、こうした寄生生物がいなければ存在していない。

今日科学者らは、古細菌と呼ばれる単細胞生物がもっと小さい細菌を飲み込むという真核生物の形成につながる重要な事象が起きたのは、約20億年前だと考えている。飲み込まれた細菌はあらゆる困難を乗り越えて生き延び、最終的に宿主である古細菌と共生関係になった。それからの20億年で細菌はミトコンドリアに進化した。ミトコンドリアが発見されてからの１７０年間で、その実態が細胞内におけるきわめて高度なエネルギー生産工場であることが明らかになった。私たちの原始的先祖が今日のような巨大で複雑な細胞群に進化できた理由、そしてさまざまな複雑な生命体が登場した理由は、このエネルギー生産能力にある。ただエネルギー保存の法則から、エネルギーは無からは生まれない。ではミトコンドリアがエネルギーを生産するとはどういうことなのか。

今日の世界を産業革命以前の原始的な世界と比較してみよう。原始的世界にはさまざまなエネルギー源があった。太陽エネルギーを使ってモノを温めたり、薪などの燃料を燃やして熱を生み出したり、川の流れを使って水車を、風力を使って風車を回したり、あるいは風の力を帆に受けて海を渡ったり。しかしこれらの多様なエネルギーに互換性はなく、それぞれの用途はごく限られていた。たとえば風力を使って調理することはできなかった。

今日の世界はどうだろう。太陽光や風力、化石燃料から原子力まで、実質的にすべてのエネルギー源は電気に変換することができる。その電気はほぼ何にでも使うことができる。熱や光を生み出したり、自動車や電車を動かしたり、テレビや他の電子機器をつけたり、世界中と瞬時にコミュニケーションをとることを可能にしたり。一千数百年前に物々交換の代わりに使われるようになった通貨のごとく、電気はエネルギー世界の普遍的通貨となった。

これこそまさに細胞内でミトコンドリアが果たす役割だ。用途の限られたエネルギー（たとえば私たちが摂取した炭水化物など）を、細胞内の普遍的エネルギー通貨であるアデノシン三リン酸（ATP）という分子に転換する。ATPとは、RNAの構成要素の1つで、アデノシン（アデニン塩基とリボース糖が結合したもの）にリン酸基が3個結合してできている。リン酸基同士の結合は、化学用語で高エネルギーリン酸結合と呼ばれるものだ。高エネルギーリン酸結合を形成するときには大きなエネルギーが必要で、そのエネルギーは結合が切れたときに放出される。細胞内の何らかのプロセスでエネルギーが必要になると、細胞は2つめと3つめのリン酸基との結合を壊し、放出されるエネルギーを使う。ATPはちっぽけな分子版モバイルバッテリーのようなものなのだ。

食べ物、とりわけ炭水化物を消化するとき、私たちは炭水化物を分解して得た糖を燃やしている。化学的に見れば糖を炎で燃やしているのに等しいが、違いは細胞はそれをきわめて制御された方法で行うことだ。どちらのケースでも結果は同じだ。糖は酸素と結合し、二酸化炭素と水を放出し、その過程でエネルギーを放出する。私たちは息を吸って吐くとき、まさにそれをしている。呼吸の際に放出されるエネルギーはミトコンドリアがATPを合成するのに使われる。

このプロセスは化学的に見ると、水力発電で電気を生み出す仕組みに似ている。細胞は

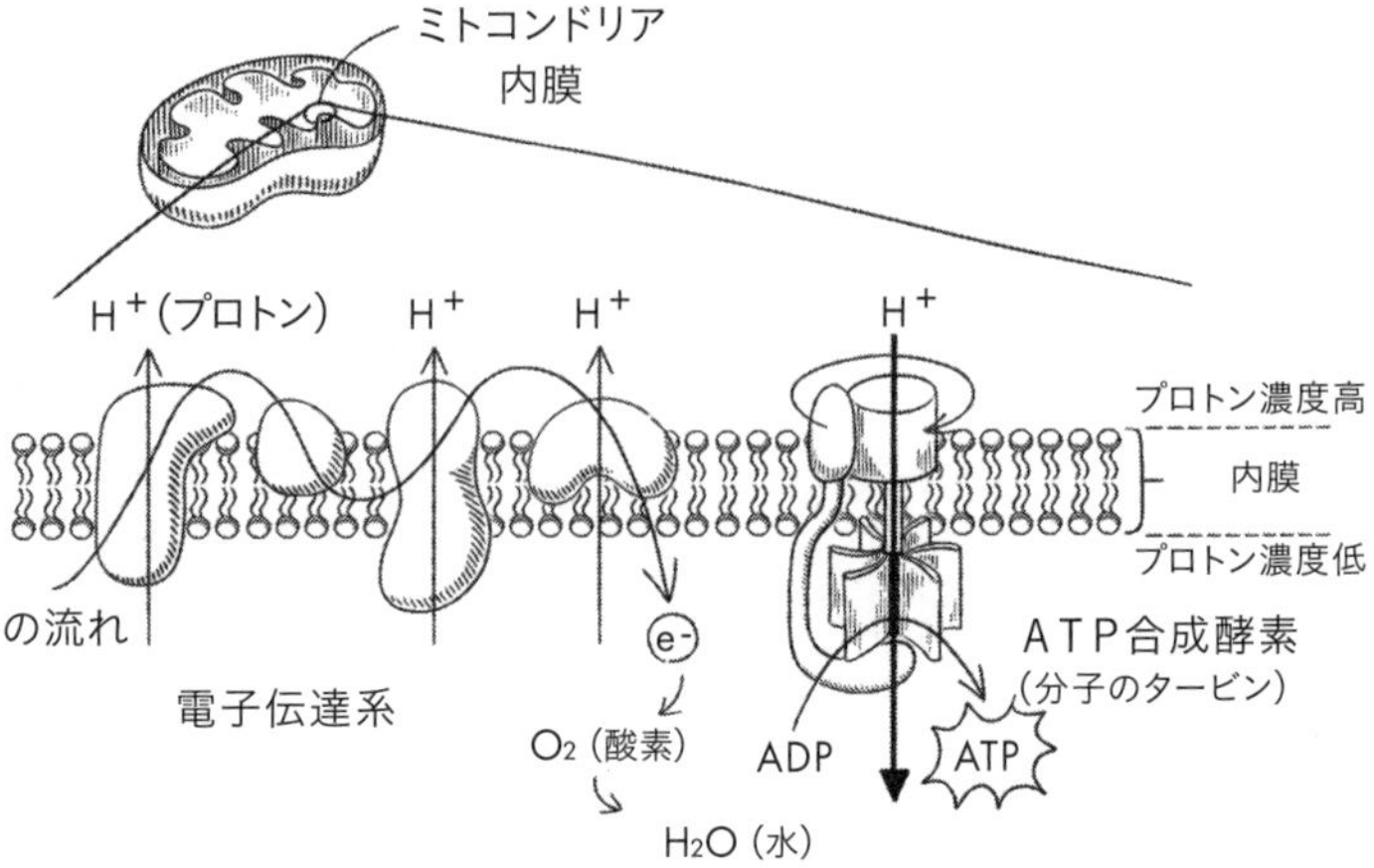

ミトコンドリア内でエネルギーが作られる仕組み

一層の膜で囲まれているのに対し、ミトコンドリアは先祖である細菌と同じように二層の膜で囲まれている。それぞれの膜は脂肪質の分子（脂質）でできた2枚の薄い層から成り、水分で満たされたスペースを区切っている。内膜の内部には巨大な膜タンパク質複合体（プロトンポンプ）があり、それが呼吸のエネルギーを使ってプロトン（水素イオン、H^+）を、膜の内側から外側に移動させる。こうして内膜を隔てて、プロトン濃度が高いほうと低いほうのあいだに「プロトン勾配」が生じる。水が高いほうから低いほうへ流れるように、プロトンは濃度が高いほうから低いほうへ移動しようとする。[*5] しかし内膜そのものはプロトンを通さない。

プロトンが通過できるのは、タービンのような働きをするATP合成酵素と呼ばれる特殊な分子のなかを通るときだけだ。水力発電ダムでは水が巨大なパイプを通ってタービンを回し、電気が生まれる。ATP合成酵素がそれと同じようにプロトンを通すとタービンが回転し、リン酸が2つしかないアデノシン二リン酸（ADP）に3つめのリン酸が追加され、ATPが生産される。

通貨が貿易と繁栄を促進し、高度な社会の出現を後押ししたのと同じように、またエネルギー通貨である電気が社会の高度な技術的発展を可能にしたのと同じように、効率的なATPの生産によって細胞の複雑化と高度化が可能になった。ATPは小さな分子で、必要に応じて細胞全体に移動する。そして細胞の構成要素を合成したり、細胞内の部品を動かしたり、細胞自体を動かしたりと、あらゆる用途にエネルギーを提供する。筋肉はATPを使って収縮する力を生み出す。脳では電気シグナルを発し、インパルスを発火するニューロンの細胞膜の電位を、ATPが保っている。人間の体は日々、体重とほぼ同じ重さのATPを作らなければならないが、脳だけでそのほぼ5分の1を消費する。[*6] モノを考えるだけで1日数百キロカロリーを使うのだ。ミトコンドリアはそうしたATPのほぼすべてを供給する。

私たちの体内の寄生生物たちは当初は寄生しているだけだったかもしれないが、生きていくのに必要なATPを生産することによって不可欠な存在となった。ミトコンドリアには先祖である細菌と違う点が他にもある。まず自らの遺伝子のほとんどを捨ててしまったので、ミトコンドリアのゲノムはいまやごくわずかで、1ダースほどのタンパク質を作る遺伝子しかない。ミトコンドリアの構成要素の99%以上は、細胞の核にある染色体上に存在する遺伝子を転写して作られる。これらのタンパク質は細胞内の細胞質で合成され、それから複雑な機構を使ってミトコンドリアの外膜、あるいは外膜と内膜の両方を透過していく。ミトコンドリアがどうやって、あるいはなぜ自らの遺伝子を宿主のゲノムに移すことができたのか、またなぜ一部のゲノムは残したのかはよくわかっていない。だがこのちっぽけなミトコンドリアのゲノムは、さまざまな問題の原因となっている。なぜならミトコンドリアのDNAに突然変異が起こると、糖尿病、心不全や肝不全、聴覚の喪失といった疾患につながる可能性があるからだ。

私たちは母親のミトコンドリアだけを受け継ぐ。精子は自らのミトコンドリアを受精卵に一切渡さないからだ。このためミトコンドリアのゲノムの欠陥に起因する疾患は、すべて母親から受け継がれたものだ。イギリスでは数年前、「3人の親」で赤ん坊を作ることを合法化した。ミトコンドリア病（ミトコンドリアの働きが低下する病気）の母親の卵子から取り出した核を、健康な女性ドナーの核を除去した卵子に入れ、それを父親の精子と受精させて母親の子宮に戻すのだ。赤ん坊の遺伝子のほとんどは父親と母親のものになるが、ミトコンドリアのゲノムだけは卵子のドナーとなる女性のものとなる。[*7]

細胞には数十個から数千個のミトコンドリアが含まれている。これらは培養液中の細菌とは異なり、完全にバラバラな個体として生きているわけではない。常に融合したり分裂したりしている。ミトコンドリアが融合する一因は、互いの中身を混ぜ、それぞれの部分的に損傷した構成要素を補うためだ。分裂の仕方もいろいろある。細胞が分裂するときミトコンドリアも分裂するが、通常は真ん中でくびれて切れる。ただときには欠陥のある部分を切り離し、第6章で見たオートファジーなどのプロセスを通じて分解・リサイクルさせることもある。

ミトコンドリアが融合する相手は、ミトコンドリアだけではない。他の細胞小器官とも興味深いかたちで相互作用する。膜組織を構成する脂質分子は高度に分化しており、細胞小器官や細胞のタイプによって脂質の組成は異なる。ミトコンドリアは細胞小器官がそれぞれ必要とする特殊な脂質を作製できるように、他の細胞小器官と頻繁に構成要素を交換する。細胞小器官とミトコンドリアの接触は多すぎても少なすぎても良くない。[*8]

最後に、ミトコンドリアはＡＴＰの生産以外にもたくさんの機能を担っている。たとえば糖の燃焼の最終段階が起こる場所でもある。体内に蓄積された脂肪が燃えるのもミトコンドリアだ。これは私たちが飢餓状態、あるいはダイエット中など、十分な炭水化物を摂取していないときにはきわめて重要だ。脂肪燃焼から得られるエネルギーもATPを生産するのに使われる。ミトコンドリアはエネルギー生産にとどまらず、細胞の他の部分と連携しながら複雑なシグナリング・ネットワークの一部を担っている。エネルギーレベルが低くなったり高くなったりしたときに細胞に知らせ、細胞が適切な遺伝子や経路のスイッチを入れたり切ったりして適応できるようにする。

このようにミトコンドリアは単なるエネルギー工場ではなく、細胞の代謝作用の中核的ハブとなっている。細胞内に潜んだ細菌という太古の立場は様変わりした。私たちはミトコンドリアと複雑な共生関係にある。年齢を重ねてもミトコンドリアは機能するものの、欠陥が蓄積される。エネルギー生産の効率が落ちるだけでなく、他の多くの仕事においてもガタが来て、効率が悪くなる。ミトコンドリアほど若者のエネルギーや高齢期の衰えと密接に結びついている細胞の構成要素はないだろう。[*9] 老化したミトコンドリアは分解されながら、形状も細長い楕円形から球状の塊へと変化していく。若々しく健康なミトコンドリアを持つ孫が、私よりもあれほどエネルギッシュで全般的に健康的な理由はここにある。

ミトコンドリアが最低限の機能を果たせなくなると、私たちは死ぬ。

ほ

とんどの国において死は脳機能の喪失と定義されていることはすでに述べた。心臓発作などさまざまな理由で脳に酸素や糖が供給されなくなると、脳組織内のミトコンドリアはニューロンが機能しつづけるのに必要な量のＡＴＰを生産できなくなり、脳死につながる。心臓発作による突然の酸素欠乏は極端な事態だが、ふつうに生きているなかでもミトコンドリアは徐々に衰え、必要なレベルで機能できなくなっていく。

何が原因でミトコンドリアはそんな状態になるのか。ミトコンドリアが老化する理由は細胞の他の部分が老化する理由と同じだが、ミトコンドリア特有の負担もある。１９５４年にデナム・ハーマンは老化のフリーラジカル説を提唱した。[*10] 通常の代謝作用の副産物として作られる化学的活性種（その一部はフリーラジカルと呼ばれる）が、時間の経過のなかで細胞にダメージを与え、老化を加速するという説だ。このハーマンの説は、カロリー制限のメリットを説明するのにも役立つようだった。[*11] 食べる量が少なければ日々燃焼するカロリーも少なく、有害な化学的副産物が作られる量も抑えられる。代謝率が高い動物は低い動物よりも寿命が短くなる傾向も、この説によって説明できる。

フリーラジカルは細胞内のいたるところで作られるが、他の活性種とともにとりわけミトコンドリアで大量に作られる。ミトコンドリアの主な機能は糖を酸化して燃やすことだ。私たちが呼吸で吸い込む酸素は、２つの酸素原子が固く結合したO_2分子だ。ミトコンドリアのなかでこの酸素は最終的に2つの水分子（H_2O）に還元される。酸素の還元が完全ではないと、部分的に還元された分子は活性酸素種（ROS）と呼ばれるきわめて反応性の高い中間体になる。このきわめて反応性が高い酸素は、タンパク質やDNAを含む細胞内の他の構成要素にダメージを与えることがある。古い車を持っている人なら活性酸素が車台にどんな影響を及ぼすか知っているだろう。周囲に塩の多い環境ではこの反応がさらに加速される。冬に凍結防止のために道路に塩がまかれるような土地では、車の腐食が早く進むのはこのためだ。つまり酸化によるミトコンドリアへのダメージは、細胞が内側から錆びているようなものと考えるとわかりやすい。

ミトコンドリアには通常、こうした活性種が害を引き起こす前に除去する酵素があるが、このプロセスも完全ではない。活性種の分子のごく一部は逃げおおせ、徐々に周囲の分子に損傷を与えていく。[*12] そのなかには細胞を機能させるタンパク質も含まれている。細胞の機能の全般的低下は老化につながる。即時的なダメージに加えて、活性種はミトコンドリアのDNAに損傷を与えることによって次世代のミトコンドリアにも悪影響を及ぼす。標的となるDNAは糖の酸化やATPの生産に不可欠な機械の一部であり、そこに突然変異が蓄積されると製造される機械に欠陥が生じる。それによって酸素の還元効率が低下し、活性種がさらに増えるという悪循環になる。そのうえ活性種は細胞内のさまざまな部分に拡散し、全般的に混乱を引き起こす。こうして加齢とともにミトコンドリアの性能はゆっくりと着実に低下していく。

ハーマンのミトコンドリアに関するフリーラジカル説は当初それほど注目を集めなかったが、多くの観察結果がそれを支持している。まずこうした活性種の作られる量は加齢とともに増える。反対にそれらの分子を除去する酵素は加齢とともに減少するので問題は一段と深刻化する。だがこうした変化が単に加齢の結果なのか、それとも変化自体が老化プロセスをさらに推し進めるのかは定かではなかった。過酸化水素を除去する酵素をたくさん合成するマウスは、平均的マウスより約5カ月寿命が長くなる。[*13] マウスの寿命の延びとしては相当なものだ。2022年にはドイツの科学者らが、2種類の抗酸化タンパク質と他の化合物の混ざった物質を分泌する寄生虫が、宿主のアリの寿命を何倍にも延ばすことを示した。[*14] 卵母細胞などの生殖細胞には特別優秀なDNA修復機能が備わっているという話はすでにしたが、こうした細胞がDNA損傷を抑える方法の1つが活性酸素種を作る酵素を抑制することだ。[*15]

フリーラジカル説が信頼性を獲得するのに伴い、抗酸化物質に注目が集まった。活性酸素種と戦う抗酸化物質は、癌から老化まであらゆる問題を解決する万能薬としてもてはやされた。ビタミンE、ベータカロチン、ビタミンCなどの抗酸化物質の売り上げは急増し、化粧品メーカーはビタミンEやレチノイン酸などの抗酸化物質を肌の若々しさを保つための化粧水やクリームに取り入れた。ブロッコリーやケールなど抗酸化物質が豊富な食べ物を摂取することが推奨された。

ただ悲しいかな、抗酸化物質のメリットを裏づける研究報告もいくつかあったものの、抗酸化サプリに関する68件の無作為化臨床試験（被験者総数23万人）の分析結果は抗酸化サプリは死亡率を低下させないだけでなく、ベータカロチン、ビタミンA、ビタミンEなどその一部はむしろ死亡率を上昇させることを示唆していた。[*16] これ自体フリーラジカル説を否定するものではないが、抗酸化サプリを飲むだけでフリーラジカルによるダメージを防げるとさほど期待できないのは確かだ。だからといってケールを食べるのをやめてしまうのは早計だ。新鮮な野菜や果物を食べるメリットは他にもたくさんある。

抗酸化サプリの効果について残念な結果が出た理由はいろいろ考えられる。効果が持続しないようなかたちで代謝されたのかもしれないし、フリーラジカルや活性酸素種を除去する酵素の自然なプロセスをうまく模倣できなかったのかもしれない。ただここ10〜15年、この分野の研究者のあいだでは活性酸素種やフリーラジカルによる酸化的損傷がそもそも老化の主要な原因であるとする説自体を疑問視する声が出てきた。[*17] 線虫やハエを含む他の動物を使った複数の研究では、抗酸化酵素と寿命のあいだに明確な相関は一切見られなかった。[18]むしろ先述のマウスを使った研究結果に反して、酵母、線虫、マウスなどさまざまな種を使った研究では、抗酸化酵素などさまざまな酸化防止対策を強化しても寿命延長にはつながらないことが明らかになった。[19]逆にある研究では、フリーラジカルのレベルの高い線虫の変異体のほうが寿命が3分の1長くなった。フリーラジカルを活性化させる除草剤（パラコート）を投与したところ寿命はさらに延び、反対に線虫に抗酸化剤を与えてフリーラジカルを減らしたら寿命は短くなった。[20]ハダカデバネズミは同じサイズの他の動物の何倍も生きるが、活性酸素種のレベルは高い。[21]

いったい私たちの体内では何が起きているのか。これはホルミシスの一例かもしれない。[22]ある毒素を大量に用いると有害だが、低量を摂取するとむしろ有益な作用をもたらす現象だ。「私たちを殺さないものは、私たちを強くする」というドイツの哲学者ニーチェの言葉どおりかもしれない。フリーラジカルや活性酸素種は、抗酸化酵素や修復タンパク質の生産を促進するシグナルを発し、それには細胞を守る効果がある。しかも活性酸素種はミトコンドリアの状態を細胞の他の部分に伝える、シグナリング分子として幅広い役割を担う。

ではフリーラジカルや活性酸素種そのものが重要な問題ではないのだとしたら、ミトコンドリアが老化の要因となる理由は何なのか。ミトコンドリアのＤＮＡの突然変異は年齢とともに増加すること、そしてこうした変異の蓄積と病気に相関性があることはわかっている。ただそれが老化の原因なのだろうか。この疑問を解決する1つの方法が、ミトコンドリアのDNAを複製するDNA複製酵素がエラーを起こしやすいように、遺伝子を操作したマウスを作ることだった。この突然変異誘発株のマウスでは、突然変異が通常よりはるかに速いペースで蓄積していく。誕生時には一見ふつうだったが、まもなく白髪、聴覚の衰え、心臓疾患といった早期老化のさまざまな兆候が出てきた。生後60週の時点で正常なマウスはまだ生きていたが、この変異株はほとんどが死んでいた。[*23] これはミトコンドリアのDNAへの損傷は、老化の重要な要因であるという強力なエビデンスだ。興味深いことに、このマウスの活性酸素種の値は特別高くはなかった。つまり突然変異の増加によって酵素のエラーが増え、活性酸素種の蓄積に拍車がかかることはなかったようだ。突然変異誘発株のマウスが急激に老化した究極の理由は、依然としてわからない。ミトコンドリアのDNAのエラーと、細胞の核のゲノムの大半の安定性のあいだには複雑な相互作用が報告されており、それがDNA損傷と関連するもっと全般的な問題を引き起こしている可能性がある。[*24]

ミトコンドリアの損傷が細胞に悪影響を与え、老化を加速させることに疑問の余地はないが、損傷の正確な原因を特定することはきわめて難しい。人間の細胞の1つひとつには数十から数千のミトコンドリアが含まれており、それぞれ独自にゲノムを持っている。だからいくつかのミトコンドリアのＤＮＡに重大なエラーが発生しても、細胞をきちんと機能させるのに必要な健康なミトコンドリアはたっぷりあるはずだ。しかしある時点で、細胞内に欠陥のあるミトコンドリアが増えすぎ、あまりに多くの問題が発生して健康なミトコンドリアが圧倒されてしまう分水嶺に達する。健康なミトコンドリアのようにさまざまな役割をこなさない欠陥のあるミトコンドリアの一部が、速いペースで増殖するケースもある。その場合、欠陥のあるミトコンドリアのクローンが支配的となり、細胞に深刻な問題が起きるようになる。[*25]

ミトコンドリアは単なるエネルギー工場ではなく、細胞の代謝にも密接にかかわっている。このため老化にともなって欠陥が増えると、自らを包含する細胞の劣化の一因となり、老化が加速する。その影響が最も大きいのは、幹細胞の劣化を引き起こすときだ。[*26] なぜなら幹細胞はきわめて重要な、そして幅広い役割を担っているからだ。幹細胞が機能不全に陥ると組織を再生できなくなるだけでなく、細胞老化や慢性炎症も引き起こす。いずれも老化の顕著な特徴だ。

老化の特徴の１つが慢性的に低レベルの炎症が起きることで、これは「炎症老化（inflammaging）」と呼ばれる。[*27] 炎症老化が起こる一因は、ミトコンドリアの起源が細菌だからだ。老化して欠陥を抱えたミトコンドリアは裂け目ができやすく、そこからＤＮＡやその他の分子が細胞質に漏れ出すことがある。細胞はそれを外部から侵入した細菌のものと誤認し、炎症を引き起こす。私たちのニューロンは寿命が非常に長いか、まったく再生しないかのいずれかで、とりわけミトコンドリアの老化が起こりやすい。それは認知機能の衰えの一因かもしれない。老化したミトコンドリアを抱えるニューロンはエネルギーが不足し、欠陥のあるタンパク質や細胞小器官などを除去するためのリサイクル経路も使えなくなる。その結果、歳をとると認知症にかかりやすくなる。

こうした理由からミトコンドリアを健やかに保つことが、良好な健康を維持するカギとなる。細胞がどうやってミトコンドリアの健やかさを保つかは、すでに見てきたカロリー制限にかかわるいくつかの経路と密接にかかわっている。細胞は欠陥があるとみなしたミトコンドリア全体、あるいはミトコンドリアから切り離された欠陥のある部分を除去するのにもオートファジーを使う。マイトファジーと呼ばれるこのプロセスは、分解とリサイクルの対象としてミトコンドリアを標的とする。タンパク質のなかには問題が起きていることを感知し、欠陥のあるミトコンドリアの表面をマーカーでコーティングして、オートファジー装置に「これを分解の標的にせよ」とシグナルを送るものがある。[*28] TOR経路を通じてオートファジーのレベルを高めるカロリー制限は、マイトファジーのレベルも高める。

細胞は欠陥のあるミトコンドリアを廃棄したら、それに置き換わる新しいミトコンドリアを必要とする。ここにもカロリー制限がかかわってくる。カロリー制限あるいはラパマイシンによるTOR経路の阻害は、多くのタンパク質の合成を停止する一方、ミトコンドリアの分裂にかかわるタンパク質の合成を促進する。[*29] 研究では、このプロセスによるミトコンドリアの活性化は、ミバエの寿命延長と直接結びついていることが示されている。[*30]

TOR経路の発するものに加えて、新しいミトコンドリアの分裂を刺激するシグナルは他にもある。[*31] だがときにはこうした努力が実らないこともある。[*32] 細胞はミトコンドリアの機能に問題があると感知すると、欠陥のあるミトコンドリアの分裂を増やしてしまうこともある。

科学者や製薬会社はミトコンドリアの機能不全を治す薬を開発しようと努力しているが、新しいミトコンドリアの分裂を促す簡単な、しかも一銭もかからない方法がある。運動だ。身体的活動は、筋肉から脳まで幅広い組織でミトコンドリア分裂を促す経路の一部を活性化する。[*33] 運動もホルミシスの一例だ。運動も度がすぎると害になり、中程度の運動でも血圧の上昇、酸化ストレス、炎症など、トラブルにつながりかねない症状を一時的に増やす。しかし体にダメージを及ぼすほどの過度な運動（それは健康状態をはじめたくさんの個人的要因に左右される）でなければ、運動はきわめて有益だ。運動がどのようにミトコンドリアの機能を高めるかというと、1つには呼吸による酸化が不完全になるために活性酸素種が作られる。[*34] 本章ですでに見てきたとおり、活性酸素種も適量であれば体に有益だ。もちろん運動の効用はそれ以外にもたくさんあり、ストレスの低減、筋肉や骨量の維持、糖尿病や肥満の抑制、睡眠の改善、免疫の強化などさまざまなかたちで恩恵をもたらす。[*35] この健康効果のリストに、新しいミトコンドリアが分裂することも追加しておこう。

細胞がどれほど欠陥のあるミトコンドリアのリサイクルや新しいミトコンドリアの分裂に努めても、最終的にミトコンドリアの老化は容赦なく進み、私たちの老化もさまざまな面で進んでいく。ミトコンドリアのDNAに蓄積された突然変異がその老化の原因なら、なぜ赤ちゃん（私の孫でもいいが）は健康なミトコンドリアを持っているのか、という人間の個体について考えたのと同じ問いがミトコンドリアについても立てられる。なぜミトコンドリアの生物時計は世代ごとにリセットされるのか？　老化時計がリセットされる理由は2つあったことを思い出してほしい。1つめは次世代を形づくる生殖細胞には優れたDNA修復機能があり、老化スピードは遅いということ。2つめはDNA上のエピジェネティクス・マークは世代が変わり、生殖細胞ができるたびにリセットされるということだ。細胞核のＤＮＡと異なり、ミトコンドリアのＤＮＡには高度なエピジェネティクス・マークのメカニズムは存在しないが、生殖細胞内のミトコンドリアのＤＮＡは修復力が高い。[*36]しかもミトコンドリアのＤＮＡでは突然変異に対する厳しい淘汰が働くため、欠陥のある卵母細胞は受精には使われないようになっている。欠陥のある精子、さらには欠陥のある初期の胚も徹底的に淘汰されるため、ミトコンドリアに問題がある生殖細胞はことごとく除去される。とはいえ淘汰も完璧ではない。[*37]少なくとも加齢とともに受精率が下がる一因は、ミトコンドリアの老化にある。

本書でここまで取り上げてきた老化のさまざまな原因は、互いに密接に関連していることが明白になったと思う。最初に目を向けたのは、あらゆる分子のなかで最も重要なＤＮＡで、何万種類ものタンパク質を最適なタイミングで必要な量だけ合成するのに必要な情報が含まれている。この情報は損傷を受けないように保護しなければならない。これら何万種類のタンパク質は協調して健康な細胞を機能させる必要があり、細胞内には問題が発生したときに対応するメカニズムがたくさんある。タンパク質だけでなく、ミトコンドリアのような細胞小器官も、細胞の他の構成要素と共生関係を構築しながら機能しなければならない。ミトコンドリアの起源は大きな祖先細胞に飲み込まれた細菌だったかもしれないが、今では代謝プロセスの中核となった。ミトコンドリアが老化すると欠陥が蓄積し、連鎖反応的にさまざまな事象が起こり、それらもまた老化を加速させる。これらがあいまって個々の細胞の老化に影響していく。

体内の個々の細胞が老化あるいは死亡しても、私たちはまったく気づかない。体内には数十兆個の細胞があるのだから。とはいえ細胞が孤立して存在しているのは原始的生物ぐらいだ。私たちの体内では細胞同士は連絡を取り合い、組織や臓器の一部として協力して働いている。老化に伴って欠陥を蓄積した細胞が一定の水準に達すると、老化の兆候そのものが顕在化する。関節炎、疲労、感染症へのかかりやすさ、認知機能の衰え、そして体全体が若い頃のようにはうまく機能しなくなる。ここからは個々の細胞の老化がどのように高齢期のさまざまな病《やまい》につながっていくかを見ていこう。

CHAPTER

10

満身創痍の肉体と吸血鬼の血

グレートブリテン島の西岸と東岸を結ぶ道は、イギリスで最もすばらしい長距離トレッキングルートの1つだ。西岸のセントビーズ岬から出発し、イギリス有数の風光明媚な地域を抜けて到達するのは東岸のロビン・フッズ・ベイだ。ブラム・ストーカーの小説『吸血鬼ドラキュラ』で、ドラキュラ伯爵のイギリス上陸地点として登場する港町ウイットビーに近い。ルートは全長約320キロメートル。踏破したら「西岸から東岸まで徒歩で横断しました」とプリントされたTシャツを手に入れ、何食わぬ顔でアメリカで着たら周囲に感心されるだろう、と考えた。

そのチャンスが到来したのは2013年夏のことで、友人たちと一緒にルートを歩き出した。最初の1週間は順調だった。だがその後、膝に炎症が起こり、あと数日でゴールというところでついに断念せざるを得なくなった。帰宅して外科医の診察を受けると軽度の変形性関節症で、半月板に断裂と炎症が起きているとの見立てだった。膝が治ると、今度は右肩が痛み出した。またしても骨関節炎である。同年代の友人たちからはあまり同情されなかった。歳を重ねると急性・慢性の関節痛は日常となる。

関節痛は炎症の1種であり、その原因はたいてい関節の骨がすり減り、内部の軟組織を圧迫して炎症が起きるといった物理的なものだ。しかし歳をとると関節痛よりもはるかに範囲が広く、それでいて気づきにくい別のタイプの炎症も起こる。

その1つが老化あるいは損傷による細胞老化だ。細胞はDNA損傷を感知すると、3つの対応のいずれかをとることはすでに述べた。損傷が軽微な場合は修復メカニズムを作動させる。損傷がもっと広範に広がっていれば細胞を殺すシグナルを発するか、それ以上分裂できなくなる細胞老化の状態に追い込む。3つめについてはすでに述べたが、染色体のテロメアの短縮化が一定以上進んだら細胞は分裂するのをやめる。細胞が殺されるか細胞老化の状態にされるかにかかわらず、目的は同じで、ゲノムが損傷した細胞の増殖を防ぐことだ。そのような細胞は癌化のリスクをはらんでいる。DNA損傷応答そのものを、癌を防ぐためのメカニズムと考えてもいい。すでに見たとおり癌の半分近くには、DNA損傷応答において重要な役割を果たすタンパク質p53に突然変異が見られる。*TP53*遺伝子などの癌抑制遺伝子は、癌を防ぐために早期細胞老化を誘発することができる。[*1]

進化論から予測されるとおり、人生の初期に癌を発症するのを防ぐプロセスは、人生の後半にはリスク要因になりかねない。たとえば組織内の細胞が殺されるばかりで新しいものに置き換わっていかなければ、組織は機能しなくなる。しかも老化細胞は生きて存在しているだけで問題を引き起こす。正常細胞が老化細胞に移行するメカニズムは明確には理解されていない。原因はＤＮＡ損傷応答によって細胞の遺伝プログラムに広範な変更が引き起こされることだ。遺伝プログラムが変更されると、老化細胞は所属する組織が通常どおり機能するのに役立たなくなる。役割を果たせなくなった細胞がなぜ破壊されず、老化細胞となって存在しつづけるのか、みなさんも不思議に思われるのではないか。

老化細胞はたいていい何もせずにひっそりとしているわけではない。炎症を引き起こし、周辺の組織を混乱に陥れるサイトカインなどの分子を分泌する。仕様でそうなっているのだ。というのも老化細胞はたいてい怪我その他の損傷への反応として作られ、炎症を引き起こす分泌物は傷の治癒や組織再生も促し、同時に免疫システムに老化細胞を除去するようシグナルを発する。[*2] しかし免疫システムも体全体と同様に老化するので、老化細胞を除去する能力は衰えていく。ＤＮＡ損傷が蓄積され、テロメアが短くなっていくと、あちこちで何の役にも立たない老化細胞が免疫システムの処理能力を超えるスピードで作られ、慢性的かつ広範囲にわたる炎症が起こる。[*3]

ここまで見てきた老化の原因はすべてそうだが、プロセスの複雑性と相互関連性が高いため、因果関係をはっきりさせるのは難しい。老化細胞とそれが引き起こす炎症の増加は老化の結果に過ぎないのか、それとも老化を推し進める要因なのかというのも難解な問いだ。それに答えようとしたのがミネソタ州のメイヨー・クリニックに所属していたヤン・ファン・ドゥールセンらによる重要な研究だ。ドゥールセンの研究チームは老化細胞を特定するバイオマーカーを使い、そのマーカーの付いた細胞を除去する優れた仕組みを考案した。そして早期に老化するマウス（早老症マウスと呼ばれる）を使い、老化細胞を除去すると脂肪組織、骨格筋、目の加齢関連疾患の発症を遅らせられることを示した。たとえ晩年にさしかかったマウスであっても、老化細胞を除去するとすでに発症していた疾患の進行が遅くなった。この研究は「老化細胞を除去することで加齢に伴う疾患を予防あるいは先延ばしし、健康寿命を延ばすことができる」と結論づけた。同じチームが数年後、体内の老化細胞を死滅させたマウスのほうが、通常どおり老化細胞が蓄積されたマウスより多くの面で健康であることを証明した。前者のほうが腎臓の機能が高く、心臓はストレスに強く、活動的で、癌を回避できた期間も長かった。寿命も20～30％延びた。[*4]

その後の研究によると、若いマウスにほんの少量の老化細胞を移植するだけで持続的な身体の機能障害が引き起こされ、さらには細胞老化が組織全体に広がったという。より年配のマウスにはさらに少ない老化細胞を注入するだけで同じ効果が見られた。老化細胞のみを選択的に死滅させる薬剤を経口投与したところ、若いマウスと年配のマウスの不調は緩和され、死亡率も有意に低下した。[*5]

こうした研究をきっかけに、老化細胞と老化との関連性を調べる実験が一気に増加した。老化細胞を標的として選択的に破壊する「老化細胞除去薬」は、学術研究においても産業としても急速に人気が高まっている。だが、このように問題のある細胞を破壊するというのは対策として一面的だ。体内の組織のほとんどは絶えず再生されており、自然か故意かにかかわらず細胞が破壊されたら補給する必要がある。

人間の体は7年ごとに入れ替わる、と昔から言われる。言葉を換えれば、7年経つと体内の細胞はそっくり入れ替わるという意味だ。ただ、これは厳密には正しくない。[*6]組織はすべて同じ速度で再生するわけではない。血液細胞や皮膚細胞のように瞬く間に再生する細胞もある。切り傷、打撲、ちょっとした火傷などはすぐに新たな皮膚ができて治るし、献血をすれば2~3週間で体は新たな血液を補充する。一方、もっとゆっくり再生する臓器もある。たとえば肝臓細胞の大部分は3年で再生する。心臓組織の入れ替えにはさらに時間がかかり、一生のあいだに置き換わるのは全体の40%ほどだ。心臓発作によるダメージがたいてい一生残るのはこのためだ。また脳のニューロンはまったく再生されない、つまり生まれたときに持っているニューロンだけで一生を送ると長らく考えられてきた。最近になって一部の脳細胞が再生されることが明らかになったものの、そのペースはきわめて遅く、年1・75%だ。やはりニューロンのほとんどは生まれたときから持っているもので補充がきかない。脳卒中のように急激に、あるいはアルツハイマー病のようにゆっくりとニューロンを破壊していく病気の治療が難しいのはこのためだ。

ただ私たちの細胞の大部分は、ある程度定期的に入れ替わる。組織再生に責任を負うキープレーヤーが、すでに見てきた幹細胞だ。究極の幹細胞が、初期胚に存在し、体内のあらゆる組織の細胞に分化していく能力を持った多能性幹細胞であったことを思い出してほしい。他の幹細胞は完全な個体への発達の山道を半分ほど転がり落ちているので、特定の細胞しか再生することができない。レナード・ヘイフリックが1960年代に発見したように、ほとんどの組織の細胞は一定の数までしか分裂できないが、幹細胞は組織再生に必要不可欠であるため、このヘイフリック限界の対象外だ。

組織を維持・再生する幹細胞は、微妙なバランスを保たなければならない。すべての幹細胞が個別組織の成熟細胞まで分化してしまったら、組織の維持・再生という役割を担う幹細胞がなくなってしまう。分化せずに残った幹細胞は、特定の組織細胞に分化したものを補充するため分裂を続けて新たな幹細胞を生み出さなければならない。歳をとると幹細胞は分裂して新たな幹細胞を生み出すことと、組織を再生することのバランスをうまく取れなくなっていく。

幹細胞はむやみやたらと分裂と増殖をしているわけではない。体が組織再生の必要を感知すると発せられる特別なシグナルによってスイッチが入るのだ。このシグナルやそれが幹細胞を活性化する能力は、ゲノムの損傷や年齢とともにDNAに付けられていくエピジェネティクス・マークなどここまで述べてきたさまざまな理由によって年齢とともに衰えていく。筋肉、肌などの組織細胞が年齢とともに衰えていく一因はここにある。

活性化されなくなることに加えて、幹細胞自体もやがてDNA損傷やテロメア喪失に悩まされるようになり、代謝障害を抱えるようになる。やがてDNA損傷応答などの反応を引き起こし、死ぬか老化細胞になる。幹細胞の場合は死に至るケースのほうが多い。というのもDNAに損傷を抱えた幹細胞は癌化するリスクが高すぎて、体内にとどめておくわけにはいかないからだ。その結果、身体全体で徐々に幹細胞の枯渇が進んでいき、組織を再生する能力が失われていく。骨、筋肉、皮膚が再生しなければ、私たちは次第に弱っていく。特に重要なのは、免疫系細胞を含むあらゆる血液細胞に分化していく造血幹細胞の減少だ。これは免疫系の機能低下や免疫不全につながる。[*7] 免疫老化と呼ばれる状態で、炎症、貧血、さまざまな癌などの障害・疾病や感染症への感受性の高まりとの関連が指摘されている。

幹細胞の数が徐々に減っていくことに加えて、残っている幹細胞にも問題が生じる。人生の大半を通じて、細胞はさまざまな突然変異を起こしながら健全な多様性を保っている。多種多様なゲノムが集まった、さながらゲノムのモザイクだ。ただ年齢を重ねると、幹細胞も突然変異を起こし、そのなかには増殖が他より速いものが出てくる。このように急速に増加する幹細胞は必ずしも組織の再生に最適なものではないが、成長力が高いため他の幹細胞より優位になっていく。その結果、高齢期には残った幹細胞がほんの数種類のクローンばかりという状態になってしまう。効率的でないばかりか、さらに困ったことにこれらの変異した幹細胞自体が癌の原因となるリスクがある。

加齢とともに幹細胞が減少し、残ったものが問題を抱えていそうな2~3種類のクローンの子孫ばかりになったら、そこからこのプロセスを反転させることはできるだろうか。エピジェネティクス・マークについて述べた第5章で、いわゆる山中因子をコードするほんのわずかな遺伝子を活性化するだけで体細胞をリプログラミングし、体内のあらゆる組織に分化できる多能性幹細胞に戻すことができると説明した。科学者たちは幹細胞を再生し、老化の影響の一部を反転させる方法を見つけることができるだろうか。

細胞が山中因子を使って完全にリプログラムされて人工多能性幹細胞（iPS細胞）となり、新たな組織を成長させるのに使われた場合、良性あるいは悪性の奇形種などの腫瘍を形成することが多い。それは山中因子は発達の正常なプロセスをそのまま逆行させるわけではないからだ。実をいうと山中因子の働きは完全にはわかっていないが、結果として作られるiPS細胞は、体細胞へと発達していく本来の胚性幹細胞と完全に同じではない。正常の発達過程で奇形種ができることはきわめて稀だ。山中因子を使うことの潜在的リスクを考慮すると、1つ考えられる対策は細胞を山中因子にさらす時間を短くして、多能性幹細胞まで発達段階を完全にさかのぼるのではなく、元々属していた組織に合わせて分化した段階の幹細胞に戻すことだ。この過渡的かつ部分的な逆行であっても、組織を若返らせるのに役立つ。

多くの科学者が培養液中の細胞を使ってこれに取り組んできたが、一時的であっても山中因子を動物の個体全体で活性化すると何が起こるかはわかっていなかった。まさにそれを行ったのが、カリフォルニア州ラホヤのソーク研究所のファアン・カルロス・イズピスア・ベルモンテが率いるグループだ。短時間だけマウスの全身で山中因子を活性化させた。6週間後、マウスたちは肌や筋肉の調子が良く、若返ったように見えた。[*8] 脊椎はよりまっすぐに、心臓血管はより健康になり、ケガをしたときには早く治り、寿命は30％延びた。これらの研究で使われたのは、早老症の特別な系統のマウスだ。ただ最近、ベルモンテのグループのほか、ケンブリッジ大学でマニュエル・セラーノとウルフ・ライクがそれぞれ率いる研究グループが、自然に老化するマウスや人間の細胞を使って同じ実験をしたところ、同じような効果が見られた。マウス（あるいは人間の細胞）はさまざまな基準に照らして若返ったように見えただけでなく、DNAのエピジェネティクス・マーク、血液や細胞のマーカーはすべて若い個体の特徴を示していた。[*9]

かつてサーチュインの研究に没頭していたデビッド・シンクレアも、山中因子を使った細胞のリプログラミングに乗り出した。生まれたばかりのマウスは目から脳へシグナルを伝達する視神経を再生できるが、この能力は成長すると消滅する。シンクレアの研究チームは大人のマウスの視神経を潰し、それから4つの山中因子のうち3つを導入した。4つ目（c-Myc）を省いたのは、癌を誘発する性質があることが分かっているからだ。3つの因子は傷つけられた細胞が死ぬのを防ぎ、その一部が脳にシグナルを伝達する新たな神経細胞を育てるのを促した。同じ研究では、3つの因子を中年のマウスに導入したところ、視力がもっと若いマウスと同じくらい良くなったことがわかった。彼らのDNAのメチル化の状態も、より若い個体に似ていた。[*10] 別の実験では意図的にマウスのDNAを傷つけ、DNA損傷応答を誘発して老化を加速させた。その影響でゲノムのエピジェネティクス・

マークのパターンは老化した個体に特徴的なものとなった。そこへ同じ3つの山中因子を導入すると、こうした影響はすべて逆行させることができた。*11

新たな細胞や組織を再生する可能性を秘めた幹細胞は長年にわたり、バイオテックという巨大産業の土台となってきた。それでも山中因子を動物の個体全体に導入して体内のすべての組織に影響を与えることで、(少なくとも短期的には)特段の悪影響を引き起こすことなく老化を逆行させられるというのは驚くべき発見だった。たとえばシンクレアの実験で使われた3つの山中因子のうち2つは癌と関連があるが、マウスには実験から1年半近く腫瘍はまったくできなかった。これらの研究成果にエイジング・コミュニティは大いに沸いた。なぜなら老化の進行を遅らせるだけの他のアプローチとは異なり、これらの研究は細胞や組織を若い頃の状態に回復させることで老化を逆行させる可能性を示していたからだ。ベルモンテ、セラーノ、ライクら学術機関に籍を置いていた主要な研究者たちが、老化問題に取り組むために設立された民間企業アルトス・ラボに迎え入れられたのも当然だ。アルトス・ラボは第6章に登場したピーター・ウォルターも獲得した。これらのアンチエイジング企業については後で詳しく述べる。

本章を締めくくる前に、血液に目を向けよう。

たいていの人は血液を肝臓、

腎臓、心臓、脳のような臓器とは考えない。だが、本当はそう考えるべきなのかもしれない。血液循環はさまざまな意味で体内で最も重要なシステムの1つとなっている。酸素やグルコースのような必要不可欠な栄養素を他の臓器に供給したり、臓器から出た老廃物を排出したりする。ホルモンへの反応を可能にし、ケガを負った場所を覆って治癒を促す。血液中の免疫細胞は侵入してきた病原体と戦う。血液が老化し、正常に機能しなくなったら(それがクローンか否かにかかわらず)大問題だ。

若い血を飲むことで永遠の命を得るという発想は、はるか昔から存在した。私は10歳のときに初めてドラキュラ映画を観たときの恐怖を忘れられない。だがトランシルバニア地方の言い伝えやゴシック小説はさておき、老いた血を若き血と交換することは可能だろうか。

並体結合とはまさにその試みで、2体の動物の循環系を外科的につなぐ。最初期の研究の1つが、19世紀にフランスの生物学者ポール・ベールが行ったものだが、ベールの関心は老化ではなく組織移植にあった。2匹のラットをつないだだけでなく、驚くことにラットとネコをつなぎ、その状態を数カ月にわたって維持したとされる。*12

種が異なるケースはもちろん、同じ種でも2体の動物のあいだで血液を共有するとさまざまな問題が起こりうる。不適合性が原因で一方あるいは両方の免疫系が輸血された血液に拒絶反応を示すだけでなく（受血者と供血者の血液型を適合させなければならないのはこのためだ）、心理的問題も起こりかねない。ニューヨーク州イサカのコーネル大学のクライブ・マッケイは「2匹のラットを互いに慣れさせておかないと、一方が他方の頭をかじって殺してしまう」と語ったとされる。[*13] 今日では生化学的不適合を防ぐため、実験動物は近親交配して遺伝的に適合させたうえで、並体結合する前に数週間にわたって互いになじませるようになった。

並体結合の初期の研究は、肥満などの代謝障害で血液が果たす役割などを調べていた。しかしマッケイのように早くも1950年代から老化への影響を調べていた科学者もいた。マッケイのグループは歳をとったラットを約1年にわたって若いラットと結合させると、その骨の重量や密度は若いほうと同じような水準になることを発見した。他の研究では、老若ラットの組み合わせをした場合、歳をとったラットの寿命は通常のラットより4～5カ月長くなった。寿命が2年のラットにおいては有意な寿命延長だ。しかしどういうわけか、こうした研究は1970年代には尻すぼみになった。[*14]

2000年代初頭、カリフォルニア州スタンフォード大学のトーマス・ランドの研究室に所属する夫婦研究者、イリーナ・コンボイとマイケル・コンボイが老若マウスのペアリングを開始したことで、この研究領域は再び息を吹き返した。5週間も経たないうちに、若い血液は年老いたマウスの筋肉細胞と肝臓細胞を復活させた。傷は早く治るようになった。若々しい血液によって毛並みまでつやつやになった。同じ基準に照らすと、ペアリングされた若いほうのマウスの健康状態は通常より悪化した。[*15] 年老いたマウスと交換した血液を受け取っていたのだから当然だ。

ランドらは2013年に発表した論文では、老いたマウスの脳細胞の成長も促進する効果が見られたという点には触れなかった。ニューロンはほぼ再生しないと考えられていたからだ。ただスタンフォード大学のランドの同僚の1人であった神経生物学者のトニー・ウィス＝コーレイは初期研究でのこうした結果に関心を持ち、並体結合の脳への影響を調べることにした。そして老いた血は若いマウスの記憶を阻害し、反対に若い血は老いた個体の記憶力を改善することを明らかにした。[*16] 年老いたマウスの脳では新たなニューロンの数が3倍に増えていた。対照的に並体結合のパートナーから古い血を受け取った若いマウスは、ふつうに生きている若いマウスよりも新たに生み出すニューロンの数がはるかに少なかった。

何世紀も前から語り継がれてきた吸血鬼の物語との関連もあり、こうした研究は人々の想像をかき立てた。ランドとウィス＝コーレイのもとにはメディアの記者や一般市民からの電話が殺到した（なかには胡散臭い人や恐ろしげな人もいた）。金持ちの高齢男性（たいていは男性だった）が自らの寿命を延ばすため、若い血を調達しているといった報道もあった。

研究にかかわっていた科学者たちはもっと慎重だった。2013年に学術誌に寄せた記事で、コンボイ夫妻とランドは相当な近交系マウスやラットでも並体結合にともなう疾患の発症リスクは20～30％に達すると指摘した。[*17] しかも並体結合による好ましい影響のすべてが血液によるものであるかは明白ではなかった。老いた個体は若いパートナーの性能の良い肝臓や腎臓の恩恵も享受したはずだ。この主張を検証するため、コンボイ夫妻は2匹の動物を結合せずに血液だけを交換する実験を行った。[*18] その結果、老いた血のマイナス効果は若い血のプラス効果よりも顕著だった。

だが科学者が慎重な見解を示しても、入念なヒト臨床試験が完了するのも待たずにブームに乗ってひと儲けしようとする多くの企業を止めることはできなかった。[*19] アンブロシアという会社は16歳から25歳までのドナーが提供した血漿《けっしょう》を、2リットルあたり8000ドルで売り出した。危機感を抱いたFDAは、こうした治療は有効性が証明されておらず、安全と考えるべきではないという警告を発し、消費者には適切な規制当局の監督を受けた臨床試験以外のこうした治療を受けないように強く訴えた。[*20] それを受けてアンブロシアはサービス提供を停止したが、それも束の間のことだった。関係者はアイビー・プラズマという新会社（これは短命に終わった）の下でまもなく営業を再開し、その後再び元の名前に戻った。

アンブロシアCEOのジェシー・カーマジンはこう語った。「私たちの患者は心から治療を求めている。しかもその治療は今、受けることができる。臨床試験はきわめて高額で、とても長い時間がかかる」[*21]。発見の立役者を含むまじめな科学者のほとんどは、きちんとした臨床試験を経ずにこうした治療を人間に提供するのは時期尚早であり、危険な可能性があると考えている。

世間が盛り上がる一方で、トーマス・ランドの当初の発見をきっかけに老化と関連のありそうな血液中のタンパク因子を特定しようとする大規模な探索が始まった。理論的には、若い血のなかに成長を促し、機能を高める因子があるか、あるいは古い血に状況を悪化させる因子が含まれているはずだ。ウィス＝コーレイの研究チームは、この両方が正しいことを証明した。２０１７年に科学誌『ネイチャー』に発表された論文によると、臍帯《さいたい》血漿に含まれるタンパク質が、脳のなかでエピソード記憶と空間記憶の形成に重要な役割を果たす海馬の機能を活性化していた。一方、古い血については海馬の活動を抑制するタンパク質を特定した[*22]。このタンパク質を阻害したところ、悪影響の一部が緩和された。

言うまでもなく並体結合の実験で、若い血は老マウスの脳だけでなく多くの臓器の機能を改善した。スタンフォード大学のランドの当初の研究チームのメンバーで、その後ハーバード大学に移ったエイミー・ウェイジャーズは、血液中に何百、何千とあるタンパク因子をスクリーニングして、古い血あるいは若い血により多くみられるものを特定していった。GDF-11と呼ばれる因子は若いマウスには豊富な一方、老いたマウスには少なく、また心臓組織を若返らせることができた。しかもGDF-11が作用したのは心臓組織だけではなかった。ウェイジャーズらは、GDF-11は老いた筋肉の幹細胞を回復させて強靭にすることで、筋肉組織の加齢に伴う機能低下を逆行させることを証明した。ハーバード大学の同僚リー・ルービンと行った2つめの研究では、GDF-11が血管と脳の嗅覚ニューロンの成長を促進することを示した。[*23]

加齢とともに幹細胞の数は減少し、機能は低下する。また血液中の因子のなかには幹細胞を再活性化することで機能するものがあるのは明らかだ。しかし老いた血が若いマウスの健康状態を悪化させるのはなぜなのか。コンボイ夫妻と、同じく有力な老化研究者であるジュディス・キャンピシによる最近の研究では、若いマウスに老いた血を注入すると、血液中の老化細胞が急速に増加することが明らかになった。これは細胞老化が単なる環境によるストレスや損傷への応答でもなければ、長い時間をかけて進展するものでもないことを意味している。急速に誘発することもできるのだ。老化細胞を除去したところ、老いた血が多くの組織に及ぼした悪影響の一部を逆行させることができた。[*24]

血液から有益な効果を得るのに、必ずしも若い個体の血が必要なわけではない。第8章、

第9章で運動はインスリン感受性やミトコンドリアの状態など、代謝のさまざまな側面に確かな恩恵をもたらすことを見てきた。同じように運動プログラムを受けさせた成体マウスの血液は、認知機能を改善させたり、神経細胞を再生したりする効果があることが明らかになった。[*25]ランドとウィス＝コーレイは運動したマウスの血液が筋幹細胞を若返らせることも示した。[*26]異なる組織でどのｍＲＮＡが作製されるかをもとに若返りの効果を測定するという新手法を使い、若い血と運動した血では働きが違うことを明らかにしたのだ。若い個体との並体結合は炎症を引き起こす遺伝子の活動を抑えるのに対し、運動は加齢とともに低下する遺伝子の活動を増やした。またどちらも脳組織の成長を促進したが、刺激した細胞の種類は違っていた。[*27]

血液中の老化因子を特定し、それらがどのように作用するかを解明することは、いまや主要な研究分野となった。科学者たちはいつか本当にアンチエイジング効果のある少数の因子を調合した薬を処方できるようになるのではないかと期待している。こうした期待は基礎研究を活性化するだけでなく、先駆的研究者たちが設立したものも含めて多くのバイオテック企業の誕生につながった。具体的にどの血液因子を組み合わせると最も効果的なのか、科学的解明が進むなか、しびれを切らす大富豪もいる。彼らは今もドラキュラさながらに若き血に惹きつけられている。決済代行システム、ブレインツリーの創業者として知られるテック業界の大物経営者で、中年にさしかかったブライアン・ジョンソンは、毎年200万ドルを自らのアンチエイジング計画に投じている。2ダースものサプリを飲み、食生活は厳格なヴィーガン（完全菜食主義）を貫き、テクノロジーオタクらしく3万3000枚を超える自らの腸の画像を含む膨大なデータを集めている。ジョンソンは「健康およびウェルネスのための総合クリニック兼スパ」を標榜するテキサス州のリサージェンス・ウェルネスに足を運んだ。[*28] 17歳の息子タルミッジから輸血を受け、さらに自らの血を自分の父親に輸血するという複数世代間の血液交換をするためだ。「家族総出」という言葉に新しい意味を加える行為である。自身がまったく効果を実感しなかったため息子からの輸血はやめたが、今でも「生物学的高齢者や何らかの疾患を抱える人には若い血漿は有益だ」と考えている。

ここまで、さまざまなレベルでの老化について幅広く見てきた。遺伝子のレベルや遺伝子がコードするタンパク質のレベル、さらにはタンパク質が細胞にどんな影響を及ぼすのか、それは細胞が動物の一部として機能する能力にどう影響するのかまで。これらのレベルはすべて互いにつながっていて、タンパク質や細胞の状態はどの遺伝子がどのように発現するかに影響を与え、その遺伝子が今度はタンパク質や細胞に影響を与える。その性質上、老化のさまざまな原因は生物学全体にかかわっており、新たな研究領域が出現するたびに老化との新たな、ときには意外な関連が浮かび上がる。このように私たちがなぜ老い、なぜ死ぬのかという物語は未完であり、本書では最も関心の集まる、あるいは最も有望なプロセスに集中してきた。

老化と死を克服する試みは何世紀も続いてきたが、そこに至るプロセスが生物学的に詳しく解明されたのはほんのここ半世紀のことだ。この知識をもとに学術機関と営利企業の双方で、アンチエイジングへの挑戦が急拡大している。ここからは科学界の主流派による健全な研究から突拍子もないイカれたアイデアまで、そうした挑戦を見ていこう。

CHAPTER 11

ペテン師か、預言者か

昨年のクリスマス休暇に息子一家がアメリカから遊びに来ていたとき、ちょうど大英博物館でロゼッタ・ストーンとそれがどのようにエジプトの象形文字解読につながったかに関する特別展示が開かれていた。そこで私たちはロンドンに向かった。小雨の降る寒い日だったので、博物館はうんざりするほど混んでいた。大混雑の特別展示を見た後は、自然と他のエジプト関連の展示物を見たくなった。そこには圧倒的なミイラのコレクションもあった。ケースに入ったミイラが並んでいる長い廊下を歩くと、ワクワクすると同時に厳粛な気持ちになった。ワクワクしたのはこれらのミイラが数千年も保存された末に、こうして今私たちの目の前にあるという事実のためだ。厳粛な気持ちになったのは、その1つひとつがかつては生きた人間だったからだ。

保存状態はまちまちだが、ミイラとなった遺体は厳重に包まれ、棺《ひつぎ》に入れられていた。これもまた人々がどれほど熱心に死を否定しようとしたかの表れだ。古代エジプト人がファラオをミイラにしたのは、死後の世界を旅するなかでいずれ身体的に復活できるようにという思いからだった。ファラオの時代から数千年が過ぎ、近代生物学の誕生からも100年以上が経った今、私たちはおよそこんな迷信的行為はしない。だが、その現代版といえるものがある。

生物学者はかねてから標本を冷凍保存し、後で必要なときに使えるようにしたいと考えていた。それほど簡単な話ではない。というのも、すべての生き物の体はほぼ水でできているからだ。この水が氷になって膨張すると、細胞や組織を破裂させるという困った性質がある。新鮮なイチゴを凍らせてから解凍すると、ぐちゃっとしたおよそ食べる気にならない代物になるのはこのためだ。

生物学の一分野である凍結保存は、試料をどのように冷凍すれば解凍後も使える状態になるかを研究する学問だ。[*1] そこからは幹細胞などの重要な試料を液体窒素のなかで保管するなど、有益な技術が開発されてきた。いつか体外受精に使うために、精子ドナーの精液やヒト胚を安全に冷凍する方法も開発された。特定の系統を保存するために動物の胚はしょっちゅう凍結されるし、生物学者のお気に入りの線虫は幼虫の段階で凍らせて復活させることができる。多くの細胞や組織で凍結保存はうまくいく。たいていは水を氷に変化させずに超低温まで冷却することを可能にするグリセロールなどの添加剤を使う。実質的に試料に不凍液を加えるようなものだ。こうすると水は氷ではなくガラスのような状態になるので、このプロセスは冷凍というよりガラス化と呼ぶほうが適切だが、科学者でさえ平気で「凍らせる」とか「冷凍標本」といった表現を使う。

こうして登場したのが「人体冷凍保存（クライオニクス）」だ。人体を死亡直後にまるごと冷凍し、将来その死因の治療法が見つかったときに解凍するという発想だ。アイデア自体は昔から存在していたが、支持が広がったきっかけはミシガン州の大学で物理学と数学を教える傍ら、SF小説も執筆していたロバート・エッチンガーの活動だ。[*2] エッチンガーは未来の科学者たちが、冷凍保存された人体を復活させ、生前に苦しんでいた疾病を治療するだけでなく、若返らせるというビジョンを描いていた。そして1976年にデトロイト近郊にクライオニクス研究所を設立し、2万8000ドルを支払って死後に遺体を液体窒素を入れた大型容器に入れて保存するという契約を、100人以上から獲得した。最初に凍結された人の1人が、1977年に亡くなったエッチンガーの母リアだ。エッチンガーの2人の妻も同じ場所で保存されている（何年も何十年も、前妻あるいは後妻や姑の隣で保存されて、彼女たちは不満がないのだろうか）。家族一緒という伝統に従い、エッチンガー自身も2011年に

92歳で亡くなるとその仲間入りをした。

今ではこのような人体冷凍保存施設がいくつもある。もう1つの人気施設がアリゾナ州スコッツデールに本拠を置くアルコー延命財団で、人体をまるごと保存する料金は約20万ドルだ。これらの施設はどういう仕組みになっているのか。まず契約者が亡くなると、即座に血液を抜き、代わりに不凍液を注入し、それから遺体を液体窒素に入れて保存する。理論的には無期限に。

さらにトランスヒューマニストと呼ばれる、肉体の超越を目指す人々もいる。肉体の超越を目指すとはいえ、知性や意識を何らかの形で永遠に保存する方法を見つける前に、現生人類が滅亡することを彼らは望んでいるわけではない。全宇宙で知性や理性を持っているのは人類だけだというのが、彼らの考えだからだ（少なくとも、地球外知性体の存在証明はないと考えている）。彼らにとって人類の意識と知性を保存し、全宇宙に拡散することには宇宙的重要性がある。そもそも宇宙を理解する知性がなければ、宇宙が存在する意味などどこにあるのか、というわけだ。

トランスヒューマニストは脳だけを冷凍保存できればいいと考えている。そのほうが場所も取らず、コストも低くなる。しかも死の直後に脳に直接、魔法の不凍液を注入するほうが時間を短縮でき、保存に成功する確率が高まる。脳は記憶、意識、理性が存在する場所であり、それが彼らの関心のすべてだ。未来のある段階で技術が成熟したら、脳の情報をコンピュータかそれに類する物体にダウンロードするだけでいい。その物体は保存された個人の意識と記憶を保持し、「人生」を再開するだろう。食べ物、水、酸素、一定の範囲内の気温など、人間的ニーズにわずらわされることもない。身体を超越し、宇宙のどこへでも移動できるようになる可能性がある。トランスヒューマニストが一般的に宇宙旅行に熱心なのは意外ではない。それを地球が破壊されたときに逃れる唯一の道だと考えているのだ。そうした主張をする1人が、年によっては世界一の資産家とされるイーロン・マスク[*3]で、「火星で死にたい、ただし墜落の衝撃以外の理由で」[*4]という願望を表明している。恐らく火星に到達したらまっさきに取りかかる目標の1つは人体冷凍保存施設の建設だろう。

残念ながら、人体の冷凍保存がいつか成功するという信頼性に足る証拠は微塵《みじん》もない。潜在的問題は山ほどある。たとえ「顧客」があらかじめ施設の隣に引っ越していても、技術者が遺体に不凍液を注入するまでに死から数分、あるいは数時間経過する可能性がある。その間に死亡した人の体内の1つひとつの細胞では酸素と栄養素の欠乏によって劇的な生化学的変化が起こる。このため冷凍保存された人体の状態は、生きている人間のそれとは異なる。

問題ない、と人体冷凍保存の支持者は言うだろう。脳の物理的構造さえ維持できればばいい。数十億個の脳細胞すべてのつながりがわかるように保存されてさえいれば、脳全体を再構築することが可能だ、と。脳内のすべてのニューロンをマッピングするのは、コネクトミクスと呼ばれる新たな科学領域だ。大幅な進歩を遂げてきたとはいえ、研究者らはまだハエなど小さな生物を使った実験に手を焼いているレベルだ。しかもコネクトミクスが進歩するまでの間、死者の脳を適切に保存するノウハウもまだ確立されていない。長年研究の末にマウスの脳を保存することが可能になったのはつい最近のことで、そのためにはマウスの心臓がまだ動いているうちに防腐液を注入する必要がある（このプロセスによってマウスは死亡する）。既存の人体冷凍保存会社のなかで、自社の人間の脳を保存する方法を使えば、未来の科学者は確実にニューロンの完全な相関図を入手できるというエビデンスを示したところは1つもない。

そのような相関図を作ることができたとしても、脳をシミュレートするのにおよそ十分とはいえない。個々のニューロンはコンピュータ回路にたとえれば1個のトランジスタに過ぎないという認識は、単純すぎて話にならない。私は本書を通じて、細胞がいかに複雑な存在であるかを説いてきたつもりだ。脳の1つひとつの細胞のなかでは、常に変化しつづけるプログラムが実行されている。そこには何千個もの遺伝子やタンパク質がかかわり、他の細胞との関係も常に変化している。脳のニューロンのつながりをマッピングできれば、脳の学問的理解は大きく進展するものの、それすらも1つの静止画に過ぎない。それをもとに冷凍した脳の実際の状態を復元することはできないし、脳がそこからどのように「思考」を始めるかなどおよそ予測できない。それは詳細な道路地図から1つの国やそこで暮らす人々の全体状況を読み解き、さらには未来の発展まで予測しようとするのに等しい。[*5]

私はMRC分子生物学研究所の同僚で、ハエの脳のコネクトミクスの代表的研究者であるアルバート・カルドナの話を聞いた。技術的難しさに加えて、脳の構造とその性質は体の他の部分との関係に左右される、とアルバートは強調した。人間の脳はそれ以外の体全体とともに進化し、体から常に知覚的刺激を受け、反応している。また脳は静的なものではなく、日々新たなつながりが追加され、睡眠中には余計なものが除去される。ニューロンの成長と死には日ごとの、そして季節ごとのリズムがあるが、こうした脳の持続的なリモデリングはほとんど解明されていない。

そのうえ体から切り離されれば、脳はまったく別のものになるだろう。脳はニューロン同士のつながりを通って伝達される電気インパルスのみで動いているわけではない。脳内から、そして体全体から発せられる化学物質にも反応している。脳の動きはさまざまな臓器で生成されるホルモンに左右されるところが大きく、そこには空腹のような基本的欲求だけでなく、本質的欲求も含まれる。美味しい食事、山登り、運動、セックスなど、脳が得る快楽はほとんどが肉体的なものだ。しかも歳をとって死ぬまで待つとなると、保存することになるのは使い古しのおんぼろな脳であって、25歳の若者のような整備の行き届いた高性能マシンではない。そんな脳を保存する意味があるのだろうか。[*6]

トランスヒューマニストはこうした問題は今後人類が手に入れる知識によって解決できると主張する。だが彼らの主張は、脳は突き詰めればコンピュータに過ぎず、私たちが日常的に使うシリコンをベースにしたものとは違ってより複雑なだけだという前提にもとづいている。もちろん脳は情報処理をする臓器だが、ある時点の脳の状態を再構築しようと思えば、ニューロン同士の結びつきだけでなくニューロンの生物学的状態が重要になる。いずれにせよ体全体あるいは脳を冷凍し、その後生きた状態に復活させる計画に多少なりとも実現性があるというエビデンスは一切ない。たとえ私が人体冷凍保存に魅力を感じたとしても、運営会社の持続性、そして会社が属する社会や国家の持続性に不安を感じるだろう。アメリカだって建国から まだ２５０年ほどしか経っていない。

こうした状況にもかかわらず、多くの人が人体冷凍保存という概念を受け入れている。イギリスでは癌で死期の迫った14歳の少女が、自分の体を冷凍保存してほしいと望んだ。それには両親の同意が必要だったが、両親は離婚しており、同じく癌患者だったが彼女の人生にほぼかかわってこなかった父親が反対した。少女は裁判を起こし、判事は少女には遺志を尊重される権利があるものの、その内容は死後まで公表してはならないという判断を下した。[*7] この件を巡ってはイギリスの著名な科学者たちが抗議の声をあげ、弱者に人体冷凍保存を売り込むことに規制を求めた。[*8]

それとほぼ鏡写しのようなケースもあった。[*9] 有名な野球選手テッド・ウィリアムズは死後に火葬を希望していた。ただウィリアムズが2002年に83歳で亡くなると、3人の子供のうち2人が遺体を凍結すべきだと主張し、遺族間で激しい争いが起きた。最終的に妥協案として、ウィリアムズの頭部のみを冷凍保存することになった。

報道によると、自らを冷凍保存する意向を示している著名人には、ペイパル共同創業者のピーター・ティール、2045年にコンピュータが全人類を足し合わせた以上の知能を持つシンギュラリティが到来すると予想したことで有名になったコンピュータ科学者のレイ・カーツワイル、そのようなコンピュータによる超知性の出現は人類にとって存亡の危機を招くと懸念を示した哲学者のニック・ボストロム、そしてコンピュータ科学者で老年学者のオーブリー・デ・グレイなどがいる。[*10] デ・グレイについては後で詳しく述べる。

脳は死後、急速に劣化するので、人体冷凍保存施設の多くは顧客に死期が迫ったら施設近隣に移ることを推奨している。だがそれでも間に合わないかもしれない。マウスの脳の神経細胞の結合を冷凍保存するだけでも、唯一成功したのはマウスがまだ生きている間に防腐液を注入するという、結局マウスを殺してしまう方法であったことを思い出してほしい。

２０１８年にサンフランシスコのネクトームという会社が、人間を相手にまさにそれをしようとしていると報じられた。[*11] 防腐液と不凍液の混合物を首の頸動脈から注入するのだ。顧客はその過程で死んでしまう。全身麻酔下で行われるというが、不凍液が脳の状態にどう影響するかは定かではない。同社の共同創業者は、これはカリフォルニア州の「終末期の選択法」の下で完全に合法な自殺幇助《ほうじょ》であると主張した。安楽死は確実だが成果は不確実というサービスに需要はなさそうに思えるが、記事にはすでに25人が顧客として契約を結んでおり、その1人はＣｈａｔＧＰＴ（チャットＧＰＴ）を世に送り出したオープンＡＩの共同創設者で、当時38歳のサム・アルトマンであると書かれていた。報道を受けてネクトーム創業者のロバート・マッキンタイヤは、25人は研究の初期支援者であり、コンピュータ上で魂が永遠に生き続けることなど何の約束やオファーもしていないと反論した。[*12]

人体冷凍保存より多少はマシなオーブリー・デ・グレイの話をしよう。

60センチメートルはあろうかという長い顎鬚《あごひげ》をたくわえ、そんな風貌にふさわしい救世主的な情熱を持ち合わせたデ・グレイは典型的なイギリス上流階級の変人で、カルトのような大勢の信奉者がいる。キャリアの振り出しはコンピュータ科学者で[*13]、職業数学者ではなかったが60年にわたって謎とされてきた難題を解決するのに大きな貢献をした。あるときケンブリッジ大学で開かれたパーティで、ハエを研究するアメリカ人遺伝学者アデレード・カーペンターと出会い、のちに2人は結婚した。それをきっかけにデ・グレイは生物学、とりわけ老化に関するミトコンドリアのフリーラジカル説に興味を持った。そして老化は解決可能な問題と信じるようになった。人類で初めて1000歳まで生きる人はすでに生まれている、と言い切る[*14]。デ・グレイの思想の中核を成すのが、人間が歳をとるよりも速いスピードで寿命を延ばせれば、つまり平均寿命が年1歳を上回るペースで延びれば、死を完全に逃れられるはずだというものだ。それを「寿命脱出速度」と呼んでいる。

デ・グレイには寿命脱出速度に到達するための計画がある。生物学界の常識に反して、7つの重要な問題を解決すれば老化を克服することができるというのだ[*15]。(1)時間の経過とともに失われた、あるいは損傷を受けた細胞を補充する、(2)老化細胞を除去する、(3)細胞まわりの構造物が加齢とともに硬化するのを防ぐ、(4)遺伝子操作などによってミトコンドリアの突然変異を防ぐ。ミトコンドリアには自らのゲノムを使ってタンパク質を一切作らせず、すべて細胞内から輸入させる、(5)加齢とともに硬化する細胞の構造支柱の弾力性と柔軟性を回復させる、(6)癌にかからないようにテロメアを伸ばすメカニズムを排除する、（7）細胞や組織が衰えないように、幹細胞を再設計する方法を見つける。デ・グレイはこの問題解決計画を「ＳＥＮＳ」（Strategies for Engineered Negligible Senescence：人工的に無視できる程度の老化を実現する戦略）と命名した。

デ・グレイはそれなりにしっかりと生物学を学び、加齢とともに生じる問題の多くを正確に指摘した。しかし物理学者やコンピュータ科学者のご多分に漏れず、生物学に対して傲慢であったので、こうした問題の解決についてきわめて楽観的に考えていた。デ・グレイの主張に対し、本書に登場した人々を含む28人の有力な老年学者が辛辣な反論を書いた。[16] デ・グレイの考えの多くは系統立てて説明されていないし、正当化もされておらず、研究はおろか議論の出発点にすらならない。デ・グレイの主張する戦略のなかに、寿命を延ばすことが証明されたものは1つもない、と。28人の中にはスティーヴン・オースタッド、ジェイ・オルシャンスキーが含まれていた。他の主流派の研究者たちもＳＥＮＳをエセ科学と切り捨てた。[17] その1人であったミシガン大学のリチャード・ミラーはＳＥＮＳのパロディを書き、デ・グレイへの風刺的な公開書簡として学術誌『ＭＩＴテクノロジー・レビュー』で発表した。[18]「老化問題は解決できたようだし、そろそろ空飛ぶブタを生み出すことに挑んだらどうだろう」とミラーは書いた。今ブタが空を飛べない理由は7つしかないし、どれも簡単に解決できるものばかりだ、と。それに対してデ・グレイはかつて「空気より重い空飛ぶ機械など実現不可能だ」と嘲笑った、有名な物理学者で王立協会会長も務めたケルビン卿を引き合いに出し、老年学者はみな近視眼的だと反発した。

イギリスでは学術界から支援を得られず、資金も集まらなかったことに不満を持ったデ・グレイは2009年にアメリカに移った。そして個人から寄付を集め、金まわりのよいカリフォルニア州マウンテンビューにSENS財団を設立した。当初は一部の有名な老年学者からの支援もあった。デ・グレイが他の女性たちと関係を持ちはじめたのはこの頃だ。そのうち1人は45歳、もう1人は24歳だった。当時65歳だったアデレード・カーペンター・デ・グレイはそんなライフスタイルを共にするためにカリフォルニアに移るのに難色を示し、最終的に2人は離婚した。デ・グレイは老化という問題が解決されれば「実年齢の違いは今よりはるかに小さくなるだろう」[*19]と語り、さらに超長寿が当たり前になれば永続的な一夫一婦制は見直される可能性が高いとも主張した。2021年には再びその名がニュースに登場したが、今度は2人の若い女性からセクハラで訴えられたためだった。そのうち1人はデ・グレイと出会ったとき、まだ17歳だった。本人は疑惑を否定したが[*20]、自ら設立した財団からは停職処分を受けた。だがその後、自らの行為に対する調査を妨害した疑惑が持ちあがり、SENS財団はデ・グレイを解雇した。その後の社内報告書はデ・グレイは性犯罪者ではないとしたものの、判断を誤ったケースや守るべき一線を越える行動があったと批判した。[*21] 一方、めげないデ・グレイは新たにLEV財団を設立した。[*22] 「Longevity Escape Velocity（寿命脱出速度）」の頭文字を取ったものだ。長寿研究の世界におけるデ・グレイの長寿ぶり、そして金持ちの支援者から資金を獲得しつづける能力は見事としか言いようがない。

アンチエイジング業界の主流派の中にも極端な楽観論者はいる。その1人がデビッド・シンクレアだ。業界に巣くうペテン師連中とは違い、シンクレアはハーバード大学教授であり、トップレベルの学術誌に老化に関する有名な論文を多数発表している。細胞のリプログラミングに関する最近の2本の論文はかなりの論争を呼んだ。ただ同時にシンクレアはかなりの目立ちたがり屋で、極端な主張をすることで知られる。たとえば病院で10歳若くなるような薬を処方してもらうのが当たり前になるとか、[*23] 私たちが200歳まで生きられないと考える理由はない、といった予測をしている。このような発言にアンチは唖然とし、科学者としてのシンクレアの能力を買っている他の科学者たちでさえ困惑する。[*24] レスベラトロールとシンクレアが設立したサートリス社の命運については第8章で述べたが、そうした顚末は彼が新たに複数の新会社を設立する資金を調達するうえで何の悪影響も及ぼさなかったようだ。デ・グレイに匹敵する熱狂的ファンの数にも。最近刊行された一般読者向けの新著はこれまでの主張を一段と強めたもので、シンクレアがどれほど批判されようともまったく動じないのは明らかだ。同書についてはチャールズ・ブレナーが手厳しい書評を書いたが、おそらくたいして気にしてないだろう。[*25]

レスベラトロールの効用にアンチエイジング業界の主流派から疑問符が付けられて久しいが、シンクレアはいまだにそれを信じている。リンクトインに載せたエッセイ[*26]では、医学的アドバイスをするつもりはないと遠慮がちに書いたうえで、自分はレスベラトロール、メトホルミン、ＮＭＮ（ＮＡＤ前駆体）を毎日服用していると述べている。これらの化合物についてはすでに本書で触れた。いずれについても人間の寿命を延ばすというエビデンスはない。この用途について厳格な臨床試験が実施されたことはなく、それゆえにＦＤＡに認可されていない。しかもメトホルミンが健康な大人に有益であるというエビデンスは明確なものではない。すでに見たようにメトホルミンの使用との関連が指摘される問題もある。ハーバード大学教授がソーシャルメディアでこのような発言をするのは実質的にその使用を推奨するのに等しく、私は倫理的に問題があり、危険性もはらんでいると考える。

シンクレアはさらにリンクトインのエッセイで、自分はアスリートでもないのに心拍数が57で、肺機能は数十歳若い人のレベルだと自慢している。おかしなことに、私は71歳で同じくアスリートではなく、しかもシンクレアの言う栄養価の高いサプリを飲んでもいないが、安静時の心拍数は成人してからほぼずっと50台前半だ。シンクレアも科学者であるならば、少なくともサプリを飲んでいない近親者と自分を比較したり、ライフスタイル全体を変えずにサプリの服用をやめたらどうなるか調べたりすべきだろう。

20〜30年前からありとあらゆるいかがわしい民間企業が、健康や寿命を増進するとされるさまざまなクスリや方法を売りはじめた。自社製品を売りさばくために、実在する研究成果と自社製品のこのうえなく根拠薄弱な関連性をアピールする。[*27] 高名な科学者たちも自ら会社（多くの場合、複数社）を立ち上げ、なかには老化の問題はまもなく解決するという印象を与えるところもあった。リターンが得られるのは数十年後というような会社に投資家は資金を出さないだろうから。こうした状況から、若さの泉はまもなく発見されるという雰囲気が醸成された。

早くも2002年の段階で、51人の有力な老年学者がアンチエイジングブームに危機感を募らせ、何が既知の事実であり、何が絵空事やSFの類であるかについて意見書をまとめて発表している。[*28] 彼らがとりわけ心を砕いたのは、まじめな老化研究と健康や寿命の増進に関する疑わしい主張を明確に区別することだ。主な主張をいくつか挙げよう。

- 老化に関連する死因をすべて克服したとしても、平均寿命が15年以上延びることはない。

- 人間が永遠に生き続けることは、今も昔と変わらず見込み薄である。
- 抗酸化物質は一部の人には健康改善効果があるかもしれないが、人間のアンチエイジングに効果があるというエビデンスは1つもない。
- テロメアの短縮化は細胞の寿命を制限する一因の可能性があるが、長寿の種のテロメアは短命の種よりも短いことが多い。またテロメア短縮化が人間の寿命の決定要因であるというエビデンスは一切ない。
- アンチエイジング薬と銘打って販売されているホルモン補充剤は、医薬品として承認された用途で処方された場合を除き、誰も使用すべきではない。
- カロリー制限は多くの種で寿命を延ばすことから、人間の寿命も延ばす可能性がある。しかしほとんどの人は人生の長さより質を重視するため、カロリー制限の効果を証明するために人間を対象に行われた調査はない。ただしカロリー制限の効果をまねた医薬品は、さらに研究する価値がある。

- 人間を若返らせることはできない。なぜなら老化を回避するためには体内のすべての細胞、組織、臓器を入れ替えるという不可能な処置が必要だからだ。
- クローン技術や幹細胞の進歩によって組織や臓器の交換は可能になるかもしれないが、脳の交換やリプログラミングは科学的事実というよりＳＦ小説のテーマである。

このように多くの懸念が示されたにもかかわらず、老年学者たちは遺伝子工学、幹細胞、老年病医学、そして老化ペースを鈍化させて加齢に関する疾患の発症を遅らせるための研究を熱心に支援した。

興味深いことに、オーブリー・デ・グレイは大勢の老年学者に混じってこの意見書に署名している。一方、署名しなかった大物学者として特筆すべきは、ともにサーチュインで注目を浴びたレオナルド・ガレンテとデビッド・シンクレア、そして線虫の*daf-2*変異体を発見したシンシア・ケニヨンである。3人とも当時さまざまな寿命延長会社にかかわっており、重要なブレークスルーが起こるというきわめて楽観的見通しを公にしていた。

いずれにせよアンチエイジング産業の爆発的成長の勢いが衰えることはなかった。今日では老化と寿命に特化した700以上のバイオテック企業が存在し、時価総額の合計は少なくとも300億ドルに達する。すでに社歴が20年近くなるのに、まだ1つの製品も世に送り出していない会社もある。栄養補助食品の販売で売り上げを得ている会社もある。このジャンルの食品はFDAの承認を得る必要がなく、安全性や有効性を評価するための無作為化臨床試験も一切行われていない。こうした企業の多くでは、アドバイザリーボードに著名な科学者が綺羅星のごとく名を連ねている。自らも老人であるという以外に老化についてなんの専門性もないノーベル賞受賞者も含まれている。一般の人々から見れば、こうした著名な科学者の存在は事業への信頼性を与える。これほどの巨大産業が具体的成果をほとんど示さず、それでいてこれほど長きにわたって繁栄を続けてこられたのはどういうわけか。

老化研究は死に対する私たちの原始的恐怖につけ込んでいる。 死を遅らせる、あるいは追い払うことができるなら、なんにでもすがろうとする人は多い。とりわけカリフォルニアのテック長者はそうだ。[*29] 彼らの多くはソフトウエア産業で財を成し、自らも高速金融取引を実行したり多種多様な情報を交換したりするプログラムを書けることから、老化も生命のコードをハッキングさえすれば簡単に解決できるエンジニアリングの問題の1つだと考える。ソフトウエア産業の成功のスピードによって、彼らはせっかちになった。2～3年、ときには2～3カ月で大きなブレークスルーが起きることに慣れっこになり、老化の複雑性を見くびっている。「すばやく動き、破壊する」ことを望んでいる。そうした姿勢がソーシャルメディアに持ち込まれた結果、社会の一体感や政治に20年前には想像もできなかったような影響が生じたことは周知の事実だ。目下、同じ人々がＡＩを拙速に世に解き放ったり、その危険性を世に訴えたりしている。同じやり方が老化や寿命のような深遠な問題に向けられることを想像すると身の毛がよだつ。

アンチエイジングに熱心なテック長者のほとんどが、非常に若くして大金を手にし、人生を謳歌し、このまま永遠にパーティが終わらないでほしいと願っている中年男性（若い女性と結婚していることもある）だ。若い頃は金持ちになりたくて、金持ちになった今は若くなりたがっている。[*30] だが若さだけはさっさとお金を払って買うことができないので、イーロン・マスク、ピーター・ティール、ラリー・ペイジ、セルゲイ・ブリン、ユーリ・ミルナー、ジェフ・ベゾス、マーク・ザッカーバーグなどセレブなテック長者の多くが軒並みアンチエイジング研究に関心を示しているのも意外ではない。そして多くのプレーヤーに資金を出しているのは彼らだ。特筆すべき例外が、人類全体の平均寿命を延ばす最善の方法は、世界の深刻な医療格差を解決することだという現実的認識を持っているビル・ゲイツだ。

最近、数十億ドルの軍資金があることを発表して大きな話題を呼んだのがアルトス・ラボだ。創業者はリチャード・クラウスナーとハンス・ビショップ、2人をたきつけて資金を出したのはユーリ・ミルナーのほかジェフ・ベゾスなど、その多くがカリフォルニア州在住の裕福な慈善事業家だ。ロシア出身のソフトウエア・ビリオネアのミルナーは、かねてから科学に関心があった。科学分野の国際的な賞として最も栄誉ある（そして間違いなく最も賞金の高い）ブレークスルー賞を創立している。このほど作成した『エウレカ・マニフェスト　私たちの文明のミッション』と題する小冊子[*31]では、老化について自らの考えを説明している。その考えはトランスヒューマニストと似ている部分もある。人間の理性の進化と蓄積してきた知識は貴重であり、失われてはならない。地球だけを唯一のホームとするのはリスクが高すぎるので、宇宙の他の地域への移住を進める必要がある、と書いてある。ミルナーの小論を読んで、彼がなぜ老化に立ち向かおうとしているかがすぐにわかった。宇宙は広大で、新たな人類のホームまで数百年どころか数千年もかかるのであれば、その旅を生き延びられるようにしておきたい。ミルナーの見解に特段不合理な点はないが、そこに垣間見える壮大さ、そして傲慢さと紙一重の楽観主義は、この手のテック長者の顕著な特徴といえる。いずれにせよアルトス・ラボは2022年に鳴り物入りで誕生した。そして莫大な研究資金と報酬をオファーし、アンチエイジング研究のトップスターを瞬く間に何人も学術機関から引き抜いていった。現在は（当然のごとく）カリフォルニア州の北部と南部、そして私自身の研究室にほど近いイギリスのケンブリッジに拠点を構える。

アルトス・ラボの動向が最初にメディアに漏れたとき、「死に勝利しようとしている会社」と喧伝された。[*32] チーフサイエンティストで共同研究所長であるクラウスナーはそれを否定し、ラボの目的は健康寿命を延ばすことだと語った。[*33] ケンブリッジ拠点を開設する際には「私たちの目的は、誰もがかなり長生きした後に若いまま死ねるようにすることだ」[*34]と語った。さらにクラウスナーらは、アルトス・ラボは大きな問題に挑むために協業的研究を徹底する、それは個別の研究助成金を受け取っている学術機関には不可能だと指摘した。ラボは〝老年学版ベル研究所〟を目指しているのだと私に語った人もいる。ベル研究所はかつてニュージャージー州に存在した有名な民間の営利目的の研究所で、少数の研究者が協業的に仕事をし、トランジスタ、情報理論、レーザーなど画期的発明を生み出した。

老化問題を最大スピードで解決することに興味があるというテック長者に、多くの科学者が喜んで協力した。今では傑出した科学者の多くが自ら創業した会社を通じて、あるいは従業員かコンサルタントとして、アンチエイジング産業に金銭的利害を持つようになった。それ自体は必ずしも悪いことではないが、そうした人たちが自らの研究成果や関係会社の可能性をひたすら売り込んでいる姿を見るにつけ、彼らは自分の言っていることを本気で信じているのだろうかと私は首を傾げたくなる。今後待ち受ける複雑さ、難しさを理解していないのだろうか。それとも「何かを理解しないことで報酬を得ている者に、それを理解させるのは難しい」というアプトン・シンクレアの言葉を地で行くのか。

本書に登場する存命中の科学者のなかでも指折りの存在が、TORを発見したチームを率いていたマイケル・ホールだ。ホールは老化研究について私にこう語った。「15年ほど前、TORと老化について四六時中考えていた時期があったが、老化関連の会議に出席して嫌気が差した。軽薄な科学と変人たちが時の翁みたいな顔をして幅を利かせていて、しっちゃかめっちゃかだった。ただこの分野も進化したと思う。今は厳格で確固たる科学的基盤の上に立っている[*35]」

何が変わったのか。最大の要因は先進国で、さらには世界で進む高齢化に対応する必要もあり、老年学が主流派生物学者から見下されるつまらないソフトサイエンスから研究の最優先分野に転じたことだ。その結果、今では老化を引き起こす複雑な生物学的要因の解明がかなり進んだ。その1つであるDNA修復は、老化より癌を狙い撃ちにするために使われるケースがはるかに多い（老化においてもきわめて重要な要因ではあるが）。いまや老化に関するありとあらゆる事柄が、老化プロセスを遅らせたり逆行させたりするための治療的介入の標的となっている。本書を通じてそうした試みの多くを紹介してきたが、なかには他よりも有望で、それゆえにより多くの投資資金を集めているものもある。

有望なアプローチの1つが、加齢に伴って「悪い」タンパク質やその他の分子が蓄積されるのを防ぐことだ。それらを見つけて廃棄したり、タンパク質合成のペースを遅らせたり、プログラムを変更したりすることで蓄積を防げれば、体は加齢に伴う変化に耐えられるようになる。カロリー制限の効果をマネする薬剤はこのカテゴリーに入る。最も研究が盛り上がっているのはラパマイシンやそれに類するTORを標的とする薬剤、そして糖尿病治療薬メトホルミンのようにまだ作用機序が十分解明されていない薬剤だ。もう1つの研究が盛んな分野が、NADをはじめ加齢に伴って補う必要がある栄養素のビタミン様前駆体だ。炎症とそれに付随する問題の原因である老化細胞を標的とする薬、さらにはさまざまな方法で老化を遅らせる若い血液中の成分を特定しようとする研究もある。[*36]

今日最も注目の集まっているテーマの1つが、老化の影響を逆行させるための細胞のリプログラミングだ。[*37] 科学者たちが動物を若返らせる一方、発癌リスクを最小限に抑えるため、時間を限って山中因子の導入を試みた話は第10章で触れた。このアプローチの初期の結果がきわめて有望だったため、それを活かそうと大量のスタートアップ企業が誕生した。

アルトス・ラボの重点テーマでもあり、山中伸弥その人をアドバイザーに迎えている。幹細胞治療には損傷した組織を再生し、臓器の機能を回復させられる可能性があるため、すでにバイオテクノロジーの重要分野となっている。スタートアップ企業の多くはさまざまな種類の幹細胞を生み出すためのリプログラミングの専門技術をすでに持っていて、今回はそれを使ってアンチエイジングブームでひと山当てようともくろんでいる。ただ重篤な疾患の患者のほうが幹細胞治療には前向きだろう。心臓発作後に損傷した筋組織を交換する、糖尿病治療のために膵臓の機能細胞を復活させるなど、メリットが明らかにリスクを上回るからだ。老化対策の場合、いつそうした状況になるかは定かではない。求められる安全性と有効性の基準はずっと高くなるはずだ。

ここで老化研究におけるもう1つの、もっと本質的問題が出てくる。研究者はどうすれば自らの開発した治療法に効果があると言えるのか、だ。医学では通常、無作為化臨床試験によって新たな治療法を評価する。患者を2つのグループに分け、片方にはプラセボ（偽薬）あるいは特定の症状に対する現在の標準治療薬を投与する。そしてもう一方に試験対象となる新薬を投与し、患者の状態が前者より良くなるか、悪くなるかを見る。アンチエイジング薬で同じことをしようと思えば、新たな治療法が健康寿命と寿命そのものを延ばすか見きわめる必要がある。だがそんな評価には何年もかかるだろう。結果が出るまでに長期間かかるために、きちんとした無作為化試験を行うのに必要なボランティアを確保するのが難しい。

経営においても、また科学技術においても「測定できないものは改善できない」とよく言われる。アンチエイジング産業の誇大宣伝を批判した51人の老年学者は、老化はきわめて個人差が大きいと指摘した。そしてあてこすりのようにこう付け加えた。「科学者たちが徹底的に調査してきたにもかかわらず、老化につながるプロセスの信頼性ある指標は見つかっていない。こうした理由から、個人の生物学的年齢あるいは『実年齢』を変えられるという主張はもちろん、測定できるという主張さえも、現時点ではどうみても科学というより戯《たわむ》れと言わざるを得ない[*38]」

これは学者らが意見書をまとめた当時は事実だった。しかし今日、私たちの基礎的な生理機能とそれが表出した特性と相関のある、いわゆるバイオマーカーが見つかりつつある。老化の特徴のなかには自明なものもある。年齢とともに髪は薄く、白髪になり、肌はシワが増えてハリは衰え、動脈は狭く、硬くなり、脳は……言わんとしているところは伝わっただろう。こうした特徴は主観的なもので、定量化は難しい。ただそれらの基準となるような測定可能なバイオマーカーを見つけることができれば、大きな前進といえるだろう。

第5章で説明した老化時計のようなＤＮＡのエピジェネティクス変化を測るものに加え

て、今日では炎症、細胞老化、ホルモン値、血液と代謝のさまざまな指標、異なるタイプの細胞内の遺伝子発現のパターンなど、多種多様なマーカーが存在する。[*39] だから科学者たちが果てしなく（果てはあるかもしれないが）長い時間をかけなくても、自分たちの治療法がアンチエイジングに効果があるか測定することは可能かもしれない。

ただアンチエイジング研究者は規制という問題にも直面する。臨床試験は通常、病気の治療にしか認められないのだ。科学界では老化は人生の正常な経過なのか、それとも病気なのかという激しい論争が続いている。万人に起こる避けられないことは病気とはいえない、というのが伝統的な考え方だ。この見解を支持する老年学者は、老化は時間の経過とともに起こる分子変化の結果であり、それによって身体の機能が衰え、病気にかかりやすくなると主張する。老化は病気の原因にはなりうるが、それ自体は病気ではない、と。もう1つの明らかな違いは、病気は通常かかっているのか否か、発症はいつなのか、といった明確な定義の対象になることだ。一方、老化については、いつ歳をとるのかという明確なコンセンサスはない。こうした理由から世界保健機関（WHO）の最新の「国際疾病分類」には老化は含まれなかった。老年学コミュニティではこの判断に落胆した人も多かったが、歓迎した人もいた。というのも老化そのものを病気に分類すると、医師が十分な治療をしない懸念があるからだ。何らかの症状があって受診しても、その原因を特定することなく加齢の必然的結果に過ぎないと軽く片づけられるかもしれない。

それでも多くの病気の最大のリスク要因は老化だ。最近の新型コロナウイルス・パンデミックの際も、コロナ感染で死亡するリスクは年齢が7〜8歳上がるごとにほぼ倍増した。このため80歳がコロナに感染して死亡するリスクは、20歳の約200倍高かった。こうした事実に基づき、老年学者のなかには老化を糖尿病、心疾患、認知症、あるいは肺炎や新型コロナウイルスに感染しやすくなるなど、さまざまな症状で現れる病気とみなすべきだという意見もある。当然ながら数十億ドルの投資や研究資金がからむこともあり、老年学コミュニティの一部とアンチエイジング業界の両方が目下、老化を病気に分類させようと猛烈なロビー活動を展開中だ。これまでのところFDAはそれを退けているが、早老症については臨床試験を承認した。患者が若いうちに老化し、15歳前後で死亡する病気だ。もっと意外だったのは、FDAが2015年に健康な成人の老化対策にメトホルミンを使用する「メトホルミン老化抑制（TAME）」研究を承認したことだ。メトホルミンがすでに糖尿病薬として認可を受け、少なくとも糖尿病患者には有益な効果があることを示唆するデータが存在するという事実が判断を後押ししたのかもしれない。ただ長寿研究にかかわる企業群が正常な老化に関する臨床試験を認めるようFDAを説得できないかぎり、ヒトを対象とした厳格な研究を行うことは難しく、治療の有効性を証明するには別の基準に頼らざるを得ないだろう。

たいていの人は、死そのものより、死に至るまで長々と続く衰えが怖いという。

加齢に伴う疾患で弱った状態で過ごす年数を減らし、健康寿命すなわち寿命に占める健康な期間を延ばすというのが有意義な目標であることに異論はないだろう。この目標をジェームズ・フライズは１９８０年に「有病状態の圧縮」と名づけた。[*40] クラウスナーの表現を借りれば「誰もがかなり長生きした後に若いまま死ねるようにすること」を目指すのだ。有病状態の圧縮では、２つのことが前提となる。１つは老化プロセスを変更し、老化関連疾患の発症を遅らせられること、もう1つは寿命の長さが固定されていることだ。前者は言うまでもなく、アンチエイジング研究の大部分が目標とするところだ。

しかし後者については議論の余地がある。ここ１００年の平均寿命の延びの大部分は、乳幼児死亡率の低下がもたらした。とはいえ、ここ20～30年で糖尿病、心臓血管疾患、癌を含めて、加齢とともに起こる病気の治療が大幅に進歩した。こうした進歩は必然的に平均寿命を延ばしてきた。オーブリー・デ・グレイは、寿命延長を否定する老年学コミュニティは偽善的であるという説得力ある主張をしてきた。彼は、老化原因への対処法が見つかれば寿命は必然的に延びるため、有病状態の圧縮は「永遠に夢物語のままだ」[*41]という。現在の自然な寿命の限界は120歳前後であることを受け入れるとしても、その限界の根拠として私たちの複雑な生物学的システムが全般的な機能不全を起こし、衰弱につながっていくというぼんやりとした概念以上のことはよくわかっていない。デ・グレイが指摘するとおり、寿命の長さがこれ以上延びないという前提で有病状態を圧縮するためには、老化のさまざまな要因を除去あるいは遅らせる一方、最終的に死につながる健康上の問題には敢えて手をつけないことが必要になる。老年学コミュニティにおいてはデ・グレイよりはるかに主流派に属するスティーヴン・オースタッドさえも、老化対策の進展によって、今生きている人の誰かが150歳を超えるまで生きられるという可能性に賭けた。

イギリス統計局のデータは、老化関連疾患の治療法が進歩したことで有病状態が圧縮されるどころか、むしろその逆が起きていることを示唆している。[*42] 4つ以上の疾患を抱えた多疾患併存状態の年数が生存期間に占める割合は、低下するどころか若干増加している。世界各国の推移を扱った国連人口部のレポートも同じような内容で、生存期間と心身に障害のない年数はともに延びているが、生存期間に占める障害年数の割合は低下していない。[*43] 要するに私たちの寿命は延びており、そのうち有病状態で過ごす年数の割合は高まっている可能性がある。

有病状態の圧縮は実現可能なのだろうか。私は初めてこの言葉を聞いたとき、ばかげていると思った。クラウスナーのいうような健康で「若々しい」人が、突然ぱたりと死ぬなんてことがあるだろうか。何の問題もなく走っていた自動車が突然、バラバラになって壊れるようなものだ。フライズ自身も1980年に初めて発表した有病状態の圧縮についての論文のなかで、これをオリバー・ウェンデル・ホームズ・シニアの1858年の詩「牧師補佐の傑作、あるいは素晴らしき一頭立て二輪馬車」に出てくる馬車にたとえた。すべての部品が同等の強度と寿命を持つように完璧に設計された馬車に、牧師がご機嫌で乗っていると、突然馬車が「まるで泡が破裂するように」一挙にバラバラに崩壊し、気づくと岩の上に座っている。[*44] そんな話だ。

動物のなかには死の直前まで生殖活動を続け、健康で元気に生きる種もある。スティーヴン・オースタッドは著書『「老いない」動物がヒトの未来を変える』のなかで、何十年も完全に健康な状態で生き続けた末に死ぬアホウドリについて書いている。とはいえこのアホウドリの最期は、100歳を超えた老人が眠っているうちに静かに息を引き取るといった私たちが望むようなものではない。自然界の生は野蛮で非情である。アホウドリは巣に戻るための長旅に耐えられなくなって苦闘の末に力尽きたり、捕食者に殺されたりする可能性が高い。狩猟採集の民だった私たちの祖先もおそらく同じように、老年期に長らく有病状態で過ごすことはなかっただろう。たいてい餓死、病死、捕食者に食い殺される、あるいは完全な健康体でなくなった瞬間に他の人間に殺害されたりした。有病状態で過ごす期間はきわめて短かったが、大方の人が望んでいるのはそのような最期ではない。単に有病状態を圧縮することが目標なら、一気にゼロに縮めるという選択肢もある。オルダス・ハクスリーが１９３２年に著したディストピア小説の傑作『すばらしい新世界』では、完全に健康な人々が決められた時間にあっさり安楽死させられる。「圧縮」のタイミングを自ら決められないとしたら、そのような世界を多くの人が選択するかわからない。耄碌《もうろく》した状態で何年も生きなければならないとしたら圧縮を検討する人もいるかもしれないが、完全に健康な状態ならば死を望む理由があるだろうか。ここに挙げた例のように、完全に健康な人が何らかの不愉快な外的要因によって突然死を迎えるというのが真の「有病状態の圧縮」だと私は思わない。

　なんとも救いのない話だが、真の有病状態の圧縮が実現する望みはいくらかある。「ニューイングランド・センテナリアン・スタディ」を率いるトーマス・パールズは、ここ数十年で１００歳以上の人口は増えてきたものの、１０５歳を超える人、１１０歳を超える人の人数はいずれも増加しておらず、きわめて稀なままであると指摘する。[*45] 医療の進歩と全体的な平均寿命の延びを考えると、矛盾するように思える。１００歳を超える人の多くはきわめて長期間にわたって健康を維持するものの、約40%は80歳になる前に加齢に関連する疾患にかかる。対照的に110歳を超える人たちは、ほぼ人生を通じて健康だ。それがおよそ120歳というヒトの自然な寿命に近づくと、一頭立て二輪馬車のように体の機能が急激に衰えて死亡する。110歳を超える超長寿者たちは可能なかぎり有病状態を圧縮しながらヒトという種の寿命の限界に近づいていくという事実は、寿命を固定的とする説を支持しているといえる。[*46]

超長寿者の遺伝情報、代謝、ライフスタイルを研究することで、死の間際まで健康に生きるのに必要な条件を理解できるかもしれない。何百という遺伝子変化がささやかなかたちで長寿に寄与していて、超長寿を可能にする魔法のような遺伝子の組み合わせといったものは存在しないのかもしれない。しかも科学者たちはきわめて人工的な環境で寿命を延ばす個別の遺伝子を特定することには成功したものの、こうした変異体が野生種の線虫やハエにはかなわないこともわかっている。これらの遺伝子変異が寿命延長以外の面で健康にマイナスであるためだ。同じように100歳以上の人口では*APOE*という遺伝子に突然変異のある人の割合が高く、それはアルツハイマー病を防ぐのにも役立つと考えられているが、同じ遺伝子変異は転移性癌のリスクを高めるほか、新型コロナウイルスに感染した場合に死亡する確率も高めていた。[*47]このような研究結果は、未来の医学進歩を使って超長寿命のヒトを創り出すという夢に水を差す。長寿にかかわる遺伝子変異は、予想もつかないかたちで私たちを脆弱にする可能性がある。

いずれにせよ超長寿の人たちでさえ健康状態は20代の頃とは比較にならず、また外見的にも若者と間違えられるようなこともない。彼らにも老いは見られ、次第に弱っていく。すでに述べたように122歳まで生きたジャンヌ・カルマンは晩年、耳が聞こえず、目も見えなかった。何をもって健康体というのか、あるいは有病状態ではないというのかは、よく吟味する必要がある。

死という概念を定義するのは簡単だが、有病状態ははるかに曖昧だ。病気にかかった状態と定義されるものの、糖尿病、高血圧、アテローム性動脈硬化といった慢性疾患の多くは薬で治療でき、患者は完全に正常で満足のいく生活を送ることができる。私は慢性疾患と見ることもできる高コレステロールと高血圧を抑える薬を飲んでいるが、サイクリングやハイキングなど好きなことはたいていなんでもできる。病気の診断を受けたことを単純に有病状態とカウントしても、その人物がそれなりに健康的な生活を送っているのか、それとも衰弱してやりたいこともできず病に苦しんでいるのか、実像をとらえたことにはならない。高齢期の有病状態に関する統計は、慎重に見ていく必要がある。

今日の老化との戦いは多岐にわたる。一方の極には死そのものを完全に打ち負かしたいと願っている、著名な科学者や投資家を含む少数だが声の大きいマイノリティがいる。彼らには大規模なカルトのようなフォロワーがいる。この目標を支持するものの公に口にするのは恥ずかしいという人はもっとずっと多いのではないか。もう一方の極には高齢期の個別の疾患を、その原因に関する知識に基づいて治療することに専念する人々がいる。そして両極のあいだの広大な空間には、老化と直接対決することで有病状態を圧縮し、高齢期まで健康的な生活を送れるようにしようとする人々がいる。

今日、政府と民間の営利企業が老化研究に莫大な資金を投じている。これから10～20年でそれらが実を結ぶのか、結ぶとすればどの程度かがはっきりするだろう。試みの一部でも成功すれば、社会に重大かつ予測不可能な影響を及ぼす可能性がある。そうした影響のいくつかを見ていこう。

CHAPTER 12

私たちは永遠の命を手に入れるべきなのか

私は今、自分の祖父母が亡くなったときの年齢に近い。身体的にもアクティブなライフスタイルは、晩年の祖父母には考えられないものだったろう。今日では90代あるいはそれ以降に死亡する人が一段と増えている。私の個人的状況はここ20～30年世界中で進展してきた人口統計上の変化の現れに過ぎない。世界のいたるところで65歳以上の高齢者人口が増え、高齢化率も高まっている。[*1] 高所得国では高齢化率は現在約20％で、２０５０年までには世界の多くの地域で倍増すると予想される。

それと同時に少子化も進んでいる。初めは先進国での出来事だったが、今では世界全体に広がっている。これは減り続ける労働者人口で、増え続ける退職者人口を支えることを意味する。一部のアジア諸国ではいずれ退職者の数が労働者の2倍になる可能性がある。高齢者の多くは最後の10年、場合によっては20年、高いコストのかかる医療も必要とする。社会的セーフティネットが弱い国々では家族の世話になるか、さもなければ自立するしかなく、その場合は心身ともに健康でなければならない。国家の支援がもっとしっかりしている国であっても高齢化は年金をはじめとする社会保障制度に途方もない負担をかける。

寿命延長が社会に及ぼす影響は甚大だ。ほぼすべての国の公的年金制度は、人々が65歳前後で働かなくなることを想定している。こうした制度は、たいていの人が仕事を辞めてから2〜3年しか生きなかった時代に導入されたが、今では退職後20年生きることもある。社会的にも経済的にもこれは時限爆弾[*2]で、世界中の政府が老化研究に熱心に資金を出しているのも当然だ。高齢期の健康状態を改善し、高齢者がより長期間にわたって生産的に自立し、コストのかかるケアをそれほど必要としなくなることを期待しているのだ。

有病状態を圧縮せずに寿命を延ばせば、足元の問題は悪化するだけだ。しかし研究者たちが老化対策に成功して有病状態を圧縮できれば、人々が当たり前のように100歳を超えて健康的に暮らし、現在の自然寿命の上限である120歳近くまで生きるというシナリオも十分考えられる。個人のレベルで考えればすばらしい成果に思えるかもしれないが、社会的には本質的かつ予測不可能な影響を及ぼすだろう。

重大かつ破壊的テクノロジーが登場するとき、私たちはその長期的影響を必ずしもよく理解しているとは限らない。たとえばプライバシーの喪失、大企業による個人の収益化、政府による監視、偽情報や偏見や憎しみの拡散といったソーシャルメディアの潜在的影響を一顧だにせず、人々が嬉々としてそれを使いはじめたのはそれほど昔の話ではない。やみくもにアンチエイジング・テクノロジーを受け入れ、準備不足のまま新たな世界に突入するという同じ過ちを繰り返してはならない。寿命延長の引き起こす影響とは具体的にどのようなものだろうか。

1つはさらなる格差の拡大だ。富裕層と貧困層の平均寿命には、すでに大きな開きがある。自己負担なく医療が受けられる国民医療制度（NHS）が存在するイギリスですら格差は約10年に達する。健康寿命の格差はさらにその2倍近い。貧困層は生存期間が短いだけでなく、そのうち不健康な状態で過ごす期間の割合も高いのだ。[*3] アメリカの状況はさらに酷く、最富裕層は最貧困層より15年近く寿命が長い。[*4] しかも格差は2001年から2014年にかけて一段と拡大している。

医療の進歩は、格差を拡大させる可能性が常に伴う。[*5] 歴史を振り返ると、先進国の富裕層がまず恩恵を被ってきた。続いて先進国の富裕層以外が恩恵を被ることもあるが、それは保険適用になるかどうか次第だ。それからようやく他の国々へと広がっていくが、恩恵を享受できるのは、対価を支払える個人だけだ。こうした状況は世界のさまざまな地域に住む人々の医療や経済状況によく現れている。このため老化研究の進歩も同じように格差を拡大させる可能性が高い。ただし他の分野の格差とは異なり、人生の質や長さの格差は持続するだけでなく、格差をさらに拡大させるリスクがある。経済的に恵まれたホワイトカラー労働者はさらに長く生き、働くことができるようになり、結果として子孫にさらに多くの富を継承するようになり、格差が一段と悪化していく。老化の治療法がコレステロールや血圧を下げる薬くらいきわめて安価で一般的なものにならない限り、人類は2つの階級に永久に分断されるリスクがある。はるかに長い人生を健康なまま楽しめる階級と、その他大勢だ。

もう1つ懸念されるのは人口過剰だ。すでに世界人口は過剰なのに、平均寿命が大幅に延びれば人口は劇的に増加する可能性がある。現在の世界人口と今後数十年で予想される人口増加は、気候変動や生物多様性の喪失、淡水などの天然資源不足といった人類存亡の危機を招く一因である。

実際、過去の寿命延長は劇的な人口増加につながってきた。これは平均寿命が延びて以降も、数十年にわたって出生率が高水準にとどまったためだ。[*6] 今日のアフリカでは平均寿命が大幅に延びており、出生率も約4・2と依然として高い。アフリカの人口が急激に増加していのはこのためだ。とはいえ平均寿命の延びと生活水準の改善の後には、ほぼ必ずと言ってよいほど出生率が徐々に低下して人口動態の変化が起きる。たとえば18世紀末、ヨーロッパの女性たちは平均約5人の子供を産んでいたが、当時は乳幼児死亡率が高かったため平均寿命は短かった。その出生率が今では国によって1・4～2・6の水準にある。最終的に出生率と死亡率はほぼ同等になり、人口は以前と比べて高い水準で安定した。19世紀から20世紀にかけて西洋諸国の大半と、日本や韓国などアジアの多くの国々で同じことが起きた。

過去において乳幼児および子供の死亡率の低下は、生殖年齢まで生きる人の増加、ひいては急激な人口増加を意味した。しかし、すでに人口動態の変化を経験した先進国においては、寿命延長が人口増加に必ずしもつながるわけではない。日本では20～30年前と比べて寿命は延びたが、出生率が低下したため人口は2011年以降減少している。

多くの国では出生率が低下し、人口が維持できる人口置換水準を下回っている。先進国では平均出産年齢も着実に上昇してきた。今日では初めての子供を30代、ときには40歳近くで出産する女性も増えており、1世紀前の平均年齢より10～20歳近く遅い。出生率低下も初産年齢の上昇も、社会がより安全で豊かになり、長生きが当たり前になり、女性の解放や労働市場への参入が進んだ結果だ。こうした要因があいまって世界の多くの国々で人口増加が鈍化あるいは停止した。これは環境や自然界への影響をはじめ、多くの重要な点においてきわめて好ましいことだ。経済学者が中国の人口増加の鈍化などに言及しながら、これを問題であるかのように語るのが私には不思議でならない。イーロン・マスクは気候変動より近い将来起こるはずの世界人口の激減のほうがはるかに大きな問題だと主張する[*7]が、不合理な考えに思える。

いずれにせよ寿命が延び、死亡する人が減れば、(1)出生率が一段と低下するか、(2)平均出産年齢が寿命とともに上昇するか、どちらかにならないかぎり人口は増える。[*8]しかしどちらのシナリオにも問題はある。多くの国では平均初産年齢は徐々に上昇してきて、いまや生物学的な壁に突き当たっている。女性は30代半ばを過ぎると妊娠しづらくなり、まもなく閉経を迎える。寿命延長にともなって閉経を遅らせることができれば、出産を遅らせることの問題は解決するし、ちょうどキャリアが軌道に乗ろうとしているときに子供を生むか否かの決断を迫られる女性たちにとっても好ましいだろう。しかし閉経はきわめて複雑な生物学的プロセスの結果であり、その開始年齢を変えられるというエビデンスはない。もちろん凍結しておいた卵子を使った人工授精やホルモン治療など、閉経以降の女性が子供を生む方法はある。だがいずれも費用と手間がかかり、相当なリスクも伴う。寿命延長に伴う人口増加を防ぐもう1つの方法が出生率のさらなる低下だが、それは人口に占める高齢者の割合が一段と高まることを意味し、それ自体が新たな問題を引き起こす。

ここで1つ、楽観的なシナリオを考えてみよう。平均寿命が100歳以上に延び、しかもほとんどの期間を健康で過ごせるようになる。出生率は低下し、しかも女性は出産をできるだけ遅らせようとするため、人口は安定する。どんどん減っていく若い世代に、増加しつづける高齢の退職者を支えてもらうことができなくなれば、道は1つしかない。人々が働く期間を延ばすのだ。

その人がどのような仕事をしているかによって、70代、80代、さらにもっと長く働くことへの考えが変わる。

エモリー大学倫理センター所長のポール・ルート・ウォルペはこう問いかける。肉体労働あるいは単純労働をしている65歳が、あと50年同じ仕事をしたいと思うだろうか、と。自分の仕事が嫌いで、引退生活を待ち望んでいる人の割合は相当高い。[*9] 2023年にフランス政府が定年退職年齢を62歳から64歳へとほんの2年引き上げようとしただけで、120万人が抗議デモに参加した。[*10] フランスでの抗議運動を受けて、アメリカでも退職年齢を引き下げるべきだという声があがった。[*11]「アメリカ人は70歳まで働くべきだ」と主張するのは、たいてい80代になっても楽しめる知的刺激あふれる快適で給料の高いホワイトカラー職の人々であり、62歳になったら時給11ドルでタイヤ交換やレジ打ちをする仕事とはおさらばしたいと考えている人々の状況は違う、というのだ。私の勤める研究機関でも科学者以外の事務職の人々は定年に達したらすぐに退職する一方、科学者たちはできるだけ居残ろうとする。

同僚の科学者たちに退職の予定を尋ねると、たいてい「仕事が楽しすぎて引退なんて考えられないよ」という返事が返ってくる。とりわけ80代、あるいはそれ以降も学術研究に打ち込む人が珍しくないアメリカではその傾向がみられる。今の自分が人生で一番質の高い仕事をしている、と主張する者さえいる。だがエビデンスはそれを否定している。私たちは自分が100メートル走を20歳の頃のようには速く走れないことを進んで認めるものの、知的能力では若い頃とまったく変わらないという幻想にしがみつく。それは私たちにとって思考がアイデンティティそのものであるためかもしれない。思考こそが自分が誰であるかを定義するのだ。あらゆるエビデンスが、一般的に歳をとると若いときほどクリエイティブで大胆ではなくなることを示している。

これを評価する1つの方法が、誰かが人生最高の業績をあげたのは何歳の時だったのかを振り返ることだ。科学界のノーベル賞受賞者はほぼ全員、若く、あまり影響力もなかった頃に画期的業績を挙げている。生物学者と化学者は、物理学者や数学者と比べて画期的発見の時期が10年ほど遅い傾向がある。膨大な知識体系を身につけ、実地経験を積み、必要なリソースを蓄積するのに時間がかかるためだろう。著名な数学者のG・H・ハーディは1940年の著書『ある数学者の生涯と弁明』にこう書いている。「他のあらゆる芸術や科学以上に、数学は若者向けの領域であることを数学者は決して忘れてはならない。（中略）50過ぎの数学者がもたらした重要な数学的進歩など1つも思い当たらない」。近年の数学における最も重要な業績の1つが、350年間未解決だったフェルマーの最終定理の証明だが、アンドリュー・ワイルズがそれを成し遂げたのは40歳頃だ。

多くの科学者は年齢を重ねても、それぞれの研究室で一流の業績を出しつづける。だがそれは彼ら自身が鋭敏でイノベーティブなためではない。彼ら自身の名がブランドとなったのでリソースや資金が集まり、仕事を担ってくれるトップクラスの若手科学者が集まるからだ。すべてとは言わないまでも、新しいアイデアの多くは（そして実際に仕事の大部分を引き受けるのは）こうした若い科学者たちだ。そしてたとえそういう環境があったとしても、歳をとった科学者が真に新境地を切り拓くことはきわめて稀だ（たとえ一流の業績を発表し、たくさんの若手を抱えていても）。ほとんどのケースは過去の研究の繰り返しだ。たとえば私は幸運にも非常に有能な若者を集めることができ、彼らのおかげで私の研究室は一流の学術誌に論文を発表しつづけている。それらがある程度、私の過去の研究の延長であるのも事実だ。だが、数少ない本当に新しい方向性は私ではなく、私の下で働く若者たちが生み出している。

もちろん例外は常にある。科学者のカール・バリー・シャープレスは81歳で2つめのノーベル賞を獲得したが、その研究は彼が60歳の頃に始めたものだった。だがそれが注目に値するのは、きわめて稀だからだ。

比較的若いうちにクリエイティブな能力がピークを迎えるのは、科学と数学の分野だけではない。産業や経営においてもそうだ。トーマス・エジソンがニュージャージー州メンローパークで研究所を立ち上げたのは30歳前で、電球を発明したのはその直後だ。今日の世界を見渡してもグーグル、アップル、マイクロソフト、そしてAI会社のディープマインドのようなきわめてイノベーティブな企業はいずれも20代か30代の創業者が立ち上げている。

人生経験や蓄積されていく知恵によって年齢とともに奥深さは増していくことから、文学の世界では話が違うのではないかと思うかもしれない。しかし2005年に文学祭へイ・フェスティバルに登壇したノーベル文学賞受賞者のカズオ・イシグロは、ほとんどの作家の最高傑作は若いうちに生まれると発言して同業者の不興を買った。[*12] 作家の代表作が45歳以降に生まれたケースは思い当たらないとして、トルストイの『戦争と平和』、ジョイスの『ユリシーズ』、ディケンズの『荒涼館』、オースティンの『高慢と偏見』、ブロンテの『嵐が丘』、カフカの『審判』はいずれも作家が20代、30代のときに書かれたと指摘した。

チェーホフ、カフカ、ジェーン・オースティン、ブロンテ姉妹など偉大な作家の多くは40代半ばまでに亡くなっている。小説家は人生後半では作品を生み出せないというつもりはなく、ただ最高傑作は40代半ば以前に生まれる傾向があると言っているだけだ、とイシグロは語った。イシグロの発言の真意は、作家は偉大な小説にとりかかるのを先延ばしすべきではない、ということだ。イシグロ自身、60代半ばに『クララとお日さま』を書いたことで、自らの主張と矛盾しているといえる。同作品はイシグロの最高傑作の1つと評価されているが、過去の作品と同じような高評価を得るかはまだ分からない。同じように最近ブッカー賞を受賞した『誓願』は、マーガレット・アトウッドが80歳を超えて著した小説だ。魅力的で胸騒ぎのするすばらしい作品だが、実際には40年近く前の作品『侍女の物語』で創り上げた世界をさらに掘り下げたものといえる。

ある種のクリエイティビティが年齢とともに衰える理由について、イシグロは自説を述べている。[*13] 加齢に伴って最初に衰える知的能力の1つが短期記憶だ。もしかすると小説を書くためには、バラバラな事実やアイデアを頭の中に留め置き、そこから新しい何かを生み出すことが必要なのかもしれない。これは科学や数学においても同じだろう。他の分野におけるクリエイティブなプロセスは違うかもしれない。たとえば映画監督、指揮者、音楽家をはじめ芸術家には、かなり高齢になっても最高レベルのパフォーマンスを発揮する人が多い。

健やかに老いることができるようになっても、必ずしも人生の晩年に若い頃と同じような創造力や想像力を発揮できるわけではない。若者は新鮮な目で、また新鮮な角度から世界を見る。作家が優れた小説を生み出すには、子供時代や成長体験をする期間――自分自身が大きく変化するので、モノの見方が年ごと、あるいは月ごとに変わっていく時期――に時間的に近いことが重要なのだろうか、とイシグロは問いかける。科学や数学においては、若手研究者は長年の知識の蓄積がもたらす先入観にさほど縛られず、パラダイムに疑問を持つ大胆さも持ち合わせているだろう。

ここまではさまざまな分野において、創造的で画期的な大発見が年齢とともに少なくなっていくという話をしてきた。しかし、こうした大発見は外れ値であって、人類の営みのほんの一部に過ぎない。科学でさえ大きな発見は、生産的に自らの仕事に取り組み、知識の進歩に貢献してきた大勢の科学者たちが据えた広大な土台のうえに成し遂げられる。外れ値をもとに社会政策を形づくるのはおよそ適切ではない。ホワイトカラー職の大部分は、年齢によってどんな影響を受けるのか。

ほとんどの研究は、私たちの全般的認知能力も年齢とともに低下することを示している[*14]が、それが具体的にいつ始まるかを巡っては意見が分かれている。18歳には始まるという見方もあれば、認知能力が優位に低下するのは60歳を過ぎてからだという見方もある。イギリスの公務員を対象にした10年にわたる大規模な研究では、記憶力、論理的思考力、発話流暢性にかかわる認知力スコアはいずれも45歳から低下し、とりわけ年配者では低下速度が速まることが示された。大きな低下がみられなかったカテゴリーが語彙力だ。[*15] 他の研究でも、語彙力など「結晶性能力」と処理速度など「流動性能力」の違いが示されている。流動性能力は20歳から着実に低下していくが、結晶性能力は増加したあと安定し、60歳くらいになってようやく少しずつ低下をはじめる。[*16] これらはすべて新しい仕事を学ぶ能力や知的機敏さに影響する。こうした研究結果に疑問を感じる大人は、ピアノや新しい言語、高等数学など学んだことのない分野に挑戦してみるといい。

もちろん理論的には、老化の原因を退治する方法がわかれば、知的能力の低下にも手を打てるようになる可能性はある。だがこれまでのところ、脳は最も攻略が難しいフロンティアだ。ニューロンは再生する場合でもその速度はきわめて遅く、脳の劣化や最終的には死につながるプロセスの多くも依然として対処法は見つかっていない。タンパク質合成における統合的ストレス応答を阻害するというアプローチが記憶力を改善することは少なくとも明らかになったが、それが全体的な認知能力や学習能力の低下を逆行させられるというエビデンスはない。

認知能力の低下は、知恵の蓄積によって相殺できると主張する人も多いが、知恵とは曖昧で、明確な定義のない属性だ。若者には知恵や先見性が欠けていることが多く、それが拙速な行動につながりやすいのは事実だ。しかし一定の年齢を超えて以降も知恵の蓄積が続くというエビデンスはない。アメリカとイギリスの近年の選挙では、年配の有権者層のほうが保守的で、大衆扇動や懐古主義に流されやすい傾向があった。彼らは人生を通じてさまざまな偏見や先入観を身につけ、新しい考え方全般を受け入れようとしない。私たちは知恵の大部分を30代までに獲得する、というのが私の推測だ。それ以降は次第にモノの考え方が固定化し、賢明であると同時に頑迷になりがちだ。

今日、権力は高齢者有利に傾いている。一因は高齢者が莫大な富を築いてきたことだ。[*17]イギリスやアメリカでは世帯主が70歳以上の世帯の資産の中央値は、35歳以下の世帯の15〜20倍に達する。それに加えて、年齢を重ねるなかで権力と人脈も蓄積されていくことが要因として挙げられる。仕事の適性や能力が若い同業者に劣るようになっても、人脈と評判を使って権力と権限にしがみつく。すでにその分野のトップではなくなり、代わりになりうる有能な人材がたくさんいても、彼らを今の地位から降ろすことは難しい。エモリー大学のウォルペはさらに視点を広げ、高齢者は若者より投票率が大幅に高いため、寿命延長は政治に甚大な影響を及ぼすと主張する。最高権力者の地位は70歳以上の人々の指定席になった、とも。アメリカのジョー・バイデン大統領は、2024年の大統領選挙の投票日には81歳だ。最大のライバルである共和党のドナルド・トランプは78歳だ。メディア界に目を向けると、最近までFOXコーポレーションとニューズ・コーポレーションの会長を務めていたルパート・マードックは、2024年に93歳になったが、今でも複数の国々でメディアに（ひいては政治に）大きな影響力を保っている。若者は政治の舞台から締め出され、政治やイノベーションに関する彼らの斬新な発想は抑圧されてしまう、とウォルペは指摘する。だが同性婚、D&I（ダイバーシティ&インクルージョン）のムーブメント、さらにさかのぼれば公民権や女性の権利といった社会の進歩を含む偉大なイノベーションを推進してきたのは若者だ。[*18]

力の不均衡がとりわけ酷いのは学術界だ。元は大学教員が型破りな意見を述べても解雇されないようにと導入された終身在職権という概念が、今では彼らができるだけ長く職に居座るために使われている。アメリカやイギリスの多くの大学はすでに定年を廃止しており、オックスフォード大学やケンブリッジ大学などまだ廃止していない大学ではそれに不満を抱く教授たちが訴訟を起こしている。最近オックスフォード大学は年齢差別を受けたと主張する3人の教授が起こした労働審判で敗訴した。「キャリアのピークで」クビになった、というのが彼らの言い分である。[*19]

画期的業績を残していない、あるいはキャリアのピークを過ぎたからといって、高齢の研究者が生産的ならば職場にとどまっても問題はないという見方もあるかもしれない。学術界の同僚のなかには、実績ある年配の科学者にはリソース、知恵、ビジョン、視点があり、次世代の若い科学者を訓練し、育てるのに適した環境を提供できるという声もある。ただ誰もがそれに同意するわけではない。ノーベル賞を2度受賞したフレデリック・サンガーは、65歳になったその日に退職し、残りの人生は自作のボートでイギリス中を航海したり、バラを育てたりと趣味に生きた。私のメンターであるピーター・ムーアは、70歳で長年勤めたイェール大学を退職した。とはいえ突然、知的な死を迎えたわけではない。今でも学術誌の編集、本の執筆などさまざまな知的活動を続けているが、勤務先のリソースや資金は使わないというだけだ。ムーアの考えはこうだ。「年老いた教員が死ぬまでポストにしがみつくのは、終身在職権という特権の濫用だと私はずっと同僚たちに言い続けてきた。35歳の科学者では絶対に太刀打ちできないほど優れた70歳の科学者などいない、というのが大きな理由だ[*20]」

学術界において特に問題なのは、終身在職権と定年の欠如が組み合わさっていることだ。年配の学者のなかには、40歳ですでに燃え尽きてしまった若手教員と比べれば自分のほうがはるかに生産的だというまっとうな不満を述べる人もいる。ただこの問題は終身在職権と定年を両方廃止する代わりに、生産性を定期的に評価する仕組みを取り入れることで解決できる。

ムーアの言葉は、世代間の公平という問題の核心を突いている。一番年配の教員は、たいてい若手科学者2人分ほどの、きわめて高額の報酬を受け取る傾向がある。報酬を受け取っていなくても研究室のスペースなど、未来の画期的発見を生み出し、新たな研究領域を切り拓くような若手教員を新たに採用するのに使えたはずの貴重なリソースを占有している。また年配の研究者は所属する学術機関の、さらには学問領域全体のアジェンダを決めるうえで影響力を持つが、大胆でイノベーティブであるより保守的で、過去の延長でモノを考える傾向がある。企業社会など他の雇用セクターでも総じて状況は同じだ。

世代間の公平性の問題は、高齢化に伴って人々により長く働いてもらおうとする動きと矛盾する。では、どうしたらいいのか。

年齢差別はいまや人種差別、性差別などと同じような罪だと考えられるようになった。しかし誰もが年齢とともに衰えるという点において、年齢は人種や性とは性質が異なる。それでも肉体的、知的能力が低下するスピードは人によって大きなバラツキがあることを認識するのが重要だ。実年齢を能力の指標と見るべきではないし、全員一律に定年を押し付けるのもきわめて不適切だ。しかも年齢とともに能力が低下することは十分裏づけられているものの、2つの文献調査で年齢と生産性の関係性はもっと複雑なものであることが示されている。うち1つは、年齢とともに問題解決、学習、速度を求められる仕事のパフォーマンスは低下するものの、経験と言語能力が重要な仕事においては高い生産性を維持できると結論づけた。もう一方の調査は、文献の41%では若い労働者と年配の労働者にまったく差異はなく、28%では年配の労働者のほうが若い労働者より生産性は高く、考えられる要因は経験と情緒的成熟である、と結論づけている。[*21]

こうした事柄を踏まえると、働き方と退職に対する考え方は柔軟でなければならない。すでに見てきたように肉体的、知的に負担の大きい職業は多く、そうした仕事に就いている人々は早期に退職する必要があるかもしれない。もっと負担の少ない仕事に代わり、働きつづけることができるかもしれない。全員一律の方法ではなく、あらゆる年齢層に適用できる客観的な、そして若い層にも高齢層にも公平な能力評価の仕組みを取り入れる必要がある。高齢になり、人生の大半を費やした仕事を続けるのが難しく、退職しなければならなくなった人でも、残りの人生においてできるだけ長く、さまざまなかたちで社会に貢献し、生産的に過ごすことはできる。

人生に目的があると、あらゆる原因による死亡率や、脳卒中、心疾患、軽度認知障害、アルツハイマー病の発症率が低下することを示すエビデンスはたくさんある。[*22] そして年配のプロフェッショナルには確かに豊かな経験と深い専門知識がある。助言やメンタリングにおいては誰にも負けないだろう。市民活動に参加するのもいい。私のメンターであったピーター・ムーアは、教授職を手放して以降も科学界できわめて重要な役割を果たしつづけているすばらしい例だ。

高齢者が退職後もできるだけ長期間にわたって自立して生活できるようにする方法を私たちは考える必要がある。そこには寝室を1階にするといった住居の構造、公共交通機関や小売店などの近隣施設が充実したコミュニティの設計などが含まれる。社会的孤立や孤独はあらゆる人の幸福を損なうが、とりわけ高齢者には有害だ。[*23] 現在西洋社会の多くは高齢者を「問題」ととらえ、社会に統合するより隔絶した退職者コミュニティに押し込めようとする。高齢者を社会全体と統合し、彼らが他の年齢層と混じって暮らし、社会活動や市民活動を通じて日常的かつ頻繁に社会のあらゆる年代層と関わるほうがいいだろう。高齢者の活発な社会参加は社会全体にとっても有益なはずだ。

生物学者が120歳前後という自然な限界に向けて寿命を延ばすことに成功すれば、私たちはここに挙げたすべての問題に早晩直面することになる。ただ、もっとはるかに劇的な寿命の延長を完全に否定するような厳然たる科学法則があるわけではない。実際、何百年も生きつづける種や、生物学的老化の兆候を一切示さない種も存在する。オーブリー・

デ・グレイが予言するように、いつの日か人類が現在の限界を突破し、数百年生きられるようになれば、ここまで見てきた問題は一段と深刻化するだろう。極端な寿命延長を支持する人々は、問題が起きたらその都度対処すればいいと言うだけで、まともな解決策は持ち合わせていない。極端な長寿化の結果として人口危機が起きたら、一定年齢に達した人は地球を離れ、別の惑星に移住するルールを作ればいいと考える人もいる。相変わらず、テクノロジーが引き起こした問題の答えは、さらに現実離れしたテクノロジーであるようだ。

今よりはるかに長く生きられるようになったところで、

私たちは本当に満足するのだろうか。今では1世紀前より2倍長く生きられるようになったが、人生まるまる1個分が追加されたことにまだ満足していない。むしろ一段と死にとらわれているように見える。１２０歳、あるいは１５０歳まで生きられるようになったら、今度はなぜ３００歳まで生きられないのかと嘆くだろう。寿命延長の試みは、蜃気楼を追いかけるようなものだ。真の不老不死以外は最終ゴールにはならない。だが、そんなものはあり得ない。老化を克服できたとしても、事故、戦争、ウイルスのパンデミック、環境危機で死ぬことはあるだろう。人生は有限だということを受け入れるほうがシンプルではないか。

それに必ず死ぬという事実が、地球上にいる時間を最大限生かそうとするインセンティブを与えてくれるのではないだろうか。寿命が大幅に延びれば、人生から切迫感や、1日1日を意味あるものにしたいという熱意が失われるだろう。今、私たちは100年前の人々よりほぼ2倍長く生きる。人生がまるごと1つ追加されたにもかかわらず、往年の偉大な作家、作曲家、芸術家、科学者以上のことを成し遂げているかは定かではない。結局、むやみに長くなった人生を退屈しながら目標もなく生きつづけることになるかもしれない。社会の停滞にもつながる可能性がある。これまで大きな社会の変革は若い世代がリードしてきたからだ。

死すべき運命にとらわれるのは、おそらく人間だけだ。人類がこれほど死にこだわるのは、脳と意識がたまたま進化し、また恐怖を伝え合える言語が発達したためだ。ライター兼編集者のアリソン・アリエフは、数年ごとに時代遅れになって捨てられるガジェットを生み出すシリコンバレー文化が、永遠の命に執着するのは皮肉な話だと指摘している。アリエフはバーバラ・エーレンライクのこんな言葉を引用する。「死に対して嫌悪と諦めを抱き、それを遅らせるためにあらゆる手を尽くすこともできる。だが生とは、あなたという個が永遠に存在しなかった状態がいったん途切れたものとも考えられる。身の回りの生命と驚きに満ちた世界を眺め交わる、束の間の機会を存分に生かすほうが現実的だ」。アリエフは私たちの人間らしさそのものが、死すべき運命と密接につながっていると考えている。[*24]

私は最近インドを訪れたとき、同国の森林に生きる数十の部族を研究する言語学者ガネシュ・デヴィと会った。インドには優に100を超える言語があるが、その多くがさまざまなかたちの死に直面している。なかには話す人がもう数人しか残っておらず、まもなく絶滅するはずのものもある。デヴィは自らの死を恐れていないと言った。半信半疑の私に、かつて現地調査をしていたときに危険な毒蛇に嚙まれたが、死ぬと思ってもまったく恐怖もパニックも感じなかったと説明した。理由を尋ねると、デヴィは「私たちは自分自身を家族、共同体、社会といったもっと大きな存在の一部とみなすべきだ」と語った。ちょうど私たちの体内の細胞が、組織、臓器、人体の一部であるように。私たちの体内では日々、数百万個の細胞が死んでいる。だが私たちは彼らの死を悼まないどころか、その死に気づいてもいない。同じように個人が死んでも、社会や地球の生命は続いていく。私たち自身の遺伝子も、子孫など親族を通じて生き続ける。個人が生まれては死ぬ一方で、生命は数十億年も続いてきた。

それでも誰かに健康寿命を10年延ばせるという薬を差し出されたら、断る人はほぼいないだろう。私自身、かなり達観しているほうだと思うが、それでも日々、複数のアンチエイジング薬を服用している。高コレステロールと高血圧を抑える薬、血栓形成を抑えるための低用量アスピリンだ。いずれも心臓発作や脳卒中を防ぎ、寿命を延長する効果がある。

そんな私が老化という問題をなんとかしようとする努力を否定するのは、偽善的だろう。

恐ろしい苦痛をともなう病に苦しみ、余命いくばくもない患者でも、ほんの数週間あるいは数日でも生きながらえるためにあらゆる手を尽くしてほしいと望む人が多いことに、医師はよく驚かされる。ふだんはのんびりしていても、生きようとする意志は私たちの内に深く根差している。

10年ほど前にアメリカのシンクタンク、ピュー・リサーチ・センターが大幅な寿命延長について市民の考えを調査した。回答者は癌治療や義肢の改良には楽観的で、寿命延長に向けた前進を全体的に好ましいことと見ていた。しかし過半数が老化プロセスを遅らせるのは社会にとって好ましくないと答えた。自分は長生きするための治療を受けるかという問いには過半数が「ノー」と答えたが、3分の2は他の人たちは受けるだろう答えた。ほとんどの回答者が2050年までに誰もが120歳まで生きられるようになる可能性を疑問視していた。大多数の人が希望すれば誰でもアンチエイジング治療を受けられるようにすべきだと考えていたが、3分の2は実際にそうした治療を受けられるのは富裕層だけになると感じていた。また3分の2が寿命延長は天然資源の不足を招くと答えた。回答者の約60%が、医学者は新たなアンチエイジング治療が健康に及ぼす影響が完全に明らかになる前にその使用を開始するだろうと答え、またそうした治療は基本的に不自然なものだと考えていた。絶え間ない誇大宣伝にさらされているアメリカ市民が、このように冷静な考えを持っているというのはとても心強い。[*25]

本書を通じて、分子生物学の進歩によって老化のほぼすべての側面がどのように解明されてきたかを述べてきた。誇大宣伝と思われる言説に、懐疑的立場をとることも多かった。それを通じて読者が老化の根本原因を理解するだけでなく、新たな〝進歩〟についての報道や宣伝文句をより正しく解釈するための知識を持ち、さまざまな主張にどれほど現実味があるかを自ら判断できるようになればと願っている。基礎研究の発見が現実的用途に発展するまでにかかる時間には大きなバラツキがあり、予測は不可能だ。ニュートンの運動3法則がロケットや人工衛星に転換されるまでには3世紀かかった。アインシュタインの相対性理論が、スマホの地図アプリで私たちの居場所を教えてくれるGPSシステムに使われるようになるまでには100年以上かかった。ニュートンもアインシュタインも、自分たちの発明が今日私たちにこのような使われ方をするとは夢にも思わなかったはずだ。一方、実用化がはるかに速く進んだ例もある。アレクサンダー・フレミングが1928年にペニシリンを発見してから、人間に使われるまでには20年もかからなかった。現在の老化研究を突き動かす資金量と切迫感をもってすれば、数十年ではなく数年で重大な進歩が起こるかもしれない。だが老化の複雑性を考慮すれば、確かな予測を立てることは不可能だ。

私たちは今、岐路に立っている。生物学の革命は容赦なく進んでいく。人工知能やコンピューティング、物理学、化学、工学はいずれも伝統的に生物学の領域であったところに踏み込んできている。それらが組み合わさり、老化を含む生命科学のあらゆる側面を前進させるような新たな技術や一段と高度なツールが生まれている。

本書では何度も、癌と老化の関係性を指摘してきた。どちらもきわめて複雑な生物学的プロセスに根差している。癌が単一の疾患ではないように、老化にもたくさんの相互に関連する原因がある。1971年にニクソン大統領が「癌との戦争」を宣言してから半世紀経った。以来、癌の生物学的理解は大幅に進展し、今日に至るまで新たな治療法や既存の治療法の改善が続いており、数百万人の命が救われ、余命が延びた。今日老化研究に投じられる人材や資金は、癌との戦いを髣髴させる。これは癌と同じように抗老化においてもいずれ画期的業績が生まれることを意味している。ただそれが実際に私たちの人生を改善し、延長するには時間がかかるだろう。半世紀におよぶ真剣な取り組みにもかかわらず、今日に至っても癌が「解決」していないことは肝に銘じるべきだ。ほとんどの社会において、癌は今でも主要な死因の1つにとどまっている。癌と老化が同じように複雑な問題であることを考えれば、老化における進歩も同じような道をたどるかもしれない。

私たちは技術の短期的効果を過大評価する一方、長期的効果を過小評価する傾向がある、と言ったのはアメリカの未来学者で科学者ロイ・アマラだ。これはインターネットから人工知能まで多くの技術に当てはまる。アマラの法則が正しければ、アンチエイジング産業が誇大宣伝するものは軒並み短期的には相当な落胆を生むが、幻滅と不満の冬を乗り越えれば最終的には大きな進歩が達せられることになる。

社会としてこうした変化がもたらす可能性のある重大な影響について、考えておくことが重要だ。ただ、それは政府や市民だけの役割ではない。アンチエイジング産業がコンピュータ産業の轍を踏み、将来待ち受ける事態を一切考慮せずに突き進み、手遅れになってから私たちにその後始末をさせるようなことがあってはならない。この業界の企業は老化研究の主要な業績から大いに恩恵を受ける立場にあるが、自らの事業の社会的あるいは倫理的影響にしっかり対応しているようには見受けられない。彼らの宣伝文句は決まって、自社の事業を人類にとって紛れもない普遍的な善であるかのように描き出している。

一方、私たち個人は長期にわたる衰えや機能低下を座して待つ必要はない。皮肉なことにアンチエイジング産業の土台となった生物学の新たな知見は、古来の健康長寿の秘訣が正しかったことを完全に裏づけることになった。節度ある食事、運動、睡眠である。マイケル・ポーランは著書『ヘルシーな加工食品はかなりヤバい――本当に安全なのは「自然のままの食品」だ』にこう書いている。「まっとうな食べ物を食べよう。ほどほどに。主に植物性の食べ物を」。このアドバイスはカロリー制限経路について明らかになっている事柄と完全に整合する。すでに見てきたように運動と睡眠はインスリン感受性、筋肉量、ミトコンドリアの働き、血圧、ストレス、認知症リスクなど多くの老化因子に影響を及ぼす。これらの老化対策は今のところ市場で流通しているあらゆるアンチエイジング薬より効果があり、お金もかからず、副作用もない。

老年学という壮大な試みが死の問題を解決するまで、私たちは人生の美しさを心ゆくまで楽しめばいい。そして自分の番が来たら、永遠なる宴に加わることのできた幸運をかみしめながら潔く夕日のなかに消えていくのだ。

謝辞

マックス・ブロックマンとジョン・ブロックマンの励ましがなければ、本書は誕生していなかった。2人は本書がまだ単なるアイデアに過ぎなかったときから協力を惜しまず、本の概略をまとめるのを助けてくれた。

2人の編集者、ホッダー&ストートン社のカーティ・トピワラとウィリアム・モロー社のニック・アンフレットには、本書の出版を引き受け、すばらしい編集をしてくれたことに感謝したい。2人の緻密さ、識見、率直な批判とフィードバックによって、私の原稿は格段にわかりやすくなった。最終稿を大きく改良してくれたフィリップ・バッシェの校閲の緻密さと深みにも感謝している。

私のために惜しみなく時間を割き、意見やフィードバックを与えてくれた多くの科学者たちの厚意には感謝に堪えない。真っ先に感謝を伝えたいのは、世界トップクラスの老化研究者であるリンダ・パートリッジだ。私が膨大な老化研究の文献の全体像を把握するのを助けてくれただけでなく、執筆プロセスを通じて大量の質問に答え、初稿全体に目を通して批判的フィードバックを与えてくれた。ジュリアン・セール、ケタン・パテル、マニュ・ヘッジとも多くの議論を重ね、また全員が初稿を読んで有益なフィードバックを返してくれた。マイケル・ホール、スティーブ・オラヒリー、ラウル・モストフスラスキーは第7章、第9章の、そしてマイケル・ゴダートは第6章の題材について有益なコメントを与えてくれた。

サンタフェ研究所のデビッド・クラカウアーとジョフリー・ウェスト、そして彼らの老化に関するワークショップの参加者たちは、私が人間の老化を複雑なシステムの成長と劣化の特別なケースという、より広い視点でとらえ直すのを助けてくれた。

それ以外にも本書で触れたさまざまなテーマについて議論に応じ、関連する研究成果を教えてくれたり、わかりにくい点をはっきりさせてくれたりした多くの方々がいる。マダン・バブー、アネット・ボーディッシュ、アン・ベルトロッティ、マリア・ブラスコ、スティーヴン・ケイヴ、ジュリー・クーパー、トム・デバー、アラン・ハインブッシュ、マット・ケーバーライン、ブライアン・ケネディ、トム・カークウッド、ティティア・デ・ランゲ、ニルス・ヨーラン・ラーション、トルーディー・マッケイ、アンドリュー・ナホム、トム・パールズ、ラリタ・ラマクリシュナン、ウルフ・ライク、デビッド・ロン、メリナ・シュー、マニュエル・セラーノ、マルタ・シャバジ、アジム・スラーニ、マーク・トロール、アレックス・ウィットワース、ロジャー・ウィリアムズのほか、さらに多くの方々が具体的質問に答えてくれた。

この研究領域の現状から、私が対話した人々の見解は必ずしも完全に一致はしなかった。最終的に本書に載せた資料や表明した意見に対する責任は、ひとえに私にある。

老化に関する文献は膨大にあり、この領域にかかわる研究者の数も然りだ。この規模の本ですべてに言及することは不可能なので、このテーマについてストーリーをまとめるうえで取捨選択せざるを得なかった。

9686110; J. Holt-Lunstadet al., "Loneliness and Social Isolation as Risk Factors for Mortality: A Meta-Analytic Review," *Perspectives on Psychological Science* 10, no. 2 (March 2015): 227–37, doi: 10.1177/1745691614568352.

24 Allison Arieff, "Life Is Short. That's the Point," *New York Times* online, August 18, 2018, https://www.nytimes.com/2018/08/18/opinion/life-is-short-thats-the-point.html.

25 *Report: Living to 120 and Beyond: Americans' Views on Aging, Medical Advances and Radical Life Extension* (Washington, DC: Pew Research Center, August 6, 2013), https://www.pewresearch.org/religion/2013/08/06/living-to-120-and-beyond-americans-views-on-aging-medical-advances-and-radical-life-extension/.

d7622, doi: 10.1136/bmj.d7622.

16 D. Murman, "The Impact of Age on Cognition," *Seminars in Hearing* 36, no. 3 (2015): 111–21, doi: 10.1055/s-0035-1555115.

17 "Household total wealth in Great Britain: April 2018 to March 2020," Office for National Statistics, January 7, 2022, https://www.ons.gov.uk/peoplepopulationandcommunity/personalandhouseholdfinances/incomeandwealth/bulletins/totalwealthingreatbritain/april2018tomarch2020; Donald Hays and Briana Sullivan, The Wealth of Households:2020, United States Census Bureau, August 2022, https://www.census.gov/content/dam/Census/library/publications/2022/demo/p70br-181.pdf.

18 D. Murman, "The Impact of Age on Cognition," *Seminars in Hearing* 36, no. 3 (2015): 111–21, doi: 10.1055/s-0035-1555115.

19 "Tom Williams, "Oxford Professors 'Forced to Retire' Win Tribunal Case," *Times Higher Education*, March 17, 2023, https://www.timeshighereducation.com/news/oxford-professors-forced-retire-win-tribunal-case.

20 P. B. Moore, "Neutrons, Magnets, and Photons: A Career in Structural Biology," *Journal of Biological Chemistry* 287, no.2 (January 2012): 805–18, doi: 10.1074/jbc.X111.324509.

21 V. Skirbekk, "Age and Individual Productivity: A Literature Survey" (MPIDR working paper WP 2003–028, Max Planck Institute for Demographic Research, Rostock, Ger., August 2003), https://www.demogr.mpg.de/papers/working/wp-2003-028.pdf; C. A. Viviani. et al. "Productivity in Older Versus Younger Workers: A Systematic Literature Review," *Work* 68, no. 3 (2021): 577–618, doi: 10.3233/WOR-203396.o.

22 P. A. Boyle et al., "Effect of a Purpose in Life on Risk of Incident Alzheimer Disease and Mild Cognitive Impairment in Community-Dwelling Older Persons," *Archives of General Psychiatry* 67, no. 3 (March 2010): 304–10, doi: 10.1001/archgenpsychiatry.2009.208; R. Cohen, C. Bavishi, and A. Rozanski, "Purpose in Life and Its Relationship to All-Cause Mortality and Cardiovascular Events: A Meta-Analysis," *Psychosomatic Medicine* 78, no. 2 (February/March 2016): 122–33, doi: 10.1097/PSY.0000000000000274.

23 Andrew Steptoe et al., "Social Isolation Loneliness, and All-Cause Mortality in Older Men and Women," *Proceedings of the National Academy of Sciences (PNAS) of the United States of America* 110, no. 15 (March 25, 2013): 5797–801, doi: 10.1073/pnas. 121

0195447; Fiona McMillan, "Medical Advances Can Exacerbate Inequality," *Cosmos* online, last modified October 21, 2018, https://cosmosmagazine.com/people/medical-advances-can-exacerbate-inequality/.

6 D. R. Gwatkin and S. K. Brandel, "Life Expectancy and Population Growth in the Third World," *Scientific American* 246, no. 5 (May 1982): 57–65, doi: 10.1038/scientificamerican0582-57.

7 2022年8月26日付、イーロン・マスクのツイート。https://twitter.com/elonmusk/status/1563020169160851456.

8 J. R. Goldstein and W. Schlag, "Longer Life and Population Growth," *Population and Development Review* 25, no. 4 (December 1999): 741–47, doi: 10.1111/j.1728-4457.1999.00741.x.

9 以下に引用されたポール・ルート・ウォルペの発言。Jenny Kleeman, "Do you Want to Live Forever? Big Tech and the Quest for Eternal Youth," *New Statesman* online, last modified October 13, 2021, https://www.newstatesman.com/long-reads/2022/12/live-forever-big-tech-search-quest-eternal-youth-long-read.

10 Angelique Chrisafis, "More Than 1.2 Million March in France over Plan to Raise Pension Age to 64," *Guardian* (US edition) online, last modified March 7, 2023, https://www.theguardian.com/world/2023/mar/07/nationwide-strikes-in-france-over-plan-to-raise-pension-age-to-64.

11 Annie Lowrey, "The Problem with the Retirement Age Is That It's Too High," *Atlantic* online, last modified April 15, 2023, https://www.theatlantic.com/ideas/archive/2023/04/social-security-benefits-france-pension-protests/673733/.

12 2005年5月27日に4チャンネル（イギリス）で放映されたインタビュー。

13 2021年8月6日、カズオ・イシグロから筆者への電子メール。

14 T. A. Salthouse, "When Does Age-Related Cognitive Decline Begin?," *Neurobiology of Aging* 30, no. 4 (April 2009): 507–14, doi: 10.1016/j.neurobiolaging.2008.09.023; L. G. Nilsson et al., "Challenging the Notion of an Early-Onset of Cognitive Decline," *Neurobiology of Aging* 30, no. 4 (April 2009): 521–24, discussion 530, doi: 10.1016/j.neurobiolaging.2008.11.013; T. Hedden and J. D. Gabrieli, "Insights into the Ageing Mind: A View from Cognitive Neuroscience," *Nature Reviews Neuroscience* 5, no. 2 (February 2004): 87–96, doi: 10.1038/nrn1323.

15 A. Singh-Manoux et al., "Timing of Onset of Cognitive Decline: Results from Whitehall II Prospective Cohort Study," *BMJ* 344, no. 7840 (January 5, 2012):

Reproduced in http://www.ibiblio.org/eldritch/owh/shay.html.

45 2021年11月27日、パールズから筆者への電子メール。

46 S. L. Andersen et al., "Health Span Approximates Life Span Among Many Supercentenarians: Compression of Morbidity at the Approximate Limit of Life Span," *Journals of Gerontology: Series A* 67, no. 4 (April 2012): 395–405, doi: 10.1093/gerona/glr223.

47 P. Sebastiani et al., "A Serum Protein Signature of APOE Genotypes in Centenarians," *Aging Cell* 18, no. 6 (December 2019): e13023, doi: 10.1111/acel.13023; B. N. Ostendorf et al., "Common Germline Variants of the Human APOE Gene Modulate Melanoma Progression and Survival," *Nature Medicine* 26, no. 7 (July 2020): 1048–53, doi: 10.1038/s41591-020-0879-3; B. N. Ostendorf et al., "Common Human Genetic Variants of APOE Impact Murine COVID-19 Mortality," *Nature* 611, no. 7935 (November 2022): 346–51, doi: 10.1038/s41586-022-05344-2.

CHAPTER 12

1 United Nations Department of Economic and Social Affairs, Population Division, *World Population Prospects 2022: Summary of Results* (New York: United Nations, 2022), https://www.un.org/development/desa/pd/sites/www.un.org.development.desa.pd/files/wpp2022_summary_of_results.pdf.

2 David E. Bloom and Leo M. Zucker, "Aging Is the Real Population Bomb," *Finance & Development* online, June 2023, 58–61, https://www.imf.org/en/Publications/fandd/issues/Series/Analytical-Series/aging-is-the-real-population-bomb-bloom-zucker.

3 Veena Raleigh, "What Is Happening to Life Expectancy in England?," King's Fund online, last modified April 10, 2024, https://www.kingsfund.org.uk/insight-and-analysis/long-reads/whats-happening-life-expectancy-england.

4 R. Chetty et al., "The Association Between Income and Life Expectancy in the United States, 2001–2014," *Journal of the American Medical Association* (*JAMA*) 315, no. 16 (April 26, 2016): 1750–66, doi: 10.1001/jama.2016.4226.

5 V. J. Dzau and C. A. Balatbat, "Health and Societal Implications of Medical and Technological Advances," *Science Translational Medicine* 10, no. 463 (October 17, 2018): eaau4778, doi: 10.1126/scitranslmed.aau4778; D. Weiss et al. "Innovative Technologies and Social Inequalities in Health: A Scoping Review of the Literature," *PLOS One* 13, no. 4 (April 3, 2018): e0195447, doi: 10.1371/journal.pone.

bezos-milner-bet-living-forever/.

33 Hannah Kuchler, "Altos Labs Insists Mission Is to Improve Lives Not Cheat Death," *Financial Times* online, last modified January 23, 2022, https://www.ft.com/content/f3bceaf2-0d2f-4ec7-b767-693bf01f9630.

34 筆者は2022年6月22日に開かれたアルトス・ラボのケンブリッジ拠点の開設記念式典に出席した。

35 2021年9月2日、マイケル・ホールから筆者への電子メール。

36 抗老化のための戦略や薬剤の包括的リストは以下を参照。Partridge, Fuentealba, and Kennedy, "The Quest to Slow Ageing Through Drug Discovery" 513–32.

37 M. Eisenstein, "Rejuvenation by Controlled Reprogramming Is the Latest Gambit in Anti-Aging," *Nature Biotechnology* 40, no. 2 (February 2022): 144–46, doi: 10.1038/d41587-022-00002-4.

38 Olshansky, Hayflick, and Carnes, "Position Statement," B292–97.

39 K. S. Kudryashova et al., "Aging Biomarkers: From Functional Tests to Multi-Omics Approaches," *Proteomics* 20, nos. 5/6 (March 2020): art. E1900408, doi: 10.1002/pmic.201900408; Buckley et al., "Cell Type–Specific Aging Clocks to Quantify Aging and Rejuvenation in Neurogenic Regions of the Brain."

40 Kudryashova et al., "Aging Biomarkers: From Functional Tests to Multi-Omics Approaches"; Buckley et al., "Cell Type–Specific Aging Clocks to Quantify Aging and Rejuvenation in Neurogenic Regions of the Brain."

41 A. D. de Grey, "The Foreseeability of Real Anti-Aging Medicine: Focusing the Debate," *Experimental Gerontology* 38, no. 9 (September 1, 2003): 927–34, doi: 10.1016/s0531-5565(03)00155-4.

42 "Health State Life Expectancies, UK: 2018 to 2020," Office of National Statistics (UK) online, last modified March 4, 2022, https://www.ons.gov.uk/peoplepopulationandcommunity/healthandsocialcare/healthandlifeexpectancies/bulletins/healthstatelifeexpectanciesuk/2018to2020.

43 Jean-Marie Robine, "Aging Populations: We Are Living Longer Lives, But Are We Healthier?" United Nations Department of Economic and Social Affairs, Population Division, online, September 2021, https://desapublications.un.org/file/653/download.

44 Oliver Wendell Holmes, *The Deacon's Masterpiece or the Wonderful One-Hoss Shay*, Cambridge, MA: Houghton, Mifflin, 1891. With illustrations by Howard Pyle.

of the World's Best-Selling Book on Aging," *Archives of Gerontology and Geriatrics* 104 (January 2023): art. 104825, doi: 10.1016/j.archger.2022.104825.

26 David Sinclair, "This Is Not an Advice Article," LinkedIn, last modified June 25, 2018, https://www.linkedin.com/pulse/advice-article-david-sinclair.

27 輸血に関する研究成果に反応して設立された企業群に関する記事はごまんとあるが、その一例として以下を参照。Rebecca Robbins, "Young-Blood Transfusions Are on the Menu at Society Gala," *Scientific American* online, last modified March 2, 2018, https://www.scientificamerican.com/article/young-blood-transfusions-are-on-the-menu-at-society-gala/.

28 S. J. Olshansky, L. Hayflick, and B. A. Carnes, "Position Statement on Human Aging," *Journals of Gerontology: Series A* 57, no. 8 (August 1, 2002): B292–97, doi: 10.1093/gerona/57.8.b292. この声明には合計51人の老年学者が署名しており、リーダーとなった3人が一般向けの概要も発表している。"Essay: No Truth to the Fountain of Youth," *Scientific American* 286, no. 6 (June 2002): 92–95, doi: 10.1038/scientificamerican0602-92.

29 以下などを参照。Tad Friend, "Silicon Valley's Quest to Live Forever," *New Yorker* online, last modified March 27, 2017, https://www.newyorker.com/magazine/2017/04/03/silicon-valleys-quest-to-live-forever; Anjana Ahuja, "Silicon Valley's Billionaires Want to Hack the Ageing Process," *Financial Times* online, last modified September 7, 2021, https://www.ft.com/content/24849908-ac4a-4a7d-b53c-847963ac1228; Anjana Ahuja, "Can We Defeat Death?," *Financial Times* online, last modified October 28, 2021, https://www.ft.com/content/60d9271c-ae0a-4d44-8b11-956cd2e484a9.

30 これはアントニオ・レガラドが以下で述べた見解を言い換えたものだ。Antonio Regalado, "Meet Altos Labs, Silicon Valley's Latest Wild Bet on Living Forever," *MIT Technology Review* online, last modified September 4, 2021, https://www.technologyreview.com/2021/09/04/1034364/altos-labs-silicon-valleys-jeff-bezos-milner-bet-living-forever/.

31 Yuri Milner, *Eureka Manifesto*. 以下でダウンロードできる。https://yurimilnermanifesto.org/.

32 Antonia Regalado, "Meet Altos Labs, Silicon Valley's Latest Wild Bet on Living Forever," *MIT Technology Review* online, last modified September 4, 2021, https://www.technologyreview.com/2021/09/04/1034364/altos-labs-silicon-valleys-jeff-

Gerontology 38, no. 9 (September 1, 2003): 927–34, doi: 10.1016/s0531-5565(03)00155-4.

16 H. Warner et al., "Science Fact and the SENS Agenda: What Can We Reasonably Expect from Ageing Research?" *EMBO Reports* 6, no. 11 (November 2005): 1006–08, doi: 10.1038/sj.embor.7400555.

17 Estep et al., "Life Extension Pseudoscience and the SENS Plan," *MIT Technology Review*, 2006, http://www2.technologyreview.com/sens/docs/estepetal.pdf; Sherwin Nuland, "Do You Want to Live Forever?," *MIT Technology Review* online, last modified February 1, 2005, https://www.technologyreview.com/2005/02/01/231686/do-you-want-to-live-forever/.

18 Richard Miller, Debating Immortality, *MIT Technology Review* online, November 29, 2005, https://www.technologyreview.com/2005/11/29/274243/debating-immortality/.

19 以下でのオーブリー・デ・グレイのコメント。*The Immortalists*. Directed by David Alvarado and Jason Sussberg, Structure Films, 2014.

20 Annalee Armstrong, "Anti-Aging Foundation SENS Fires de Grey After Allegations He Interfered with Investigation into His Conduct," Fierce Biotech, last modified August 23, 2021, https://www.fiercebiotech.com/biotech/anti-aging-foundation-sens-turfs-de-grey-after-allegations-he-interfered-investigation-into.

21 SENS Research Foundation, "Announcement from the SRF Board of Directors," news release, March 23, 2022, https://www.sens.org/announcement-from-the-srf-board-of-directors/.

22 "Meet the Team," LEV Foundation online, https://www.levf.org/team（2023年8月7日閲覧）

23 David Sinclair, quoted in Antonio Regalado, "How Scientists Want to Make You Young Again," *MIT Technology Review* online, last modified October 25, 2022, https://www.technologyreview.com/2022/10/25/1061644/how-to-be-young-again/.

24 Catherine Elton, "Has Harvard's David Sinclair Found the Fountain of Youth?" *Boston* online, last modified October 29, 2019, https://www.bostonmagazine.com/health/2019/10/29/david-sinclair/.

25 David Sinclair and Matthew LaPlante, *Lifespan: Why We Age, and Why We Don't Have To* (New York: Atria Books, 2019)（邦訳：デビッド・A・シンクレア、マシュー・D・ラプラント『LIFESPAN』梶山あゆみ訳、東洋経済新報社）。同書に対するかなり辛辣なレビューは以下を参照。C. A. Brenner, "A Science-Based Review

to Be Cryogenically Frozen," *Guardian* (US edition) online, last modified November 18, 2016, https://www.theguardian.com/science/2016/nov/18/teenage-girls-wish-for-preservation-after-death-agreed-to-by-court.

8 Alexandra Topping and Hannah Devlin, "Top UK Scientist Calls for Restrictions on Marketing Cryonics," *Guardian* (US edition) online, last modified November 18, 2016, https://www.theguardian.com/science/2016/nov/18/top-uk-scientist-calls-for-restrictions-on-marketing-cryonics.

9 Tom Verducci, "What Really Happened to Ted Williams," *Sports Illustrated* online, last modified August 18, 2003, https://vault.si.com/vault/2003/08/18/what-really-happened-to-ted-williams-a-year-after-the-jarring-news-that-the-splendid-splinter-was-being-frozen-in-a-cryonics-lab-new-details-including-a-decapitation-suggest-that-one-of-americas-greatest-heroes-may-never-rest-in.

10 以下に挙げられている文献を参照。https://en.wikipedia.org/wiki/List_of_people_who_arranged_for_cryonics; 私がニック・ボストロムにメールを送ったところ、次のような返答が来た。「メディアではそのように報道されている。ただし自分の葬儀をはじめとする死後の計画についてはコメントしないというのが私のスタンスだ」(2023年1月11日付電子メール)

11 Antonio Regalado, "A Startup Is Pitching a Mind-Uploading Service That Is '100 Percent Fatal,' " *MIT Technology Review* online, last modified March 13, 2018, https://www.technologyreview.com/2018/03/13/144721/a-startup-is-pitching-a-mind-uploading-service-that-is-100-percent-fatal/.

12 Sharon Begley, "After Ghoulish Allegations, a Brain-Preservation Company Seeks Redemption," *Stat* (online), January 30, 2019, https://www.statnews.com/2019/01/30/nectome-brain-preservation-redemption.

13 Evelyn Lamb, "Decades-Old Graph Problem Yields to Amateur Mathematician," Quanta, last modified April 17, 2018, https://www.quantamagazine.org/decades-old-graph-problem-yields-to-amateur-mathematician-20180417/.

14 Aubrey de Grey, "A Roadmap to End Aging," TED Talk, July 2005, 22:35, https://www.ted.com/talks/aubrey_de_grey_a_roadmap_to_end_aging?subtitle=en/.

15 A. D. de Grey et al., "Time to Talk SENS: Critiquing the Immutability of Human Aging," *Annals of the New York Academy of Sciences* 959, no. 1 (April 2002): 452–62, discussion 463-5, doi: 10.1111/j.1749–6632.2002.tb02115.x; A. D. de Grey, "The Foreseeability of Real Anti-Aging Medicine: Focusing the Debate," *Experimental*

Year Trying to Reverse His Ageing Reveals Latest Gadget He Uses That Puts His Body Through the Equivalent of 20,000 Sit Ups in 30 Minutes," *Daily Mail* (London) online, last modified April 5, 2023, https://www.dailymail.co.uk/news/article-11942581/Tech-billionaire-45-spends-2million-year-trying-reverse-ageing-reveals-latest-gadget.html; Orianna Rosa Royle, "Tech Billionaire Who Spends $2 Million a Year to Look Young Is Now Swapping Blood with His 17-Year-Old Son and 70-Year-Old Father," *Fortune* online, last modified May 23, 2023, https://fortune.com/2023/05/23/bryan-johnson-tech-ceo-spends-2-million-year-young-swapping-blood-17-year-old-son-talmage-70-father/; Alexa Mikhail, "Tech CEO Bryan Johnson admits he saw 'no benefits' after controversially injecting his son's plasma into his body to reverse his biological age," *Fortune*, July 8, 2023, https://fortune.com/well/2023/07/08/bryan-johnson-plasma-exchange-results-anti-aging/.

CHAPTER 11

1 S. Bojic et al., "Winter Is Coming: The Future of Cryopreservation," *BMC Biology* 19, no. 1 (March 24, 2021): 56, doi: 10.1186/s12915-021-00976-8.

2 Paul Vitello, "Robert C. W. Ettinger, a Proponent of Life After (Deep-Frozen) Death, Is Dead at 92," *New York Times* online, July 29, 2011, https://www.nytimes.com/2011/07/30/us/30ettinger.html; Associated Press, "Cryonics Pioneer Robert Ettinger Dies," *Guardian* (US edition) online, last modified July 26, 2011, https://www.theguardian.com/science/2011/jul/26/cryonics-pioneer-robert-ettinger-dies.

3 "Elon Musk on Cryonics," Elon Musk, interviewed by Zach Latta, YouTube video, 2:09, uploaded by Hack Club on May 4, 2020, https://www.youtube.com/watch?v=MSIjNKssXAc.

4 Daniel Terdiman, "Elon Musk at SXSW: 'I'd Like to Die on Mars, Just Not on Impact,'" CNET, last modified May 9, 2014, https://www.cnet.com/culture/elon-musk-at-sxsw-id-like-to-die-on-mars-just-not-on-impact/.

5 この問題をはじめ、クライオニクス全般に関するとりわけ痛烈な論文を神経生物学者のマイケル・ヘンドリックが書いている。Michael Hendricks, "The False Science of Cryonics," *MIT Technology Review*, September 15, 2015, https://www.technologyreview.com/2015/09/15/109906/the-false-science-of-cryonics.

6 2023年1月12日、アルバート・カルドナと筆者との対話。

7 Owen Bowcott and Amelia Hill, "14-Year-Old Girl Who Died of Cancer Wins Right

Back in Business," OneZero, last modified November 9, 2019, https://onezero.medium.com/exclusive-ambrosia-the-young-blood-transfusion-startup-is-quietly-back-in-business-ee2b7494b417.

22 J. M. Castellano et al., "Human Umbilical Cord Plasma Proteins Revitalize Hippocampal Function in Aged Mice," *Nature* 544, no. 7651 (April 27, 2017): 488–92, doi: 10.1038/nature22067; H. Yousef et al., "Aged Blood Impairs Hippocampal Neural Precursor Activity and Activates Microglia Via Brain Endothelial Cell VCAM1," *Nature Medicine* 25, no. 6 (June 2019): 988–1000, doi: 10.1038/s41591-019-0440-4.

23 F. S. Loffredo et al., "Growth Differentiation Factor 11 Is a Circulating Factor That Reverses Age-Related Cardiac Hypertrophy," *Cell* 153, no. 4 (May 9, 2013): 828–39, doi: 10.1016/j.cell.2013.04.015; M. Sinha et al., "Restoring Systemic GDF11 Levels Reverses Age-Related Dysfunction in Mouse Skeletal Muscle," *Science* 344, no. 6184 (May 9, 2014): 649–52, doi: 10.1126/science.1251152; L. Katsimpardi et al., "Vascular and Neurogenic Rejuvenation of the Aging Mouse Brain by Young Systemic Factors," *Science* 344, no. 6184 (May 9, 2014): 630–34, doi: 10.1126/science.1251141. こうした発見は、以下の論文に非常に読みやすく書かれている。Carl Zimmer, "Young Blood May Hold Key to Reversing Aging," *New York Times* online, May 4, 2014, https://www.nytimes.com/2014/05/05/science/young-blood-may-hold-key-to-reversing-aging.html.

24 O. H. Jeon et al., "Systemic Induction of Senescence in Young Mice After Single Heterochronic Blood Exchange," *Nature Metabolism* 4, no. 8 (August 2022): 995–1006, doi: 10.1038/s42255-022-00609-6.

25 A. M. Horowitz et al., "Blood Factors Transfer Beneficial Effects of Exercise on Neurogenesis and Cognition to the Aged Brain," *Science* 369, no. 6500 (July 10, 2020): 167–73, doi: 10.1126/science.aaw2622.

26 J. O. Brett et al., "Exercise Rejuvenates Quiescent Skeletal Muscle Stem Cells in Old Mice Through Restoration of Cyclin D1," *Nature Metabolism* 2, no. 4 (April 2020): 307–17, doi: 10.1038/s42255-020-0190-0.

27 M. T. Buckley et al., "Cell-Type–Specific Aging Clocks to Quantify Aging and Rejuvenation in Regenerative Regions of the Brain," *Nature Aging* 3 (January 2023): 121–37, https://www.nature.com/articles/s43587-022-00335-4.

28 David Averre and Neirin Gray Desai, "Tech Billionaire, 45, Who Spends $2 Million a

Aging," *Cell* 186, no. 2 (January 19, 2023), doi: 10.1016/j.cell.2022.12.027.

12 R. B. S. Harris, "Contribution Made by Parabiosis to the Understanding of Energy Balance Regulation," *Biochimica et Biophysica Acta (BBA)—Molecular Basis of Disease* 1832, no. 9 (September 2013): 1449–55, doi: 10.1016/j.bbadis.2013.02.021.

13 C. M. McCay, F. Pope, and W. Lunsford, "Experimental Prolongation of the Life Span," *Journal of Chronic Diseases* 4, no. 2 (August 1956): 153–58, https://www.sciencedirect.com/science/article/abs/pii/0021968156900157. この領域を総括した以下の論文に引用されている。M. Scudellari, "Ageing Research: Blood to Blood," *Nature* 517, no. 7535 (January 22, 2015): 426–29, doi: 10.1038/517426a.

14 Scudellari, "Ageing Research," 426–29.

15 M. J. Conboy, I. M. Conboy, and T. A. Rando, "Heterochronic Parabiosis: Historical Perspective and Methodological Considerations for Studies of Aging and Longevity," *Aging Cell* 12, no. 3 (June 2013): 525–30, doi: 10.1111/acel.12065.

16 S. A. Villeda et al., "The Ageing Systemic Milieu Negatively Regulates Neurogenesis and Cognitive Function," *Nature* 477, no. 7362 (August 31, 2011): 90–94, doi: 10.1038/nature10357; S. A. Villeda et al., "Young Blood Reverses Age-Related Impairments in Cognitive Function and Synaptic Plasticity in Mice," *Nature Medicine* 20, no. 6 (June 2014): 659–63, doi: 10.1038/nm.3569.

17 Conboy, Conboy, and Rando, "Heterochronic Parabiosis," 525–30.

18 J. Rebo et al, "A Single Heterochronic Blood Exchange Reveals Rapid Inhibition of Multiple Tissues by Old Blood," *Nature Communications* 7, no. 1 (November 22, 2016): art. 13363, doi: 10.1038/ncomms13363.

19 Rebecca Robbins, "Young-Blood Transfusions Are on the Menu at Society Gala," *Scientific American* online, last modified March 2, 2018, https://www.scientificamerican.com/article/young-blood-transfusions-are-on-the-menu-at-society-gala/.

20 Scott Gottlieb, "Statement from FDA Commissioner Scott Gottlieb, M.D., and Director of FDA's Center for Biologics Evaluation and Research Peter Marks, M.D., Ph.D., Cautioning Consumers Against Receiving Young Donor Plasma Infusions That Are Promoted as Unproven Treatment for Varying Conditions," U.S. Food and Drug Administration, press release, February 19, 2019, https://www.fda.gov/news-events/press-announcements/statement-fda-commissioner-scott-gottlieb-md-and-director-fdas-center-biologics-evaluation-and-0.

21 Emily Mullin, "Exclusive: Ambrosia, the Young Blood Transfusion Startup, Is Quietly

nature.2016.19287.

5 M. Xu et al., "Senolytics Improve Physical Function and Increase Lifespan in Old Age," *Nature Medicine* 24, no. 8 (August 2018): 1246–56, doi: 10.1038/s41591-018-0092-9.

6 Donavyn Coffey, "Does the Human Body Replace Itself Every 7 Years?," Live Science, last modified July 23, 2022, https://www.livescience.com/33179-does-human-body-replace-cells-seven-years.html; P. Heinke et al., "Diploid Hepatocytes Drive Physiological Liver Renewal in Adult Humans," *Cell Systems* 13, no. 6 (June 15, 2022): 499–507.e12, doi: 10.1016/j.cels.2022.05.001; K. L. Spalding et al., "Dynamics of Hippocampal Neurogenesis in Adult Humans," *Cell* 153, no. 6 (June 6, 2013): 1219–27, doi: 10.1016/j.cell.2013.05.002; A. Ernst et al., "Neurogenesis in the Striatum of the Adult Human Brain," *Cell* 156, no. 5 (February 27, 2014): 1072–83, doi: 10.1016/j.cell.2014.01.044.

7 幹細胞の枯渇に関する包括的議論は以下を参照。C. López-Otín et al., "The Hallmarks of Aging," *Cell* 153, no.6 (June 6, 2013): 1194–217, doi: 10.1016/j.cell.2013.05.039.

8 A. Ocampo et al., "In Vivo Amelioration of Age-Associated Hallmarks by Partial Reprogramming," *Cell* 167, no. 7 (December 15, 2016): 1719–33.e12, doi: 10.1016/j.cell.2016.11.052.

9 K. C. Browder et al., "In Vivo Partial Reprogramming Alters Age-Associated Molecular Changes During Physiological Aging in Mice," *Nature Aging* 2, no. 3 (March 2022): 243–53, doi: 10.1038/s43587-022-00183-2; D. Chondronasiou et al., "Multi-omic Rejuvenation of Naturally Aged Tissues by a Single Cycle of Transient Reprogramming," *Aging Cell* 21, no. 3 (March 2022): e13578, doi: 10.1111/acel.13578; D. Gill et al., "Multi-omic Rejuvenation of Human Cells by Maturation Phase Transient Reprogramming," *eLife* 11 (April 8, 2022): e71624, doi: 10.7554/eLife.71624.

10 Y. Lu et al., "Reprogramming to Recover Youthful Epigenetic Information and Restore Vision," *Nature* 588, no. 7836 (December 2020): 124–29, doi: 10.1038/s41586-020-2975-4. 以下の記事も参照。K. Servick, "Researchers Restore Lost Sight in Mice, Offering Clues to Reversing Aging," *Science* online, last modified December 2, 2020, doi: 10.1126/science.abf9827.

11 Jae-Hyun Yang et al., "Loss of Epigenetic Information as a Cause of Mammalian

10.1161/circulationaha.113.001590.

36 J. B. Stewart and N. G. Larsson, "Keeping mtDNA in Shape between Generations," *PLoS Genetics* 10, no. 10 (October 9, 2014): e1004670, doi: 10.1371/journal.pgen.1004670.

37 Y. Bentov et al., "The Contribution of Mitochondrial Function to Reproductive Aging," *Journal of Assistive Reproduction and Genetics* 28, no. 9 (September 2011): 773–83, doi: 10.1007/s10815-011-9588-7.

CHAPTER 10

1 M. Serrano et al., "Oncogenic *ras* Provokes Premature Cell Senescence Associated with Accumulation of p53 and p16INK4a," *Cell* 88, no. 5 (March 7, 1997): 593–602, doi: 10.1016/s0092-8674(00)81902-9; M. Narita and S. W. Lowe, "Senescence Comes of Age," *Nature Medicine* 11, no. 9 (September 2005): 920–22, doi: 10.1038/nm0905-920.

2 M. Demaria et al., "An Essential Role for Senescent Cells in Optimal Wound Healing Through Secretion of PDGF-AA," *Developmental Cell* 31, no. 6 (December 22, 2014): 722–33, doi: 10.1016/j.devcel.2014.11.012; M. Serrano, "Senescence Helps Regeneration," *Developmental Cell* 31, no. 6 (December 22, 2014): 671–72, doi: 10.1016/j.devcel.2014.12.007.

3 以下に挙げるレビュー論文は、老化において老化細胞が果たす役割について包括的に説明している。J. Campisi and F. d'Adda di Fagagna, "Cellular Senescence: When Bad Things Happen to Good Cells," *Nature Reviews Molecular Cell Biology* 8, no. 9 (September 2007): 729–40, doi: 10.1038/nrm2233; J. M. van Deursen, "The Role of Senescent Cells in Ageing," *Nature* 509, no. 7501 (May 22, 2014): 439–46, doi: 10.1038/nature13193; J. Gil, "Cellular Senescence Causes Ageing," *Nature Reviews Molecular Cell Biology* 20, no.7 (July 2019): 388, doi: 10.1038/s41580-019-0128-0.

4 D. J. Baker et al., "Clearance of p16Ink4a-Positive Senescent Cells Delays Ageing-Associated Disorders," *Nature* 479, no. 7372 (November 2, 2011): 232–36, doi: 10.1038/nature10600; D. J. Baker et al., "Naturally Occurring p16(Ink4a)-Positive Cells Shorten Healthy Lifespan," *Nature* 530, no. 7589 (February 11, 2016): 184–89, doi: 10.1038/nature16932; 以下の論評も参照。E. Callaway, "Destroying Worn-out Cells Makes Mice Live Longer," *Nature* (February 3, 2016), doi: 10.1038/

Nuclear Genome Stability Through Nucleotide Depletion and Provide a Unifying Mechanism for Mouse Progerias," *Nature Metabolism* 1, no. 10 (October 2019): 958–65, doi: 10.1038/s42255-019-0120-1.

25 T. E. S. Kauppila, J. H. K. Kauppila, and Nils-Göran. Larsson, "Mammalian Mitochondria and Aging: An Update," *Cell Metabolism* 25, no. 1 (January 10, 2017): 57–71, doi: 10.1016/j.cmet.2016.09.017.

26 N. Sun, R. J. Youle, and T. Finkel, "The Mitochondrial Basis of Aging," *Molecular Cell* 61, no. 5 (March 3, 2016): 654–66, doi: 10.1016/j.molcel.2016.01.028.

27 C. Franceschi et al., "Inflamm-aging. An Evolutionary Perspective on Immunosene scence," *Annals of the New York Academy of Sciences* 908, no. 1 (June 2000): 244–54, doi: 10.1111/j.1749-6632.2000.tb06651.x.

28 N. P. Kandul et al., "Selective Removal of Deletion-Bearing Mitochondrial DNA in Heteroplasmic Drosophila," *Nature Communications* 7 (November 14, 2016): art. 13100, doi: 10.1038/ncomms13100.

29 M. Morita et al., "mTORC1 Controls Mitochondrial Activity and Biogenesis Through 4E-BP-Dependent Translational Regulation," *Cell Metabolism* 18, no. 5 (November 5, 2013): 698–711, doi: 10.1016/j.cmet.2013.10.001.

30 B. M. Zid et al., "4E-BP Extends Lifespan upon Dietary Restriction by Enhancing Mitochondrial Activity in *Drosophila*," *Cell* 139, no. 1 (October 2, 2009): 149–60, doi: 10.1016/j.cell.2009.07.034.

31 C. Cantó and J. Auwerx, "PGC-1 α , SIRT1 and AMPK, an Energy Sensing Network That Controls Energy Expenditure," *Current Opinion in Lipidology* 20, no. 2 (April 2009): 98–105, doi: 10.1097/mol.0b013e328328d0a4.

32 Ibid.

33 Sun, Youle, and Finkel, "Mitochondrial Basis of Aging," 654–66; J. L. Steiner et al., "Exercise Training Increases Mitochondrial Biogenesis in the Brain," *Journal of Applied Physiology* 111, no. 4 (October 2011): 1066–71, doi: 10.1152/japplphysiol.00343.2011.

34 Z. Radak, H. Y. Chung, and S. Goto, "Exercise and Hormesis: Oxidative Stress-Related Adaptation for Successful Aging," *Biogerontology* 6, no. 1 (2005): 71–75, doi: 10.1007/s10522-004-7386-7.

35 G. C. Rowe, A. Safdar, and Z. Arany, "Running Forward: New Frontiers in Endurance Exercise Biology," *Circulation* 129, no. 7 (February 18, 2014): 798–810, doi:

17 S. Hekimi, J. Lapointe, and Y. Wen, "Taking a 'Good' Look at Free Radicals in the Aging Process," *Trends in Cell Biology* 21, no. 10 (October 2011): 569–76, doi: 10.1016/j.tcb.2011.06.008. 以下の資料でもエビデンスにかかわる第一級の議論がなされている。Lopez-Otin et al., "Hallmarks of Aging," 1194–217, and A. Bratic and N. G. Larsson, "The Role of Mitochondria in Aging," *Journal of Clinical Investigation* 123, no. 3 (March 2013): 951–57, doi: 10.1172/JCI64125.

18 以下で引用されている論文を参照。Bratic and Larsson, "Role of Mitochondria," 951–57.

19 V. I. Pérez et al., "The Overexpression of Major Antioxidant Enzymes Does Not Extend the Lifespan of Mice," *Aging Cell* 8, no. 1 (February 2009): 73–75, doi: 10.1111/j.1474-9726.2008.00449.x.

20 W. Yang and S. Hekimi, "A Mitochondrial Superoxide Signal Triggers Increased Longevity in *Caenorhabditis elegans*," *PLoS Biology* 8, no. 12 (December 7, 2010): e1000556, doi: 10.1371/journal.pbio.1000556.

21 B. Andziak et al., "High Oxidative Damage Levels in the Longest-Living Rodent, the Naked Mole-Rat," *Aging Cell* 5, no. 6 (December 2006): 463–71, doi: 10.1111/j.1474-9726.2006.00237.x; F. Saldmann et al., "The Naked Mole Rat: A Unique Example of Positive Oxidative Stress," *Oxidative Medicine and Cellular Longevity* 2019 (February 7, 2019): 4502819, doi: 10.1155/2019/4502819.

22 V. Calabrese et al., "Hormesis, Cellular Stress Response and Vitagenes as Critical Determinants in Aging and Longevity," *Molecular Aspects of Medicine* 32, nos. 4–6 (August–December 2011): 279–304, doi: 10.1016/j.mam.2011.10.007.

23 A. Trifunovic et al., "Premature Ageing in Mice Expressing Defective Mitochondrial DNA Polymerase," *Nature* 429, no. 6990 (May 27, 2004): 417–23, doi: 10.1038/nature02517. この論文と翌年発表された複数の論文は以下でレビューされている。L. A. Loeb, D. C. Wallace, and G. M. Martin, "The Mitochondrial Theory of Aging and Its Relationship to Reactive Oxygen Species Damage and Somatic mtDNA Mutations," *Proceedings of the National Academy of Sciences (PNAS) of the United States of America* 102, no. 52 (December 19, 2005): 18769–70, doi: 10.1073/pnas.0509776102.

24 E. F. Fang et al., "Nuclear DNA Damage Signalling to Mitochondria in Ageing," *Nature Reviews Molecular Cell Biology* 17, no. 5 (May 2016): 308–21, doi: 10.1038/nrm.2016.14; R. H. Hämäläinen et al., "Defects in mtDNA Replication Challenge

Proceedings of the National Academy of Sciences (PNAS) of the United States of America 105, no. 17 (April 29, 2008): 6409–14, doi: 10.1073/pnas.0710766105. この記事を一般向けに説明しているのが以下の資料だ。N. Swaminathan, "Why Does the Brain Need So Much Power?," *Scientific American* online, April 29, 2008, https://www.scientificamerican.com/article/why-does-the-brain-need-s/.

7 Ian Sample, "UK Doctors Select First Women to Have 'Three-Person Babies,'" *Guardian* (US edition) online, last modified February 1, 2018, https://www.the guardian.com/science/2018/feb/01/permission-given-to-create-britains-first-three-person-babies.

8 J. Valades et al, "ER Lipid Defects in Neuropeptidergic Neurons Impair Sleep Patterns in Parkinson's Diseases," *Neuron* 98, no. 6 (June 27, 2018): 1155–69, doi: 10.1016/j.neuron.2018.05.022.

9 N. Sun, R. J. Youle, and T. Finkel, "The Mitochondrial Basis of Aging," *Molecular Cell* 61, no. 5 (March 3, 2016): 654–66, doi: 10.1016/j.molcel.2016.01.028.

10 D. Harman, "Origin and Evolution of the Free Radical Theory of Aging: A Brief Personal History, 1954–2009," *Biogerontology* 10, no. 6 (December 2009): 773–81, doi: 10.1007/s10522-009-9234-2.

11 R. S. Sohal and R. Weindruch, "Oxidative Stress, Caloric Restriction, and Aging," *Science* 273, no. 5271 (July 5, 1996): 59–63, doi: 10.1126/science.273.5271.59.

12 E. R. Stadtman, "Protein Oxidation and Aging," *Free Radical Research* 40, no. 12 (December 2006): 1250–58, doi: 10.1080/10715760600918142.

13 S. E. Schriner et al., "Extension of Murine Life Span by Overexpression of Catalase Targeted to Mitochondria," *Science* 308, no. 5730 (June 24, 2005): 1909–11, doi: 10.1126/science.1106653.

14 J. Hartke et al., "What Doesn't Kill You Makes You Live Longer—Longevity of a Social Host Linked to Parasite Proteins," *bioRxiv* (December 2022): doi: 10.1101/ 2022.12.23.521666.

15 A. Rodríguez-Nuevo et al., "Oocytes Maintain ROS-free Mitochondrial Metabolism by Suppressing Complex I," *Nature* 607, no. 7920 (July 2022): 756–61, doi: 10.1038/s41586-022-04979-5.

16 G. Bjelakovic et al., "Mortality in Randomized Trials of Antioxidant Supplements for Primary and Secondary Prevention: Systematic Review and Meta-analysis," *Journal of the American Medical Association* (*JAMA*) 297, no. 8 (February 28, 2007): 842–57, doi: 10.1001/jama.297.8.842.

discovery" 513–32.

60 Global News Wire, "Nicotinamide Mononucleotide (NMN) Market Will Turn Over USD 251.2 to Revenue to Cross USD 953 Million in 2022 to 2028 Research by Business Opportunities, Top Companies, Opportunities Planning, Market-Specific Challenges," August 19, 2022, https://www.globenewswire.com/en/news-release/2022/08/19/2501489/0/en/Nicotinamide-Mononucleotide-NMN-Market-will-Turn-over-USD-251-2-to-Revenue-to-Cross-USD-953-million-in-2022-to-2028-Research-by-Business-Opportunities-Top-Companies-opportunities-p.html.

CHAPTER 9

1 Martin Weil, "Lynn Margulis, Leading Evolutionary Biologist, Dies at 73," *Washington Post* online, November 26, 2011, https://www.washingtonpost.com/local/obituaries/lynn-margulis-leading-evolutionary-biologist-dies-at-73/2011/11/26/gIQAQ5dezN_story.html.

2 Lynn Margulis, "Two Hit, Three Down—The Biggest Lie: David Ray Griffin's Work Exposing 9/11," in Dorion Sagan, ed., *Lynn Margulis: The Life and Legacy of a Scientific Rebel* (White River Junction, VT: Chelsea Green, 2012), 150–55.

3 Joanna Bybee, "No Subject Too Sacred," in Sagan, ed. *Lynn Margulis*, 156–62.

4 L. Sagan, "On the Origin of Mitosing Cells," *Journal of Theoretical Biology* 14, no. 3 (March 1967): 255–74, doi: 10.1016/0022-5193(67)90079-3.

5 ATPは膜の内外のプロトン勾配を利用して作られているという説を最初に提唱したのはピーター・ミッチェルだが、当初は大きな論争を巻き起こした。ミッチェルは1978年にノーベル化学賞を受賞した。Royal Swedish Academy of Sciences, "The Nobel Prize in Chemistry 1978: Peter Mitchell," press release, October 17, 1978, Nobel Prize online, https://www.nobelprize.org/prizes/chemistry/1978/press-release/. 1997年のノーベル化学賞の一部は、ATP合成酵素の分子タービンに関する研究をしたポール・ボイヤーとジョン・ウォーカーに贈られた。ノーベル委員会のプレスリリースはこの研究をよく説明している。Royal Swedish Academy of Sciences, "The Nobel Prize in Chemistry 1997: Paul D. Boyer, John E. Walker, and Jens C. Skou," press release, October 15, 1997, available at Nobel Prize online, https://www.nobelprize.org/prizes/chemistry/1997/press-release/.

6 F. Du et al., "Tightly Coupled Brain Activity and Cerebral ATP Metabolic Rate,"

of Mammalian SIRT6," *Cell* 124, no. 2 (January 24, 2006): 315–29, doi: 10.1016/j.cell.2005.11.044; E. Michishita et al. "SIRT6 Is a Histone H3 Lysine 9 Deacetylase That Modulates Telomeric Chromatin," *Nature* 452, no. 7186 (March 27, 2008): 492–96, doi: 10.1038/nature06736; A. Roichman et al., "SIRT6 Overexpression Improves Various Aspects of Mouse Healthspan," *Journals of Gerontology: Series A* 72, no. 5 (May 1, 2017): 603–15, doi: 10.1093/gerona/glw152; X. Tian et al., "SIRT6 Is Responsible for More Efficient DNA Double-Strand Break Repair in Long-Lived Species," *Cell* 177, no. 3 (April 18, 2019): 622–38.e22, doi: 10.1016/j.cell.2019.03.043.

54 C. Brenner, "Sirtuins Are Not Conserved Longevity Genes," *Life Metabolism* 1, no. 2 (October 2022), 122–33, doi: 10.1093/lifemeta/loac025.

55 P. Belenky, K. L. Bogan, and C. Brenner, "NAD^+ Metabolism in Health and Disease," *Trends in Biochemical Sciences* 32, no. 1 (January 2007): 12–19, doi: 10.1016/j.tibs.2006.11.006.

56 H. Massudi et al., "Age-Associated Changes in Oxidative Stress and NAD^+ Metabolism in Human Tissue," *PLoS One* 7, no. 7 (2012): e42357, doi: 10.1371/journal.pone.0042357; Xiao-Hong Zhu et al., "In Vivo NAD Assay Reveals the Intracellular NAD Contents and Redox State in Healthy Human Brain and Their Age Dependences," *Proceedings of the National Academy of Sciences (PNAS) of the United States of America* 112, no. 9 (February 17, 2015): 2876–81, doi: 10.1073/pnas.1417921112; A. J. Covarrubias et al., "NAD^+ Metabolism and Its Roles in Cellular Processes During Ageing," *Nature Reviews Molecular Cell Biology* 22, no. 2 (February 2021): 119–41, doi: 10.1038/s41580-020-00313-x.

57 H. Zhang et al., "NAD^+ Repletion Improves Mitochondrial and Stem Cell Function and Enhances Life Span in Mice," *Science* 352, no. 6292 (April 28, 2016): 1436–43, doi: 10.1126/science.aaf2693; このレポートに関する以下の論評も参照。L. Guarente, "The Resurgence of NAD^+," *Science* 352, no. 6292 (June 17, 2016): 1396–97, doi: 10.1126/science.aag1718; K. F. Mills et al., "Long-Term Administration of Nicotinamide Mononucleotide Mitigates Age-Associated Physiological Decline in Mice," *Cell Metabolism* 24, no. 6 (December 13, 2016): 795–806, doi: 10.1016/j.cmet.2016.09.013.

58 2023年1月22日、チャールズ・ブレナーから筆者への電子メール。

59 Partridge, Fuentealba, and Kennedy, "The quest to slow ageing through drug

Yeast," *PLoS Biology* 2, no. 9 (September 2004): E296, doi: 10.1371/journal.pbio.0020296.

46 M. Kaeberlein et al., "Substrate-Specific Activation of Sirtuins by Resveratrol," *Journal of Biological Chemistry* 280, no. 17 (April 2005): 17038–45, doi: 10.1074/jbc.M500655200.

47 M. Pacholec et al., "SRT1720, SRT2183, SRT1460, and Resveratrol Are Not Direct Activators of SIRT1," *Journal of Biological Chemistry* 285, no. 11 (March 2010): 8340–51, doi: 10.1074/jbc.M109.088682.

48 John La Mattina, "Getting the Benefits of Red Wine from a Pill? Not Likely," *Forbes* online, last modified March 19, 2013, https://www.forbes.com/sites/johnlamattina/2013/03/19/getting-the-benefits-of-red-wine-from-a-pill-not-likely/.

49 B. P. Hubbard et al., "Evidence for a Common Mechanism of SIRT1 Regulation by Allosteric Activators," *Science* 339, no. 6124 (March 8, 2013): 1216–19, doi:10.1126/science.1231097; H. Yuan and R. Marmorstein, "Red Wine, Toast of the Town (Again)," *Science* 339, no. 6124 (March 8, 2013): 1156–57, doi: 10.1126/science.1236463.

50 R. Strong et al., "Evaluation of Resveratrol, Green Tea Extract, Curcumin, Oxaloacetic Acid, and Medium-Chain Triglyceride Oil on Life Span of Genetically Heterogeneous Mice," *Journals of Gerontology: Series A* 68, no. 1 (January 2013): 6–16, doi: 10.1093/gerona/gls070.

51 P. Fabrizio et al., "Sir2 Blocks Extreme Life-span Extension," *Cell* 123, no. 4 (November 18, 2005): 655–67, doi: 10.1016/j.cell.2005.08.042; 以下の論評も参照。B. K. Kennedy, E. D. Smith, and M. Kaeberlein, "The Enigmatic Role of Sir2 in Aging," *Cell* 123, no. 4 (November 18, 2005): 548–50, doi: 10.1016/j.cell.2005.11.002.

52 C. Burnett et al., "Absence of Effects of Sir2 Overexpression on Lifespan in *C. elegans* and *Drosophila*," *Nature* 477, no. 7365 (September 21, 2011): 482–85, doi: 10.1038/nature10296; K. Baumann, "Ageing: A Midlife Crisis for Sirtuins," *Nature Reviews Molecular Cell Biology* 12, no. 11 (October 21, 2011): 688, doi: 10.1038/nrm3218; D. B. Lombard et al., "Ageing: Longevity Hits a Roadblock," *Nature* 477, no. 7365 (September 21, 2011): 410–11, doi: 10.1038/477410a; M. Viswanathan and L. Guarente, "Regulation of *Caenorhabditis elegans* lifespan by *sir-2.1* Transgenes," *Nature* 477, no. 7365 (September 21, 2011): E1–2, doi: 10.1038/nature10440.

53 R. Mostoslavsky et al., "Genomic Instability and Aging-like Phenotype in the Absence

Ageless Quest: One Scientist's Search for Genes That Prolong Youth (Cold Spring Harbor, NY: Cold Spring Harbor Laboratry Press, 2002).

38 M. Kaeberlein, M. McVey, and L. Guarente, "The SIR2/3/4 Complex and SIR2 Alone Promote Longevity in *Saccharomyces cerevisiae* by Two Different Mechanisms," *Genes and Development* 13, no. 19, October 1, 1999, 2570–80, doi: 10.1101/gad.13.19.2570.

39 B. Rogina and S. L. Helfand, "Sir2 Mediates Longevity in the Fly Through a Pathway Related to Calorie Restriction," *Proceedings of the National Academy of Sciences (PNAS) of the United States of America* 101, no. 45 (November 2004): 15998–6003, doi: 10.1073/pnas.0404184101; H. A. Tissenbaum and L. Guarente, "Increased Dosage of a Sir-2 Gene Extends Lifespan in *Caenorhabditis Elegans*," *Nature* 410, no. 6825 (March 8, 2001): 227–30, doi: 10.1038/35065638.

40 S. Imai et al., "Transcriptional Silencing and Longevity Protein Sir2 Is an NAD-Dependent Histone Deacetylase," *Nature* 403, no. 6771 (February 17, 2000): 795–800, doi: 10.1038/35001622; W. Dang et al., "Histone H4 Lysine 16 Acetylation Regulates Cellular Lifespan," *Nature* 459, no. 7248 (June 11, 2009): 802–07, doi: 10.1038/nature08085.

41 S. J. Lin, P. A. Defossez, and L. Guarente, "Requirement of NAD and *SIR2* for Life-span Extension by Calorie Restriction in *Saccharomyces cerevisiae*," *Science* 289, no. 5487 (September 22, 2000): 2126–28, doi: 10.1126/science.289.5487.2126; Rogina and Helfand, "Sir2 Mediates Longevity in the Fly," 15998–6003.

42 L. Guarente and C. Kenyon, "Genetic Pathways That Regulate Ageing in Model Organisms," *Nature* 408, no. 6809 (November 9, 2000): 255–62, doi: 10.1038/35041700.

43 K. T. Howitz. et al., "Small Molecule Activators of Sirtuins Extend *Saccharomyces cerevisiae* Lifespan," *Nature* 425, no. 6809 (November 9, 2000): 191–96, doi: 10.1038/nature01960.

44 J. A. Baur et al., "Resveratrol Improves Health and Survival of Mice on a High-Calorie Diet," *Nature* 444, no. 7117 (November 16, 2006): 337–42, doi: 10.1038/nature05354; M. Lagouge et al., "Resveratrol Improves Mitochondrial Function and Protects Against Metabolic Disease by Activating SIRT1 and PGC-1alpha," *Cell* 127, no. 6 (December 15, 2006): 1109–22, doi: 10.1016/j.cell.2006.11.013.

45 M. Kaeberlein et al., "Sir2-Independent Life Span Extension by Calorie Restriction in

Diabetic Individuals and Individuals with Recent-Onset Type 2 Diabetes," *Diabetologia* 62, no. 7 (July 2019): 1251–56, doi: 10.1007/s00125-019-4872-7.

28 H. Wu et al., "Metformin Alters the Gut Microbiome of Individuals with Treatment-Naïve Type 2 Diabetes, Contributing to the Therapeutic Effects of the Drug," *Nature Medicine* 23, no. 7 (July 2017): 850–58, doi: 10.1038/nm.4345.

29 A. P. Coll et al., "GDF15 Mediates the Effects of Metformin on Body Weight and Energy Balance," *Nature* 578, no. 7795 (February 2020): 444–48, doi: 10.1038/s41586-019-1911-y.

30 A. Martin-Montalvo et al., "Metformin Improves Healthspan and Lifespan in Mice," *Nature Communications* 4 (2013): 2192, doi: 10.1038/ncomms3192.

31 C. A. Bannister et al., "Can People with Type 2 Diabetes Live Longer Than Those Without? A Comparison of Mortality in People Initiated with Metformin or Sulphonylurea Monotherapy and Matched, Non-Diabetic Controls," *Diabetes, Obesity and Metabolism* 16, no. 11 (November 2014): 1165–73, doi: 10.1111/dom.12354.

32 M. Claesen et al., "Mortality in Individuals Treated with Glucose-Lowering Agents: A Large, Controlled Cohort Study," *Journal of Clinical Endocrinology & Metabolism* 101, no. 2 (February 1, 2016): 461–69, doi: 10.1210/jc.2015-3184.

33 L. Espada et al., "Loss of Metabolic Plasticity Underlies Metformin Toxicity in Aged *Caenorhabditis Elegans*," *Nature Metabolism* 2, no. 11 (November 2020): 1316–31, doi: 10.1038/s42255-020-00307-1.

34 A. R. Konopka et al., "Metformin Inhibits Mitochondrial Adaptations to Aerobic Exercise Training in Older Adults," *Aging Cell* 18, no. 1 (February 2019): e12880, doi: 10.1111/acel.12880.

35 Yi-Chun Kuan et al., "Effects of Metformin Exposure on Neurodegenerative Diseases in Elderly Patients with Type 2 Diabetes Mellitus," *Progress in Neuro-psychopharmacol and Biological Psychiatry* 79, pt. B (October 3, 2017): 1777–83, doi: 10.1016/j.pnpbp.2017.06.002.

36 "The Tame Trial: Targeting the Biology of Aging: Ushering a New Era of Interven tions," American Federation for Aging Research (AFAR) online, https://www.afar.org/tame-trial（2023年8月1日閲覧）

37 ガレンテがどのような経緯でこの研究にかかわるようになったか、そして彼の研究所での初期の発見についてはガレンテの著書に詳しい。Lenny Guarente,

17 M. Holzenberger et al., "IGF-1 Receptor Regulates Lifespan and Resistance to Oxidative Stress in Mice," *Nature* 421, no. 6919 (January 9, 2003): 182–87, doi: 10.1038/nature01298; G. J. Lithgow and M. S. Gill, "Physiology: Cost-Free Longevity in Mice," *Nature* 421, no. 6919 (January 9, 2003): 125–26, doi: 10.1038/421125a.

18 D. A. Bulger et al., "*Caenorhabditis elegans* DAF-2 as a Model for Human Insulin Receptoropathies," *G3 Genes|Genomes|Genetics* 7, no. 1 (January 1, 2017): 257–68, doi: 10.1534/g3.116.037184.

19 Y. Suh et al., "Functionally Significant Insulin-like Growth Factor I Receptor Mutations in Centenarians," *Proceedings of the National Academy of Sciences (PNAS) of the United States of America* 105, no. 9 (March 4, 2008): 3438–42, doi: 10.1073/pnas.0705467105; T. Kojima et al., "Association Analysis Between Longevity in the Japanese Population and Polymorphic Variants of Genes Involved in Insulin and Insulin-like Growth Factor 1 Signaling Pathways," *Experimental Gerontology* 39, nos. 11/12 (November/December 2004): 1595–98, doi: 10.1016/j.exger.2004.05.007.

20 以下の参考文献を参照。Kenyon, "Genetics of Ageing," 504–12.

21 S. Honjoh et al., "Signalling Through RHEB-1 Mediates Intermittent Fasting-Induced Longevity in *C. elegans*," *Nature* 457, no. 7230 (February 5, 2009): 726–30, doi: 10.1038/nature07583.

22 B. Lakowski and S. Hekimi, "The Genetics of Caloric Restriction in *Caenorhabditis elegans*," *Proceedings of the National Academy of Sciences (PNAS) of the United States of America* 95, no. 22 (October 27, 1998): 13091–96, doi: 10.1073/pnas.95.22.13091.

23 D. W. Walker et al., "Evolution of Lifespan in *C. elegans*," *Nature* 405, no. 6784 (May 18, 2000): 296–97, doi: 10.1038/35012693.

24 2022年8月11日、スティーブ・オラヒリーと筆者との対話。

25 H. R. Bridges et al., "Structural Basis of Mammalian Respiratory Complex I Inhibition by Medicinal Biguanides," *Science* 379, no. 6630 (January 26, 2023): 351–57, doi: 10.1126/science.ade3332.

26 G. Rena, D. G. Hardie, and E. R. Pearson, "The Mechanisms of Action of Metformin," *Diabetologia* 60, no. 9 (September 2017): 1577–85, doi: 10.1007/s00125-017-4342-z; T. E. LaMoia and G. I. Shulman, "Cellular and Molecular Mechanisms of Metformin Action," *Endocrine Reviews* 42, no. 1 (February 2021): 77–96, doi: 10.1210/endrev/bnaa023.

27 L. C. Gormsen et al., "Metformin Increases Endogenous Glucose Production in Non-

8 ケニヨンとジョンソンが自らの発見について直接語った資料を2本挙げる。C. Kenyon, "The First Long-Lived Mutants: Discovery of the Insulin/IGF-1 Pathway for Ageing," *Philosophical Transactions of the Royal Society B: Biological Sciences* 366, no. 1561 (January 12, 2011): 9–16, doi: 10.1098/rstb.2010.0276; T. E. Johnson, "25 Years After *age-1*: Genes, Interventions and the Revolution in Aging Research," *Experimental Gerontology* 48, no. 7 (July 2013): 640–43, doi: 10.1016/j.exger.2013.02.023.

9 C. Kenyon et al., "*A C. elegans* Mutant That Lives Twice as Long as Wild Type," *Nature* 366, no. 6454 (December 2, 1993): 461–64, doi: 10.1038/366461a0.

10 Stipp, *Youth Pill.*

11 Ibid.

12 主要な遺伝子を特定した重要な論文をいくつか挙げる。(*daf-2*), K. D. Kimura, H. A. Tissenbaum, Y. Liu and G. Ruvkun, "*daf-2*, an Insulin Receptor-Like Gene That Regulates Longevity and Diapause in *Caenorhabditis elegans*," *Science* 277, no. 5328 (August 15, 1997): 942–46, doi: 10.1126/science.277.5328.942; (*age-1*, のちに*daf-23*と同一であることが判明), J. Z. Morris, H. A. Tissenbaum, and G. Ruvkun, "A Phosphatidylinositol-3-OH Kinase Family Member Regulating Longevity and Diapause in *Caenorhabditis elegans*, *Nature* 382, no. 6591 (August 8, 1996): 536–39, doi: 10.1038/382536a0; (*daf-16*), S. Ogg et al., "The Fork Head Transcription Factor DAF-16 Transduces Insulin-like Metabolic and Longevity Signals in *C. elegans*," *Nature* 389, no. 6654 (October 30, 1997): 994–99, doi: 10.1038/40194, and K. Lin et al., "*daf-16*: An HNF-3/Forkhead Family Member That Can Function to Double the Life-Span of *Caenorhabditis elegans*," *Science* 278, no. 5341 (November 14, 1997): 1319–22, doi: 10.1126/science .278.5341.1319.

13 C. J. Kenyon, "The Genetics of Ageing," *Nature* 464, no. 7288 (March 25, 2010): 504–12, doi: 10.1038/nature08980.

14 H. Yan et al., "Insulin Signaling in the Long-Lived Reproductive Caste of Ants," *Science* 377, no. 6610 (September 1, 2022): 1092–99, doi: 10.1126/science.abm8767.

15 E. Cohen et al., "Opposing Activities Protect Against Age-Onset Proteotoxicity," *Science* 313, no. 5793 (September 15, 2006): 1604–10, doi: 10.1126/science.1124646.

16 D. J. Clancy et al., "Extension of Life-span by Loss of CHICO, a *Drosophila* Insulin Receptor Substrate Protein," *Science* 292, no. 5514 (April 6, 2001): 104–6, doi: 10.1126/science.1057991.

28 A. J. Pagán et al., "mTOR-Regulated Mitochondrial Metabolism Limits Mycobacterium-Induced Cytotoxicity," *Cell* 185, no. 20 (September 29, 2022): 3720–38, e13, doi: 10.1016/j.cell.2022.08.018.

29 2022年9月29日、マイケル・ホールから筆者への電子メール。

30 K. E. Creevy et al., "An Open Science Study of Ageing in Companion Dogs," *Nature* 602, no. 7895 (February 2022): 51–57, doi: 10.1038/s41586-021-04282-9.

31 M. V. Blagosklonny and M. N. Hall, "Growth and Aging: A Common Molecular Mechanism," *Aging* 1, no. 4 (April 20, 2009): 357–62, doi: 10.18632/aging.100040.

CHAPTER 8

1 A. M. Herskind et al., "The Heritability of Human Longevity: A Population-Based Study of 2,872 Danish Twin Pairs Born 1870–1900," *Human Genetics* 97, no. 3 (March 1996): 319–23, doi: 10.1007/BF02185763.

2 彼らの見解や計画の概要は1971年のレポートに示されている。F. H. C. Crick and S. Brenner, *Report to the Medical Research Council on the Work of the Division of Molecular Genetics, Now the Division of Cell Biology, from 1961–1971* (Cambridge, UK: MRC Laboratory of Molecular Biology, November 1971), https://profiles.nlm.nih.gov/spotlight/sc/catalog/nlm:nlmuid-101584582X71-doc.

3 ブレナーはこの業績によって、元同僚のジョン・サルストンとロバート・ホロビッツとともに2002年ノーベル生理学・医学賞を受賞した。"The Nobel Prize in Physiology or Medicine 2002," Nobel Prize online, https://www.nobelprize.org/prizes/medicine/2002/summary/（2023年7月22日閲覧）

4 2022年8月1日、デビッド・ハーシュから筆者への電子メール。

5 D. B. Friedman and T. E. Johnson, "A Mutation in the *age-1* Gene in *Caenorhabditis elegans* Lengthens Life and Reduces Hermaphrodite Fertility," *Genetics* 118, no. 1 (January 1, 1988): 75–86, doi: 10.1093/genetics/118.1.75.

6 T. E. Johnson, "Increased Life-Span of *age-1* Mutants in *Caenorhabditis elegans* and Lower Gompertz Rate of Aging," *Science* 249, no. 4971 (August 24, 1990): 908–12, doi: 10.1126/science.2392681.

7 老化変異体の発見にまつわる歴史、かかわった人物、科学的背景が興味深くまとめられた本。David Stipp, *The Youth Pill: Scientists at the Brink of an Anti-Aging Revolution* (New York: Current, 2010)（邦訳：デイヴィッド・スティップ『長寿回路をONにせよ！』寺町朋子訳、シーエムシー出版）

4 (February 22, 2018): e99816, doi: 10.1172/jci.insight.99816.

19 M. B. Ginzberg, R. Kafri, and M. Kirschner, "On Being the Right (Cell) Size," *Science* 348, no. 6236 (May 15, 2015): 1245075, doi: 10.1126/science.1245075.

20 N. C. Barbet et al., "TOR Controls Translation Initiation and Early G1 Progression in Yeast," *Molecular Biology of the Cell* 7, no. 1 (January 1, 1996): 25–42, doi: 10.1091/mbc.7.1.25. 以下では、細胞の成長は能動的に制御されているという説を科学界に認めさせるまでの苦労を、ホール自身が振り返っている。M. N. Hall, "TOR and Paradigm Change: Cell Growth Is Controlled," *Molecular Biology of the Cell* 27, no. 18 (September 15, 2016): 2804–06, doi: 10.1091/mbc.E15-05-0311.

21 D. Papadopoli et al., "mTOR as a Central Regulator of Lifespan and Aging," *F1000 Research* 8 (July 2, 2019): 998, doi: 10.12688/f1000research.17196.1; G. Y. Liu and D. M. Sabatini, "mTOR at the Nexus of Nutrition, Growth, Ageing and Disease," *Nature Reviews Molecular cell Biology* 21, no. 4 (April 2020): 183–203, doi: 10.1038/s41580-019-0199-y.

22 L. Partridge, M. Fuentealba, and B. K. Kennedy, "The Quest to Slow Ageing Through Drug Discovery," *Nature Reviews Drug Discovery* 19, no. 8 (August 2020): 513–32, doi: 10.1038/s41573-020-0067-7.

23 D. E. Harrison et al., "Rapamycin Fed Late in Life Extends Lifespan in Genetically Heterogeneous Mice," *Nature* 460, no. 7253 (July 16, 2009): 392–95, doi: 10.1038/nature08221. 関連する以下の論評も参照。M. Kaeberlein and B. K. Kennedy, "Ageing: A Midlife Longevity Drug?," *Nature* 460, no. 7253 (July 16, 2009): 331–32, doi: 10.1038/460331a.

24 F. M. Menzies and D. C. Rubinsztein, "Broadening the Therapeutic Scope for Rapamycin Treatment," *Autophagy* 6, no. 2 (February 2010): 286–87, doi: 10.4161/auto.6.2.11078.

25 K. Araki et al., "mTOR Regulates Memory CD8 T-cell Differentiation," *Nature* 460, no. 7251 (July 2, 2009): 108–12, doi: 10.1038/nature08155.

26 C. Chen et al. "mTOR Regulation and Therapeutic Rejuvenation of Aging Hematopoietic Stem Cells," *Science Signaling* 2, no. 98 (November 24, 2009): ra75, doi: 10.1126/scisignal.2000559.

27 A. M. Eiden, "Molecular Pathways: Increased Susceptibility to Infection Is a Complication of mTOR Inhibitor Use in Cancer Therapy," *Clinical Cancer Research* 22, no. 2 (January 15, 2016): 277–83, doi: 10.1158/1078-0432.ccr-14-3239.

る』桜田直美訳、SBクリエイティブ)。老化に関する影響については第8章に詳しい。

11 A. Vaccaro et al., "Sleep Loss Can Cause Death Through Accumulation of Reactive Oxygen Species in the Gut," *Cell* 181, no. 6 (June 11, 2020): 1307–28.e15, doi: 10.1016/j.cell.2020.04.049. この問題に関する一般向けの議論は以下を参照。Veronique Greenwood, "Why Sleep Deprivation Kills," *Quanta*, last modified June 4, 2020, https://www.quantamagazine.org/why-sleep-deprivation-kills-20200604/; Steven Strogatz, "Why Do We Die Without Sleep?," *The Joy of Why* (podcast, transcription), March 22, 2022, https://www.quantamagazine.org/why-do-we-die-without-sleep-20220322/.

12 Chen-Yu Liao et al., "Genetic Variation in Murine Lifespan Response to Dietary Restriction: From Life Extension to Life Shortening," *Aging Cell* 9, no. 1 (February 2010): 92–95, doi: 10.1111/j.1474-9726.2009.00533.x.

13 L. Hayflick, "Dietary Restriction: Theory Fails to Satiate," *Science* 329, no. 5995 (August 27, 2010): 1014-15, doi: 10.1126/science.329.5995.1014; L. Fontana, L. Partridge, and V. Longo, "Dietary Restriction: Theory Fails to Satiate—Response," *Science* 329, no. 5995 (August 27, 2010): 1015, doi: 10.1126/science.329.5995.1015.

14 Saima May Sidik, "Dietary Restriction Works in Lab Animals, But It Might Not Work in the Wild," *Scientific American* online, last modified December 20, 2022, https://www.scientificamerican.com/article/dietary-restriction-works-in-lab-animals-but-it-might-not-work-in-the-wild/.

15 Fontana and Partridge, "Promoting Health and Longevity," 106–18.

16 J. R. Speakman and S. E. Mitchell, "Caloric Restriction," *Molecular Aspects of Medicine* 32, no. 3 (June 2011): 159–221, doi: 10.1016/j.mam.2011.07.001.

17 ラパマイシンの発見に至る興味深い歴史的経緯は以下を参照。Bethany Halford, "Rapamycin's Secrets Unearthed," *Chemical &Engineering News* online, last modified July 18, 2016, https://cen.acs.org/articles/94/i29/Rapamycins-Secrets-Unearthed.html. これは次の数段落のベースになっている。以下も参照。David Stipp, "A New Path to Longevity," *Scientific American* online, last modified January 1, 2012, https://www.scientificamerican.com/article/a-new-path-to-longevity/.

18 U. S. Neill, "A Conversation with Michael Hall," *Journal of Clinical Investigation* 127, no.11 (November 1, 2017): 3916–17, doi: 10.1172/jci97760; C. L. Williams, "Talking TOR: A Conversation with Joe Heitman and Rao Movva," *JCI Insight* 3, no.

(September 2005): 913–22, doi: 10.1016/j.mad.2005.03.012, and B. K. Kennedy, K. K. Steffen, and M. Kaeberlein, "Ruminations on Dietary Restriction and Aging," *Cellular and Molecular Life Sciences* 64, no. 11 (June 2007): 1323–28, doi: 10.1007/s00018-007-6470-y.

4 R. Weindruch and R. L. Walford, *The Retardation of Aging and Disease by Dietary Restriction* (Springfield, IL: C. C. Thomas, 1988), 以下に引用された。Kennedy, Steffen, and Kaeberlein, "Ruminations," 1323–28; L. Fontana and L. Partridge, "Promoting Health and Longevity Through Diet: From Model Organisms to Humans," *Cell* 161, no. 1 (March 26, 2015): 106–18, doi: 10.1016/j.cell.2015.02.020.

5 R. J. Colman et al., "Caloric Restriction Delays Disease Onset and Mortality in Rhesus Monkeys," *Science* 325, no. 5937 (July 10, 2009): 201–04, doi: 10.1126/science.1173635.

6 J. A. Mattison et al., "Impact of Caloric Restriction on Health and Survival in Rhesus Monkeys from the NIA Study," *Nature* 489, no. 7415 (September 13, 2012): 318–21, doi: 10.1038/nature11432.これについての以下の論評も参照。S. N. Austad, "Aging: Mixed Results for Dieting Monkeys," *Nature* 489, no. 7415 (September 13, 2012): 210–11, doi: 10.1038/nature11484, 同じ学術誌に掲載された以下のニュース記事も参照。A. Maxmen, "Calorie Restriction Falters in the Long Run," *Nature* 488, no. 7413 (August 30, 2012): 569, doi: 10.1038/488569a.

7 L. A. Cassiday, "The Curious Case of Caloric Restriction," *Chemical & Engineering News* online, last modified August 3, 2009, https://cen.acs.org/articles/87/i31/Curious-Case-Caloric-Restriction.html.

8 Gideon Meyerowitz-Katz, "Intermittent Fasting Is Incredibly Popular. But Is It Any Better Than Other Diets?," *Guardian* (US edition) online, last modified January 1, 2020, https://www.theguardian.com/commentisfree/2020/jan/02/intermittent-fasting-is-incredibly-popular-but-is-it-any-better-than-other-diets.

9 V. Acosta-Rodríguez et al., "Circadian Alignment of Early Onset Caloric Restriction Promotes Longevity in Male C57BL/6J Mice," *Science* 376, no. 6598 (May 5, 2022): 1192–202, doi: 10.1126/science.abk0297. 以下の論評を参照。S. Deota and S. Panda, "Aligning Mealtimes to Live Longer," *Science* 376, no. 6598 (June 9, 2022): 1159–60, doi: 10.1126/science.adc8824.

10 Matthew Walker, *Why We Sleep: The New Science of Sleep and Dreams* (New York: Scribner, 2017)（邦訳：マシュー・ウォーカー『睡眠こそ最強の解決策であ

"Cryo-EMStructures of Amyloid-β 42 Filaments from Human Brains," *Science* 375, no. 6577 (January 13, 2022): 167–72, doi: 10.1126/science.abm7285.

32 H. Zheng et al., "Beta-Amyloid Precursor Protein-Deficient Mice Show Reactive Gliosis and Decreased Locomotor Activity," *Cell* 81, no. 4 (May 19, 1995): 525–31, doi: 10.1016/0092-8674(95)90073-x.

33 M. Goedert, M. Masuda-Suzukake, and B. Falcon, "Like Prions: The Propagation of Aggregated Tau and α -synuclein in Neurodegeneration," *Brain* 140, no. 2 (February 2017): 266–78, doi: 10.1093/brain/aww230; A. Aoyagi et al., "A β and Tau Prion-like Activities Decline with Longevity in the Alzheimer's Disease Human Brain," *Science Translational Medicine* 11, no. 490 (May 1, 2019): eaat8462, doi: 10.1126/scitranslmed.aat8462; M. Jucker and L. C. Walker, "Self-propagation of Pathogenic Protein Aggregates in Neurodegenerative Diseases," *Nature* 501, no. 7465 (September 5, 2013): 45–51, doi: 10.1038/nature12481.

34 C. H. van Dyck et al., "Lecanemab in Early Alzheimer's Disease," *New England Journal of Medicine* 388, no. 1 (January 5, 2023): 9–21, doi: 10.1056/nejmoa2212948; M. A. Mintun et al, "Donanemab in Early Alzheimer's Disease," *New England Journal of Medicine* 384, no.18 (May 6, 2021): 1691–1704, doi: 10.1056/NEJMoa2100708. より最近の議論は以下を参照。S. Reardon, "Alzheimer's Drug Donanemab: What Promising Trial Means for Treatments," *Nature* 617, no.7960 (May 4, 2023): 232–33, doi: 10.1038/d41586-023-01537-5.

CHAPTER 7

1 J. V. Neel, "Diabetes Mellitus: A 'Thrifty' Genotype Rendered Detrimental by 'Progress?,'" *American Journal of Human Genetics* 14, no. 4 (December 1962): 353–62, https://pmc.ncbi.nlm.nih.gov/articles/PMC1932342/.

2 J. R. Speakman, "Thrifty Genes for Obesity and the Metabolic Syndrome—Time to Call off the Search?," *Diabetes and Vascular Disease Research* 3, no. 1 (May 2006): 7–11, doi: 10.3132/dvdr.2006.010; J. R. Speakman, "Evolutionary Perspectiveson the Obesity Epidemic: Adaptive, Maladaptive, and Neutral Viewpoints," *Annual Review of Nutrition* 33, no. 1 (July 2013): 289–317, doi: 10.1146/annurev-nutr-071811-150711.

3 2000年代半ばのこの分野に関する調査を2本挙げる。E. J. Masoro, "Overview of Caloric Restriction and Ageing," *Mechanisms of Ageing and Development* 126, no. 9

明らかにした2本の記事を挙げる。C. Spark, "Family Man: The Papua New Guinean Children of D. Carleton Gajdusek," *Oceania* 77, no. 3 (November 2007): 355–69, and C. Spark, "Carleton's Kids: The Papua New Guinean Children of D. Carleton Gajdusek," *Journal of Pacific History* 44, no. 1 (June 2009): 1–19.

25 S. B. Prusiner, "Prions," *Proceedings of the National Academy of Sciences (PNAS) of the United States of America* 95, no. 23 (November 10, 1998): 13363–83, doi: 10.1073/pnas.95.23.13363.

26 ベータアミロイド仮説に関する優れたレビューは以下を参照。R. E. Tanzi and L. Bertram, "Twenty Years of the Alzheimer's Disease Amyloid Hypothesis: A Genetic Perspective," *Cell* 120, no. 4 (February 25, 2005): 545–55, doi: 10.1016/j.cell.2005.02.008.

27 G. G. Glenner and C. W. Wong,"Alzheimer's Disease and Down's Syndrome: Sharing of a Unique Cerebrovascular Amyloid Fibril Protein," *Biochemical and Biophysical Research Communications* 122, no. 3 (August 16, 1984): 1131–35, doi: 10.1016/0006-291x(84)91209-9.

28 A. Goate et al., "Segregation of a Missense Mutation in the Amyloid Precursor Protein Gene with Familial Alzheimer's Disease," *Nature* 349, no. 6311 (February 21, 1991): 704–06, doi: 10.1038/349704a0; M. C. Chartier-Harlin et al., "Early-Onset Alzheimer's Disease Caused by Mutations at Codon 717 of the Beta-amyloid Precursor Protein Gene," *Nature* 353, no. 6347 (October 31, 1991): 844–46, doi: 10.1038/353844a0.

29 Jebelli, *In Pursuit of Memory*.

30 P. Poorkaj et al., "Tau Is a Candidate Gene for Chromosome 17 Frontotemporal Dementia," *Annals of Neurology* 43, no. 6 (June 1998): 815–25, doi: 10.1002/ana.410430617; M. Hutton et al., "Association of Missense and 5'-splice-site Mutations in Tau with the Inherited Dementia FTDP-17," *Nature* 393, no. 6686 (June 18, 1998): 702–05, doi: 10.1038/31508; M. G. Spillantini et al., "Mutation in the Tau Gene in Familial Multiple System Tauopathy with Presenile Dementia," *Proceedings of the National Academy of Sciences (PNAS) of the United States of America* 95, no. 13 (June 23, 1998): 7737–41, doi: 10.1073/pnas.95.13.7737.

31 S. H. Scheres et al., "Cryo-EM Structures of Tau Filaments," *Current Opinion in Structural Biology* 64 (October 2020): 17–25, doi: 10.1016/j.sbi.2020.05.011; M. Schweighauser et al., "Structures of α-synuclein Filaments from Multiple System Atrophy," *Nature* 585, no. 7825 (September 2020): 464–69, doi: 10.1038/s41586-020-2317-6; Y. Yang et al.,

18 Adam Piore, "The Miracle Molecule That Could Treat Brain Injuries and Boost Your Fading Memory," *MIT Technology Review* 124, no. 5 (September/October 2021): https://www.technologyreview.com/2021/08/25/1031783/isrib-molecule-treat-brain-injuries-memory/; C. Sidrauski et al., "Pharmacological Brake-Release of mRNA Translation Enhances Cognitive Memory," *eLife* 2 (May 2013): e00498,doi: 10.7554/eLife.00498; C. Sidrauski et al., "The Small Molecule ISRIB Reverses the Effects of eIF2a Phosphorylation on Translation and Stress Granule Assembly," *eLife* 4 (Februaty 2015): e05033, doi: 10.7554/eLife.05033; A. Chou et al., "Inhibition of the Integrated Stress Response Reverses Cognitive Deficits After Traumatic Brain Injury," *Proceedings of the National Academy of Sciences (PNAS) of the United States of America* 114, no. 31 (July 10, 2017): E6420–E6426, doi: 10.1073/pnas.1707661114.

19 2023年1月12日、ネイハム・ソネンバーグから筆者への電子メール。

20 D. M. Asher with M. A. Oldstone, *Carleton Gajdusek, 1923–2008: Biographical Memoirs* (Washington, DC: US National Academy of Sciences, 2013), http://www.nasonline.org/publications/biographical-memoirs/memoir-pdfs/gajdusek-d-carleton.pdf; Caroline Richmond, "Obituary: Carleton Gajdusek," *Guardian* (US edition) online, last modified February 25, 2009, https://www.theguardian.com/science/2009/feb/25/carleton-gajdusek-obituary.

21 フランク・マクファーレン・バーネットは免疫系が私たち自身の細胞と外部からの侵入者をどのように識別するかを研究し、1960年のノーベル生理学・医学賞をピーター・メダワーと共同受賞した。

22 Jay Ingram, *Fatal Flaws: How a Misfolded Protein Baffled Scientists and Changed the Way We Look at the Brain* (New Haven, CT: Yale University Press, 2013). 以下に引用された。M. Goedert, "Prions and the Like," *Brain* 137, no. 1 (January 2014): 301–05, doi: 10.1093/brain/awt179. 以下も参照。J. Farquhar and D. C. Gajdusek, eds., *Kuru: Early Letters and Field-Notes from the Collection of D. Carleton Gajdusek* (New York: Raven Press, 1981).

23 J. Goodfield, "Cannibalism and Kuru," *Nature* 387 (June 26, 1997): 841, doi: 10.1038/43043; R. Rhodes, "Gourmet Cannibalism in New Guinea Tribe," *Nature* 389 (September 4, 1997): 11, doi: 10.1038/37853.

24 Irvin Molotsky, "Nobel Scientist Pleads Guilty to Abusing Boy," *New York Times* online, February 19, 1997, https://www.nytimes.com/1997/02/19/us/nobel-scientist-pleads-guilty-to-abusing-boy.html. ガジュセックの拡大家族の関係性を

における発見は、以下で説明されている。T. E. Dever et al., “Phosphorylation of Initiation Factor 2 Alpha by Protein Kinase GCN2 Mediates Gene-Specific Translational Control of GCN4 in Yeast,” *Cell* 68. no. 3 (February 1992): 585–96, doi: 10.1016/0092-8674(92)90193-g. 小胞体ストレス応答における発見は以下を参照。H. P. Harding et al., “PERK is Essential for Translational Regulation and Cell Survival During the Unfolded Protein Response,” *Molecular Cell* 5, no. 5 (May 2000): 897-904, doi: 10.1016/s1097-2765(00)80330-5.

14 M. Delépine et al., “*EIF2AK3*, Encoding Translation Initiation Factor 2-Alpha Kinase 3, Is Mutated in Patients with Wolcott-Rallison Syndrome,” *Nature Genetics* 25, no. 4 (August 2000): 406–09, doi: 10.1038/78085; H. P. Harding et al., “Diabetes Mellitus and Exocrine Pancreatic Dysfunction in *Perk-/-*Mice Reveals a Role for Translational Control in Secretory Cell Survival,” *Molecular Cell* 7, no. 6 (June 2001): 1153–63, doi: 10.1016/s1097-2765(01)00264-7.

15 S. J. Marciniak et al., “CHOP Induces Death by Promoting Protein Synthesis and Oxidation in the Stressed Endoplasmic Reticulum,” *Genes & Development* 18, no. 24 (December 15, 2004): 3066–77, doi: 10.1101/gad.1250704; M. D'Antonio et al., “Resetting Translational Homeostasis Restores Myelination in Charcot-Marie-Tooth Disease Type 1B Mice,” *Journal of Experimental Medicine* 210, no. 4 (April 8, 2013): 821–38, doi: 10.1084/jem.20122005; P. Tsaytler et al., “Selective Inhibition of a Regulatory Subunit of Protein Phosphatase 1 Restores Proteostasis,” *Science* 332, no. 6025 (April 1, 2011): 91–94, doi: 10.1126/science.1201396; H.-Q. Jiang et al., “Guanabenz Delays the Onset of Disease Symptoms, Extends Lifespan, Improves Motor Performance and Attenuates Motor Neuron Loss in the SOD1 G93A Mouse Model of Amyotrophic Lateral Sclerosis,” *Neuroscience* 277 (September 26, 2014): 132–38, doi: 10.1016/j.neuroscience.2014.03.047; I. Das et al., “Preventing Proteostasis Diseases by Selective Inhibition of a Phosphatase Regulatory Subunit,” *Science* 348, no. 6231 (April 10, 2015): 239–42, doi: 10.1126/science.aaa4484.

16 A. Crespillo-Casado et al.,“PPP1R15A-Mediated Dephosphorylation of eIF2a Is Unaffected by Sephin1 or Guanabenz,” *eLife* 6 (April 27, 2017): e26109, doi: 10.7554/eLife.26109.

17 T. Ma et al., “Suppression of eIF2a Kinases Alleviates Alzheimer's Disease–Related Plasticity and Memory Deficits,” *Nature Neuroscience* 16, no. 9 (September 2013): 1299–305, doi: 10.1038/nn.3486.

性タンパク質が増えすぎたら活性化し、センサーを解放し、それが小胞体ストレス応答のきっかけとなるとされる。S. Preissler and D. Ron, "Early Events in the Endoplasmic Reticulum Unfolded Protein Response," *Cold Spring Harbor Perspectives in Biology* 11, no. 4 (April 1, 2019): a033894, doi: 10.1101/cshperspect.a033894.

8 A. Fribley, K. Zhang, and R. J. Kaufman, "Regulation of Apoptosis by the Unfolded Protein Response," in *Apoptosis: Methods and Protocols*, ed. P. Erhardt and A. Toth (Totowa, NJ: Humana Press, 2009), 191–204, doi: 10.1007/978-1-60327-017-5_14.

9 K. D. Wilkinson, "The Discovery of Ubiquitin-Dependent Proteolysis," *Proceedings of the National Academy of Sciences (PNAS) of the United States of America* 102, no. 43 (October 17, 2005): 15280–82, doi: 10.1073/pnas.0504842102. プロテアソームの発見と、アブラム・ハーシュコ、アーロン・チカノーバー、アーウィン・ローズの2004年のノーベル化学賞受賞に関する一般向けの説明は以下を参照。"Popular Information: The Nobel Prize in Chemistry 2004," Nobel Prize online, https://www.nobelprize.org/prizes/chemistry/2004/popular-information/（2023年7月4日閲覧）

10 I. Saez and D. Vilchez, "The Mechanistic Links between Proteasome Activity, Aging and Age-Related Diseases," *Current Genomics* 15, no. 1 (February 15, 2014): 38–51, doi: 10.2174/138920291501140306113344.

11 K. Takeshig et al., "Autophagy in Yeast Demonstrated with Proteinase-Deficient Mutants and Conditions for Its Induction," *Journal of Cell Biology* 119, no. 2 (October 1992): 301–11, doi: 10.1083/jcb.119.2.301; M. Tsukada and Y. Ohsumi, "Isolation and Characterization of Autophagy-Defective Mutants of *Saccharomyces cerevisiae," FEBS Letters* 333, nos. 1/2 (October 25, 1993): 169–74, doi: 10.1016/0014-5793(93)80398-e.

12 オートファジーを非常にわかりやすく説明した資料。"The 2016 Nobel Prize in Physiology or Medicine: Yoshinori Ohsumi," press release, Nobel Prize online, October 3, 2016, https://www.nobelprize.org/prizes/medicine/2016/press-release/.

13 統合的ストレス応答のレビューを2本挙げる。H. P. Harding et al., "An Integrated Stress Response Regulates Amino Acid Metabolism and Resistance to Oxidative Stress," *Molecular Cell* 11, no. 3 (March 2003): 619–33, doi: 10.1016/s1097-2765(03)00105-9; and K. Pakos-Zebrucka et al."The Integrated Stress Response," *EMBO Reports* 17, no.10 (2016): 1374–95, doi: 10.15252/embr.201642195. アミノ酸欠乏

(August 2017): 417–25, doi: 10.1159/000452444.

31 T. A. Rando and H. Y. Chang, "Aging, Rejuvenation, and Epigenetic Reprogramming: Resetting the Aging Clock," *Cell* 148, no. 1/2 (January 20, 2012): 46–57, doi: 10.1016/j.cell.2012.01.003; J. M. Freije and C. López-Otín, "Reprogramming Aging and Progeria," *Current Opinion in Cell Biology* 24, no. 6 (December 2012): 757–64, doi: 10.1016/j.ceb.2012.08.009.

CHAPTER 6

1 "Dementia," World Health Organization online, last modified March 15, 2023, https://www.who.int/news-room/fact-sheets/detail/dementia.

2 "Dementia Now Leading Cause of Death," BBC News online, last modified November 14, 2016, https://www.bbc.co.uk/news/health-37972141.

3 "One-Third of British People Born in 2015 'Will Develop Dementia,'" *Guardian* (US edition) online, last modified September 21, 2015, https://www.theguardian.com/society/2015/sep/21/one-third-of-people-born-in-2015-will-develop-dementia.

4 アルツハイマー病に関する非常に魅力的で感動的な本。Joseph Jebelli, *In Pursuit of Memory: The Fight Against Alzheimer's* (London: John Murray, 2017). 著者はアルツハイマー病を患う祖父とともに暮らしていた。

5 R. J. Ellis, "Assembly Chaperones: A Perspective," *Philosophical Transactions of the Royal Society of London, Series B, Biological Sciences* 368, no. 1617 (March 25, 2013): 20110398, doi: 10.1098/rstb.2011.0398.

6 M. Fournet, F. Bonté, and A. Desmoulière, "Glycation Damage: A Possible Hub for Major Pathophysiological Disorders and Aging," *Aging and Disease* 9, no. 5 (October 2018): 880–900, doi: 10.14336/AD.2017.1121.

7 小胞体ストレス応答に関するわかりやすい説明は以下を参照。Evelyn Strauss, "Unfolded Protein Response: 2014 Albert Lasker Basic Medical Research Award," Lasker Foundation online, https://laskerfoundation.org/winners/unfolded-protein-response/#achievement（2023年7月7日閲覧）。センサーがどのように変性タンパク質が過剰になったことを感知するかは依然として完全に明らかになってはいない。イギリスのケンブリッジ大学医学研究所（CIMR）の科学者で、この分野の主要な研究者であるデビッド・ロン博士と私は話した。一説では、通常は潤沢に存在するシャペロン・タンパク質（タンパク質の折り畳みを支援するタンパク質）がセンサーと結合し、それを静止状態にとどめるが、変

eabg6082, doi: 10.1126/sciadv.abg6082; C. Kerepesi et al., "Epigenetic Aging of the Demographically Non-Aging Naked Mole-Rat," *Nature Communications* 13, no. 1 (January 17, 2022): 355, doi: 10.1038/s41467-022-27959-9.

25 R. Kucharski et al., "Nutritional Control of Reproductive Status in Honeybees Via DNA Methylation," *Science* 319, no. 5871 (March 28, 2008): 1827–30, doi: 10.1126/science.1153069; M. Wojciechowski et al., "Phenotypically Distinct Female Castes in Honey Bees Are Defined by Alternative Chromatin States During Larval Development," *Genome Research* 28, no. 10 (October 2018): 1532–42, doi: 10.1101/gr.236497.118.

26 L. Moore et al., "The Mutational Landscape of Human Somatic and Germline Cells," *Nature* 597, no. 7876 (September 2021): 381–86, doi: 10.1038/s41586-021-03822-7.

27 Kirkwood, *Time of Our Lives*, 167–78.

28 最近の例として以下を挙げる。A. Lima et al., "Cell Competition Acts as a Purifying Selection to Eliminate Cells with Mitochondrial Defects During Early Mouse Development," *Nature Metabolism* 3, no. 8 (August 2021): 1091–108, doi: 10.1038/s42255-021-00422-7. ただし問題のある胚の発達を阻む体の仕組みは他にもたくさんある。

29 受精卵が新たな動物に正常な発達を遂げるためには、父親と母親の両方の生殖細胞の核が必要であることを最初に示したのはケンブリッジ大学の科学者アジム・スラーニだ。ゲノムに有害なエピジェネティクス変化がランダムに環境によって引き起こされる可能性を最初に示したのはスラーニであり、それを「エピミュテーション」と呼んだ。2022年2月10日、アジム・スラーニと筆者との対話。

30 Joanna Klein, "Dolly the Sheep's Fellow Clones, Enjoying Their Golden Years," *New York Times* online, July 26, 2016, https://www.nytimes.com/2016/07/27/science/dolly-the-sheep-clones.html. この記事は以下の論文について報じている。K. D. Sinclair et al., "Healthy Ageing of Cloned Sheep," *Nature Communications* 7 (July 26, 2016): 12359, doi: 10.1038/ncomms12359. 2017年に実施されたクローン動物に関する包括的分析は、生存期間の短さなどの問題が系統的に示されていないことを明らかにした。これは少なくとも一部のクローン動物は自然に生まれた個体と同等の期間、健康的に生きることを示唆している。J. P. Burgstaller and G. Brem, "Aging of Cloned Animals: A Mini-Review," *Gerontology* 63, no. 5

2011): 14–27, doi: 10.1016/j.jmb.2011.02.023.

18 イギリスの遺伝学者エイドリアン・バードは、メチル化は主にCGが繰り返される領域で起こることを明らかにした。CはGと組むため、CpGアイランドでは各鎖のCとGは、もう一方の鎖のGとCと向き合っている。そして2本の鎖のC同士は対角線上にある。細胞がCpGアイランドをメチル化するというのは、両方の鎖のCをメチル化することだ。細胞が分裂すると、DNA分子は1つではなく2つになる。新たな細胞にはCがメチル化された元の鎖と、新たに作られたCがメチル化されていない鎖が含まれることになる。細胞内の一方の鎖のCがメチル化されている場合のみ、メチル基を追加するメチル基転移酵素という特別な酵素がある。これによって確実に両方の鎖の同じ場所がメチル化される。

19 E. W. Tobi et al., "DNA Methylation as a Mediator of the Association Between Prenatal Adversity and Risk Factors for Metabolic Disease in Adulthood," *Science Advances* 4, no. 1 (January 31, 2018): eaao4364, doi: 10.1126/sciadv.aao4364; 以下で言及されている。Carl Zimmer, "The Famine Ended 70 Years Ago, But Dutch Genes Still Bear Scars," *New York Times* online, January31, 2018, https://www.nytimes.com/2018/01/31/science/dutch-famine-genes.html. 以下も参照。Mukherjee, The Gene, and; Carey, *The Epigenetics Revolution*.

20 スティーブ・ホルバートとエピジェネティクス時計に関する専門家による一般向けの説明として以下を参照。Ingrid Wickelgren,"Epigenetic 'Clocks' Predict Animals' True Biological Age," *Quanta*, last modified August 17, 2022, https://www.quantamagazine.org/epigenetic-clocks-predict-animals-true-biological-age-20220817/. ホルバートに関する記述の一部はこの記事から引用した。

21 M. E. Levine et al., "An Epigenetic Biomarker of Aging for Lifespan and Healthspan," *Aging* 10, no. 4 (April 2018): 573–91, doi: 10.18632/aging.101414.

22 S. Horvath and K. Raj, "DNA Methylation-Based Biomarkers and the Epigenetic Clock Theory of Ageing," *Nature Reviews Genetics* 19, no. 6 (June 2018): 371–84, doi: 10.1038/s41576-018-0004-3.

23 一例として以下を参照。G. Hannum et al., "Genome-wide Methylation Profiles Reveal Quantitative Views of Human Aging Rates," *Molecular Cell* 49, no. 2 (January 24, 2013): 359–67, doi: 10.1016/j.molcel.2012.10.016.

24 C. Kerepesi et al., "Epigenetic Clocks Reveal a Rejuvenation Event During Embryogenesis Followed by Aging," *Science Advances* 7, no. 26 (June 25, 2021):

9 以下はエピジェネティクスの一般向けのすばらしい入門書だ。Nessa Carey, *The Epigenetics Revolution: How Modern Biology Is Rewriting Our Understanding of Genetics, Disease, and Inheritance* (New York: Columbia University Press, 2012)（邦訳：ネッサ・キャリー『エピジェネティクス革命』中山潤一訳、丸善出版）。以下は遺伝子全般を扱っているが、エピジェネティクスにも重きを置いている。Mukherjee, *The Gene*.

10 R. Briggs and T. J. King, "Transplantation of Living Nuclei from Blastula Cells into Enucleated Frogs' Eggs," *Proceedings of the National Academy of Sciences (PNAS) of the United States of America* 38, no. 5 (May 15, 1952): 455–63, doi: 10.1073/pnas.38.5.455.

11 "Sir John B. Gurdon: Biographical," Nobel Prize online, https://www.nobelprize.org/prizes/medicine/2012/gurdon/biographical/（2023年8月7日閲覧）

12 J. B. Gurdon and N. Hopwood, "The Introduction of Xenopus Laevis into Developmental Biology: Of Empire, Pregnancy Testing and Ribosomal Genes," *International Journal of Developmental Biology* 44, no. 1 (2000): 43–50.

13 J. B. Gurdon, "The Developmental Capacity of Nuclei Taken from Intestinal Epithelium Cells of Feeding Tadpoles," *Development* 10, no. 4 (December 1, 1962): 622–40, doi: 10.1242/dev.10.4.622.

14 I. Wilmut et al.,"Viable Offspring Derived from Fetal and Adult Mammalian Cells," *Nature* 385, no. 6619 (February 27, 1997): 810–13, doi: 10.1038/385810a0.

15 M. J. Evans and M. H. Kaufman, "Establishment in Culture of Pluripotential Cells from Mouse Embryos," *Nature* 292, no. 5819 (July 9, 1981): 154–56, doi: 10.1038/292154a0; G. R. Martin, "Isolation of a Pluripotent Cell Line from Early Mouse Embryos Cultured in Medium Conditioned by Teratocarcinoma Stem Cells," *Proceedings of the National Academy of Sciences (PNAS) of the United States of America* 78, no. 12 (December 15, 1981): 7634–38, doi: 10.1073/pnas.78.12.7634.

16 Shinya Yamanaka, "Shinya Yamanaka: Biographical," Nobel Prize online, https://www.nobelprize.org/prizes/medicine/2012/yamanaka/biographical/.

17 ラクトース（*lac*）オペレーターとリプレッサーのモデルは1960年代にジャック・モノーとフランソワ・ジャコブが発見し、その後アンドレ・ルヴォフが発見したバクテリオファージの遺伝スイッチとともに1965年のノーベル生理学・医学賞を受賞した。歴史的経緯を説明する優れた資料は以下である。M. Lewis, "A Tale of Two Repressors," *Journal of Molecular Biology* 409, no. 1 (May 27,

表に関する公式声明は以下で閲覧できる。National Human Genome Research Institute online, "June 2000 White House Event," news release, June 26, 2000, https://www.genome.gov/10001356/june-2000-white-house-event. わずかに異なるバージョンをニューヨーク・タイムズ紙が掲載した。"Text of the White House Statements on the Human Genome Project," Science, *New York Times* online, June 27, 2000, https://archive.nytimes.com/www.nytimes.com/library/national/science/062700sci-genome-text.html. 配列そのものは2つの大規模な共同出版物で説明された。国際コンソーシアムが発表した資料は以下である。International Human Genome Sequencing Consortium et al., "Initial Sequencing and Analysis of the Human Genome," *Nature* 409, no. 6822 (February 15, 2001): 860–921, doi: 10.1038/35057062. 一方、民間企業のセレラが発表したのは以下である。J. C. Venter et al., "The Sequence of the Human Genome," *Science* 291, no.5507, 1304–51, doi: 10.1126/science.1058040.

2 以下に引用された。G. Yamey, "Scientists Unveil First Draft of Human Genome," *BMJ* 321, no. 7252 (July 1, 2000): 7, doi: 10.1136/bmj.321.7252.7.

3 "Profile: Craig Venter," BBC News online, last modified May 21, 2010, https://www.bbc.co.uk/news/10138849.

4 C. Anderson, "US Patent Application Stirs Up Gene Hunters," *Nature*, 353 (October 10, 1991): 485–86, doi: 10.1038/353485a0; N. D. Zinder, "Patenting cDNA 1993: Efforts and Happenings" (abstract), *Gene* 135, nos. 1/2 (December 1993): 295–98, https://www.sciencedirect.com/science/article/abs/pii/037811199390080M.

5 Matthew Herper, "Craig Venter Mapped the Genome. Now He's Trying to Decode Death," *Forbes* online, February 21, 2017, https://www.forbes.com/sites/matthewherper/2017/02/21/can-craig-venter-cheat-death/.

6 John Sulston and Georgina Ferry, *The Common Thread: A Story of Science, Politics, Ethics, and the Human Genome* (Washington, DC: Joseph Henry Press, 2002)（邦訳：ジョン・サルストン、ジョージナ・フェリー『ヒトゲノムのゆくえ』中村桂子監訳、秀和システム）

7 "How Diplomacy Helped to End the Race to Sequence the Human Genome," *Nature* 582, no. 7813 (June 2020): 460, doi: 10.1038/d41586-020-01849-w.

8 S. Reardon, "A Complete Human Genome Sequence Is Close: How Scientists Filled in the Gaps," *Nature* 594, no. 7862 (June 2021): 158–59, doi: 10.1038/d41586-021-01506-w.

P. Martínez and M. A. Blasco, "Role of Shelterin in Cancer and Aging," *Aging Cell* 9, no. 5 (October 2010): 653–66, doi: 10.1111/j.1474-9726.2010.00596.x.

17 F. d'Adda di Fagagna et al. "A DNA Damage Checkpoint Response in Telomere-Initiated Senescence," *Nature* 426, no. 6963 (November 13, 2003): 194–98, doi: 10.1038/nature02118.

18 M. Armanios and E. H. Blackburn,"The Telomere Syndromes," *Nature Reviews Genetics* 13, no. 10 (October 2012): 693–704, doi: 10.1038/nrg3246.

19 E. S. Epel et al., "Accelerated Telomere Shortening in Response to Life Stress," *Proceedings of the National Academy of Sciences (PNAS) of the United States of America* 101, no. 49 (December 1, 2004): 17312–15, doi: 10.1073/pnas.0407162101; J. Choi, S. R. Fauce, and R. B. Effros, "Reduced Telomerase Activity in Human T Lymphocytes Exposed to Cortisol," *Brain, Behavior, and Immunity* 22, no. 4 (May 2008): 600–05, doi: 10.1016/j.bbi.2007.12.004. マウスを使ったストレスと早期白髪化の研究は以下を参照。B. Zhang et al., "Hyperactivation of Sympathetic Nerves Drives Depletion of Melanocyte Stem Cells," *Nature* 577, no. 792 (January 2020): 676–81, doi: 10.1038/s41586-020-1935-3.

20 M. Jaskelioff et al. "Telomerase Reactivation Reverses Tissue Degeneration in Aged Telomerase-Deficient Mice," *Nature* 469, no. 7328 (January 6, 2001): 102–06 (2011), doi: 10.1038/nature09603.

21 M. A. Muñoz-Lorente, A. C. Cano-Martin, and M. A. Blasco, "Mice with Hyper-long Telomeres Show Less Metabolic Aging and Longer Lifespans," *Nature Communications* 10, no. 1 (October 17, 2019): 4723, doi: 10.1038/s41467-019-12664-x.

22 2021年11月と12月、ティティア・デ・ランゲと筆者との対話と電子メール。以下も参照。Jalees Rehman, "Aging: Too Much Telomerase Can Be as Bad as Too Little," Guest Blog, *Scientific American* online, last modified July 5, 2014, https://blogs.scientificamerican.com/guest-blog/aging-too-much-telomerase-can-be-as-bad-as-too-little/.

23 E. J. McNally, P. J. Luncsford, and M. Armanios, "Long Telomeres and Cancer Risk: The Price of Cellular Immortality," *Journal of Clinical Investigation* 129, no. 9 (August 5, 2019): 3474–81, doi: 10.1172/JCI120851.

CHAPTER 5

1 ホワイトハウスとイギリス政府が発表したヒトゲノム全体の「下書き版」発

ムにおいてきわめて重要な要素であることが明らかになった。マクリントックはこの功績で1983年、81歳でノーベル生理学・医学賞を受賞している。

9 E. H. Blackburn and J. G. Gall, "A Tandemly Repeated Sequence at the Termini of the Extrachromosomal Ribosomal RNA Genes in Tetrahymena," *Journal of Molecular Biology* 120, no. 1 (March 25, 1978): 33–53, doi: 10.1016/0022-2836(78)90294-2.

10 J. W. Szostak and E. H. Blackburn, "Cloning Yeast Telomeres on Linear Plasmid Vectors," *Cell* 29, no. 1 (May 1982): 245–55, doi: 10.1016/0092-8674(82)90109-x.

11 C. W. Greider and E. H. Blackburn, "Identification of a Specific Telomere Terminal Transferase Activity in Tetrahymena Extracts," *Cell* 43, no. 2, pt. 1 (December 1985): 405–13, doi: 10.1016/0092-8674(85)90170-9; C. W. Greider and E. H. Blackburn, "The Telomere Terminal Transferase of Tetrahymena Is a Ribonucleoprotein Enzyme with Two Kinds of Primer Specificity," *Cell* 51, no. 6 (December 24, 1987): 887–98, doi: 10.1016/0092-8674(87)90576-9; C. W. Greider and E. H. Blackburn, "A Telomeric Sequence in the RNA of Tetrahymena Telomerase Required for Telomere Repeat Synthesis," *Nature* 337, no. 6205 (January 26, 1989): 331–37, doi: 10.1038/337331a0.

12 C. B. Harley, A. B. Futcher, and C. W. Greider,"Telomeres Shorten During Ageing of Human Fibroblasts," *Nature* 345, no. 5274 (May 31, 1990): 458–60, doi: 10.1038/345458a0.

13 A. G. Bodnar et al., "Extension of Life-Span by Introduction of Telomerase into Normal Human Cells," *Science* 279, no. 5349 (January 16, 1998): 349–52, doi: 10.1126/science.279.5349.349.

14 もう一方より長い鎖は「3'オーバーハング」と呼ばれる。つまり末端が失われるのは、最初にオロヴニコフとワトソンが提唱した理由からではなかった。この問題に強い関心がある方は以下を参照。J. Lingner, J. P. Cooper, and T. R. Cech, "Telomerase and DNA End Replication: No Longer a Lagging Strand Problem?," *Science* 269, no. 5230 (September 15, 1995): 1533–34, doi: 10.1126/science.7545310.

15 T. de Lange, "Shelterin: The Protein Complex That Shapes and Safeguards Human Telomeres," *Genes & Development* 19, no. 18 (September 15, 2005): 2100–10, doi: 10.1101/gad.1346005; I. Schmutz and T. de Lange, "Shelterin," *Current Biology* 26, no. 10 (May 23, 2016): R397–99, doi: 10.1016/j.cub.2016.01.056.

16 W. Palm and T. de Lange,"How Shelterin Protects Mammalian Telomeres," *Annual Review of Genetics* 42 (2008): 301–34, doi: 10.1146/annurev.genet.41.110306.130350;

Repair," Cancer Research UK online, last modified September 24, 2020, https://news.cancerresearchuk.org/2020/09/24/parp-inhibitors-halting-cancer-by-halting-dna-repair/.

CHAPTER 4

1 *Scientific American*, July 1921. 以下に引用された。Mark Fischetti, comp., "1921: Immortality for Humans," *Scientific American* online, July 2021, 79, https://robinsonlab.cellbio.jhmi.edu/wp-content/uploads/2021/06/SciAm_2021_07.pdf.

2 ヘイフリックの発見とその後の展開が魅力的にまとめられている。J. W. Shay and W. E. Wright, "Hayflick, His Limit, and Cellular Ageing," *Nature Reviews Molecular Cell Biology* 1, no. 1 (October 2000): 72–76, doi: 10.1038/35036093.

3 L. Hayflick and P. S. Moorhead, "The Serial Cultivation of Human Diploid Cell Strains," *Experimental Cell Research* 25, no. 3 (December 1961): 585–621, doi: 10.1016/0014-4827(61)90192-6.

4 J. Witkowski, "The Myth of Cell Immortality," *Trends in Biochemical Sciences* 10, no. 7 (July 1985): 258–60, doi: 10.1016/0968-0004(85)90076-3.

5 John J. Conley, "The Strange Case of Alexis Carrel, Eugenicist," in *Life and Learning XXIII and XXIV: Proceedings of the Twenty-third (2013) and Twenty-fourth (2014) Conferences of the University Faculty for Life Conference at Marquette University, Milwaukee, Wisconsin*, vol. 26, ed. Joseph W. Koterski (Milwaukee: University Faculty for Life), 281–88, https://www.uffl.org/pdfs/vol23/UFL_2013_Conley.pdf.

6 2021年9月10日、ティティア・デ・ランゲと筆者との対話。

7 この「末端複製問題」を最初に指摘したのはJ・D・ワトソンとA・M・オロヴニコフだ。J. D. Watson, "Origin of Concatemeric T7 DNA," *Nature New Biology* 239, no. 94 (October 18, 1972): 197–201, doi: 10.1038/newbio239197a0; A. M. Olovnikov,"Telomeres, Telomerase, and Aging: Origin of the Theory," *Experimental Gerontology* 31, no. 4 (July/August 1996): 443–48, https://www.sciencedirect.com/science/article/abs/pii/0531556596000058. その仕組みを的確に描写しているのは以下の本だ。M. M. Cox, J. Doudna, and M. O'Donnell, *Molecular Biology: Principles and Practice* (New York: W. H. Freeman, 2015), 398–400. ウィキペディアの説明も非常に参考になる。"DNA Replication," last modified June 14, 2023, https://en.wikipedia.org/wiki/DNA_replication.

8 長い間マクリントックを信じる者はいなかったが、「転移因子」は生物システ

Governing Human Ovarian Ageing," *Nature* 596, no. 7872 (August 2021): 393–97, doi: 10.1038/s41586-021-03779-7. 以下も参照。H. Ledford, "Genetic Variations Could One Day Help Predict Timing of Menopause," *Nature* online, last modified August 4, 2021, doi: 10.1038/d41586-021-02128-y.

21 アポトーシス（プログラム細胞死）は、生物が単一の細胞から成体の動物へと成長する過程で、特定の細胞が特定のタイミングで死ぬという正常な発達の特徴でもある。これは線虫「Cエレガンス」が単一の受精卵から約1000個の細胞から成る成体に成長する過程を調べるなかで初めて発見され、シドニー・ブレナー、ジョン・サルストン、ロバート・ホロビッツがノーベル生理学・医学賞を受賞する理由となった。

22 A. J. Levine and G. Lozano, eds., *The p53 Protein: From Cell Regulation to Cancer*, Cold Spring Harbor Perspectives in Medicine (Cold Spring Harbor, NY: Cold Spring Harbor Laboratory, 2016).

23 L. M. Abegglen et al., "Potential Mechanisms for Cancer Resistance in Elephants and Comparative Cellular Response to DNA Damage in Humans," *Journal of the American Medical Association (JAMA)* 314, no. 17 (November 3, 2015): 1850–60, doi: 10.1001/jama.2015.13134; M. Sulak et al., "TP53 Copy Number Expansion Is Associated with the Evolution of Increased Body Size and an Enhanced DNA Damage Response in Elephants," *eLife* 5 (September 19, 2016): e11994, doi: 10.7554/eLife.11994.

24 M. Shaposhnikov et al., "Lifespan and Stress Resistance in Drosophila with Overexpressed DNA Repair Genes," *Scientific Reports* 5 (October 19, 2015): art. 15299, doi: 10.1038/srep15299.

25 D. Tejada-Martinez, J. P. de Magalhães, and J. C. Opazo, "Positive Selection and Gene Duplications in Tumour Suppressor Genes Reveal Clues About How Cetaceans Resist Cancer," *Proceedings of the Royal Society B* (*Biological Sciences*) 288, no. 1945 (February 24, 2021): art. 20202592, doi: 10.1098/rspb.2020.2592; V. Quesada et al., "Giant Tortoise Genomes Provide Insights into Longevity and Age-Related Disease," *Nature Ecology & Evolution* 3 (January 2019): 87–95, doi: 10.1038/s41559-018-0733-x.

26 S. L. MacRae et al., "DNA Repair in Species with Extreme Lifespan Differences," *Aging* 7, no. 12 (December 2015): 1171–84, doi: 10.18632/aging.100866.

27 以下などを参照。Liam Drew, "PARP Inhibitors: Halting Cancer by Halting DNA

DNA Synthesis by Ultraviolet Irradiation of Cells," *Science* 142, no. 3598 (December 13, 1963): 1464–66, doi: 10.1126/science.142.3598.1464; R. B. Setlow and W. L. Carrier, "The Disappearance of Thymine Dimers from DNA: An Error-Correcting Mechanism, *Proceedings of the National Academy of Sciences (PNAS) of the United States of America* 51, no. 2 (February 15, 1964): 226–31, doi: 10.1073/pnas.51.2.226.

12 R. P. Boyce and P. Howard-Flanders, "Release of Ultraviolet Light-Induced Thymine Dimers from DNA in *E. coli* K-12," *Proceedings of the National Academy of Sciences (PNAS) of the United States of America* 51, no. 2 (February 15, 1964): 293–300, doi: 10.1073/pnas.51.2.293; D. Pettijohn and P. Hanawalt, "Evidence for Repair-Replication of Ultraviolet Damaged DNA in Bacteria," *Journal of Molecular Biology* 9, no. 2 (August 1964): 395–410, doi: 10.1016/s0022-2836(64)80216-3.

13 Aziz Sancar, "Mechanisms of DNA Repair by Photolyase and Excision Nuclease" (Nobel Lecture, December 8, 2015), https://www.nobelprize.org/uploads/2018/06/sancar-lecture.pdf.

14 リンダールの発見についての本人によるすばらしい解説。Thomas Lindahl, "The Intrinsic Fragility of DNA" (Nobel Lecture, December 8, 2015), https://www.nobelprize.org/uploads/2018/06/lindahl-lecture.pdf.

15 Tomas Lindahl, "Instability and Decay of the Primary Structure of DNA," *Nature* 362, no. 6422 (April 22, 1993): 709–15.

16 Paul Modrich, "Mechanisms in *E. coli* and Human Mismatch Repair" (Nobel Lecture, December 8, 2015), https://www.nobelprize.org/uploads/2018/06/modrich-lecture.pdf.

17 Ibid.

18 ノーベル賞が受賞者を3人に制限していることから、DNA修復の受賞者についても論争が起きた。David Kroll, "This Year's Nobel Prize in Chemistry Sparks Questions About How Winners Are Selected," *Chemical & Engineering News (C&EN)* online, last modified November 11, 2015, https://cen.acs.org/articles/93/i45/Years-Nobel-Prize-Chemistry-Sparks.html.

19 B. Schumacher et al., "The Central Role of DNA Damage in the Ageing Process," *Nature* 592, no. 7856 (April 2021): 695–703, doi: 10.1038/s41586-021-03307-7.

20 K. T. Zondervan, "Genomic Analysis Identifies Variants That Can Predict the Timing of Menopause," *Nature* 596, no. 7872 (August 2021): 345–46, doi: 10.1038/d41586-021-01710-8; K. S. Ruth et al., "Genetic Insights into Biological Mechanisms

CHAPTER 3

1 遺伝子工学の歴史に関する読みやすい本を2冊挙げる。Matthew Cobb, *Life's Greatest Secret: The Race to Crack the Genetic Code* (London: Basic Books, 2015); Siddhartha Mukherjee, *The Gene: An Intimate History* (New York: Vintage, 2017)（邦訳：シッダールタ・ムカジー『遺伝子』仲野徹監訳、田中文訳、早川書房）

2 遺伝子コードを解読し、タンパク質合成の仕組みを解明しようとする10年にわたる試みは以下に詳しく描かれている。Cobb, *Life's Greatest Secret.*

3 Venki Ramakrishnan, *Gene Machine: The Race to Decipher the Secrets of the Ribosome* (London: Oneworld, 2018).

4 H. W. Herr, "Percivall Pott, the Environment and Cancer," *BJU International* 108, no. 4 (August 2011): 479–81, doi: 10.1111/j.1464-410x.2011.10487.x.

5 G. Pontecorvo, "Hermann Joseph Muller, 1890–1967," *Biographical Memoirs of Fellows of the Royal Society* 14 (November 1968): 348–89, doi: 10.1098/rsbm.1968.0015; Elof Axel Carlson, *Hermann Joseph Muller 1890–1967: A Biographical Memoir* (Washington, DC: National Academy of Sciences, 2009), http://www.nasonline.org/publications/biographical-memoirs/memoir-pdfs/muller-hermann.pdf.

6 Errol Friedberg, *Correcting the Blueprint of Life: An Historical Account of the Discovery of DNA Repair Mechanisms* (Cold Spring Harbor, NY: Cold Spring Harbor Laboratory Press, 1997). 第1章より。

7 Geoffrey Beale, "Charlotte Auerbach, 14 May 1899–17 March 1994," *Biographical Memoirs of Fellows of the Royal Society* 41 (November 1995): 20–42, doi: 10.1098/rsbm.1995.0002.

8 以下の本の第1章には、DNA損傷と修復に関する初期の研究が時系列的によくまとまっている。Friedberg, *Correcting the Blueprint of Life.*

9 A. Downes and T. P. Blunt, "The Influence of Light upon the Development of Bacteria," *Nature*, 16 (July 12, 1877), 218, doi: 10.1038/016218a0; F. L. Gates,"A Study of the Bactericidal Action of Ultraviolet Light," *Journal of General Physicology*, 14, No. 1 (September 20, 1930): 31–42, doi: 10.1085/jgp.14.1.31.

10 R. B. Setlow and J. K. Setlow, "Evidence That Ultraviolet-Induced Thymine Dimers in DNA Cause Biological Damage," *Proceedings of the National Academy of Sciences (PNAS) of the United States of America* 48, no. 7 (July 1, 1962): 1250–57, doi: 10.1073/pnas.48.7.1250.

11 R. B. Setlow, P. A. Swenson, and W. L. Carrier, "Thymine Dimers and Inhibition of

28 以下にトム・パーに関する興味深い記述がある。Austad, *Methuselah's Zoo*, pages 262–63.

29 Craig R. Whitney, "Jeanne Calment, World's Elder, Dies at 122," *New York Times*, August 5, 1997, B8.

30 X. Dong, B. Milholland, and J. Vijg, "Evidence for a Limit to Human Lifespan," *Nature* 538, no. 7624 (October 13, 2016): 257–59, doi: 10.1038/nature19793.

31 E. Barbi et al., "The Plateau of Human Mortality: Demography of Longevity Pioneers," *Science* 360, no. 6396 (June 29, 2018): 1459–61, doi: 10.1126/science.aat3119.

32 Carl Zimmer, "How Long Can We Live? The Limit Hasn't Been Reached, Study Finds," *New York Times* online, June 28, 2018, https://www.nytimes.com/2018/06/28/science/human-age-limit.html.

33 H. Beltrán-Sánchez, S. N. Austad, and C. E. Finch, "Comment on 'The Plateau of Human Mortality: Demography of Longevity Pioneers," *Science* 361, no. 6409 (September 28, 2018): eaav1200, doi: 10.1126/science.aav1200.

34 C. Cardona and D. Bishai, "The Slowing Pace of Life Expectancy Gains Since 1950," *BMC Public Health* 18, no. 1 (January 17, 2018): 151, doi: 10.1186/s12889-018-5058-9; J. Schöley et al., "Life Expectancy Changes Since COVID-19," *Nature Human Behaviour* 6, no. 12 (December 2022): 1649–59, doi: 10.1038/s41562-022-01450-3.

35 "List of the Verified Oldest People," Wikipedia, https://en.wikipedia.org/wiki/List_of_the_verified_oldest_people（2023年7月10日閲覧）

36 J. Evert et al., "Morbidity Profiles of Centenarians: Survivors, Delayers, and Escapers," *Journals of Gerontology: Series A, Biological Sciences and Medical Sciences* 58, no. 3 (March 2003): 232–37, doi: 10.1093/gerona/58.3.m232.

37 2021年11月27日、2022年1月17日、トーマス・パールズから筆者への電子メール。

38 Austad, *Methuselah's Zoo*, 273–74.

39 C. López-Otín et al., "The Hallmarks of Aging," *Cell* 153, no. 6 (June 6, 2013): 1194–217, doi: 10.1016/j.cell.2013.05.039. この古典的論文はオリジナル版が発表されて10年目の節目にあたり、最近改訂された。C. López-Otín et al. "Hallmarks of Aging: An Expanding Universe," Cell 186, no. 2 (January 19, 2023): 243–78, doi: 10.1016/j.cell.2022.11.001.

Gompertzian Laws by Not Increasing with Age," *eLife* 7 (January 24, 2018): e31157, doi: 10.7554/eLife.31157.

19 S. Braude et al., "Surprisingly Long Survival of Premature Conclusions About Naked Mole-Rat Biology," *Biological Reviews of the Cambridge Philosophical Society* 96, no. 2 (April 2021): 376–93, doi: 10.1111/brv.12660.

20 R. Buffenstein, et al., "The Naked Truth: A Comprehensive Clarification and Classification of Current 'Myths' in Naked Mole-Rat Biology," *Biological Reviews of the Cambridge Philosophical Society* 97, no. 1 (February 2022): 115–40, doi: 10.1111/brv.12791.

21 Steven Johnson, *Extra Life: A Short History of Living Longer* (New York: Riverhead Books, 2021)（邦訳：スティーブン・ジョンソン『EXTRA LIFE』大田直子訳、朝日新聞出版）

22 化学肥料が人類にもたらした劇的な影響については、トーマス・ヘイガーの優れた著作がある。Thomas Hager, *The Alchemy of Air: A Jewish Genius, a Doomed Tycoon, and the Scientific Discovery That Fed the World but Fueled the Rise of Hitler* (New York: Crown, 2009)（邦訳：トーマス・ヘイガー『大気を変える錬金術』渡会圭子訳、みすず書房）

23 S. J. Olshansky, B. A. Carnes, and C. Cassel. "In Search of Methuselah: Estimating the Upper Limits to Human Longevity," *Science* 250, no. 4981 (November 2, 1990): 634–40, doi: 10.1126/science.2237414; S. J. Olshansky, B. A. Carnes, and A. Désesquelles, "Prospects for Human Longevity," *Science* 291, no. 5508 (February 23, 2001): 1491–92, doi: 10.1126/science.291.5508.1491.

24 A. Baudisch and J. W. Vaupel, "Getting to the Root of Aging: Why Do Patterns of Aging Differ Widely Across the Tree of Life?," *Science* 338, no. 6107 (November 2, 2012): 618–19, doi: 10.1126/science.1226467; O. R. Jones and J. W. Vaupel, "Senescence Is Not Inevitable," *Biogerontology* 18, no. 6 (December 2017): 965–71, doi: 10.1007/s10522-017-9727-3.

25 J. Couzin-Frankel,"A Pitched Battle over Life Span," *Science* 333, no. 6042 (July 29, 2011): 549–50, doi: 10.1126/science.333.6042.549.

26 J. Oeppen and J. W. Vaupel, "Demography. Broken Limits to Life Expectancy," *Science* 296, no. 5570 (May 10, 2022): 1029–1031, doi: 10.1126/science.1069675.

27 F. Colchero et al., "The Long Lives of Primates and the 'Invariant Rate of Ageing' Hypothesis," *Nature Communications* 12, no. 1 (June 16, 2021): 3666, doi: 10.1038/s41467-021-23894-3.

7 S. N. Austad and K. E. Fischer, "Mammalian Aging, Metabolism, and Ecology: Evidence from the Bats and Marsupials," *Journal of Gerontology* 46, no. 2 (March 1991): B47–B53, doi: 10.1093/geronj/46.2.b47.

8 Austad, *Methuselah's Zoo.* もっと簡潔で専門的なバージョンもある。S. N. Austad, "Methusaleh's Zoo: How Nature Provides Us with Clues for Extending Human Health Span," *Journal of Comparative Pathology* 142, suppl. 1 (January 2010): S10–S21, doi: 10.1016/j.jcpa.2009.10.024. この章でのさまざまな動物の寿命に関する記述の大部分はこの2つの資料による。

9 B. A. Reinke et al., "Diverse Aging Rates in Ectothermic Tetrapods Provide Insights for the Evolution of Aging and Longevity," *Science* 376, no. 6600 (June 23, 2022): 1459–66, doi: 10.1126/science.abm0151; R. da Silva et al., "Slow and Negligible Senescence Among Testudines Challenges Evolutionary Theories of Senescence," *Science* 376, no. 6600 (June 23, 2022): 1466–70, doi: 10.1126/science.abl7811.

10 "Actuarial Life Table," Social Security Administration online, https://www.ssa.gov/oact/STATS/table4c6.html（2023年8月7日閲覧）

11 S. N. Austad and C. E. Finch, "How Ubiquitous Is Aging in Vertebrates?," *Science* 376, no. 6600 (June 23, 2022): 1384–85, doi: 10.1126/science.adc9442; フィンチは以下に引用されている。Jack Tamisiea, "Centenarian Tortoises May Set the Standard for Anti-aging," *New York Times* online, June 23, 2022, https://www.nytimes.com/2022/06/23/science/tortoises-turtles-aging.html.

12 G. S. Wilkinson and J. M. South, "Life History, Ecology and Longevity in Bats," *Aging Cell* 1, no. 2 (December 2002): 124–31, doi: 10.1046/j.1474-9728.2002.00020.x.

13 A. J. Podlutsky et al., "A New Field Record for Bat Longevity," *Journals of Gerontology: Series A* 60, no. 11 (November 2005): 1366–68, doi: 10.1093/gerona/60.11.1366.

14 Wilkinson and South, "Life History," 124–31.

15 Podlutsky et al., "New Field Record," 1366–68.

16 R. Buffenstein, "The Naked Mole-Rat: A New Long-Living Model for Human Aging Research," *Journals of Gerontology: Series A* 60, no. 11 (November 2005): 1366–77, doi: 10.1093/gerona/60.11.1369.

17 S. Liang et al., "Resistance to Experimental Tumorigenesis in Cells of a Long-Lived Mammal, the Naked Mole-Rat (Heterocephalus glaber)," *Aging Cell* 9, no. 4 (August 2010): 626–35, doi: 10.1111/j.1474-9726.2010.00588.x.

18 J. G. Ruby, M. Smith, and R. Buffenstein, "Naked Mole-Rat Mortality Rates Defy

CHAPTER 2

1 T. C. Bosch, "Why Polyps Regenerate and We Don't: Towards a Cellular and Molecular Framework for *Hydra* Regeneration," *Developmental Biology* 303, no. 2 (March 15, 2007): 421–33, doi: 10.1016/j.ydbio.2006.12.012.

2 R. Murad et al., "Coordinated Gene Expression and Chromatin Regulation During *Hydra* Head Regeneration," *Genome Biology and Evolution* 13, no. 12 (December 2021): evab221, doi: 10.1093/gbe/evab221; この研究およびヒドラに関する一般向け資料として以下も参照。Corryn Wetzel, "How Tiny, 'Immortal' Hydras Regrow Their Lost Heads," *Smithsonian* online, last modified December 13, 2021, https://www.smithsonianmag.com/smart-news/were-closer-to-understanding-how-immortal-hydras-regrow-lost-heads-180979209/.

3 Y. Matsumoto and M. P. Miglietta,"Cellular Reprogramming and Immortality: Expression Profiling Reveals Putative Genes Involved in *Turritopsis dohrnii*'s Life Cycle Reversal," *Genome Biology and Evolution* 13, no. 7 (July 2021): evab136, doi: 10.1093/gbe/evab136; M. Pascual-Torner et al., "Comparative Genomics of Mortal and Immortal Cnidarians Unveils Novel Keys Behind Rejuvenation," *Proceedings of the National Academy of Sciences (PNAS) of the United States of America* 119, no. 36 (September 6, 2022): e2118763119, doi: 10.1073/pnas.2118763119. 以下の一般向け資料も参照。Veronique Greenwood,"This Jellyfish Can Live Forever. Its Genes May Tell Us How," *New York Times* online, September 6, 2022, https://www.nytimes.com/2022/09/06/science/immortal-jellyfish-gene-protein.html.

4 West, *Scale*. 寿命、体の大きさ、代謝率の関係についての当初の研究成果の多くはここに書かれている。

5 熱力学の第二法則および老化の消耗説についての生物学者の見解は以下を参照。Tom Kirkwood, chap. 5, "The Unnecessary Nature of Ageing," in *Time of Our Lives: The Science of Human Aging* (New York: Oxford University Press, 1999), 52–62（邦訳：トム・カークウッド『生命の持ち時間は決まっているのか』小沢元彦訳、三交社）

6 オースタッドの研究業績に関するウェブサイトを参照。University of Alabama at Birmingham online, College of Arts and Science, Department of Biology, https://www.uab.edu/cas/biology/people/faculty/steven-n-austad; オースタッドに関する説明とポッドキャストのインタビューも参照。https://blog.insidetracker.com/longevity-by-design-steven-austad.

j.cell.2005.01.027.

17 Flatt and Partridge,"Horizons," doi: 10.1186/s12915-018-0562-z.

18 R. G. Westendorp and T. B. Kirkwood,"Human Longevity at the Cost of Reproductive Success," *Nature* 396 (December 24, 1998): 743–46, doi: 10.1038/25519. この記事への返答の手紙も参照。D. E. Promislow, "Longevity and the Barren Aristocrat," *Nature* 396 (December 24, 1998): 719–20, doi: 10.1038/25440.

19 G. C. Williams, "Pleiotropy, Natural Selection and the Evolution of Senescence," *Evolution* 11, no. 4 (December 1957): 398–411.

20 M. Lahdenperä, K. U. Mar, and V. Lummaa, "Reproductive Cessation and Post-Reproductive Lifespan in Asian Elephants and Pre-Industrial Humans," *Frontiers in Zoology* 11 (2014): art. 54, doi: 10.1186/s12983-014-0054-0.

21 J. G. Herndon et al., "Menopause Occurs Late in Life in the Captive Chimpanzee (*Pan Troglodytes*)," *AGE* 34, no.5 (October 2012): 1145–56, doi: 10.1007/s11357-011-9351-0.

22 K. Hawkes, "Grandmothers and the Evolution of Human Longevity," *American Journal of Human Biology* 15, no. 3 (May/June 2003): 380–400, doi: 10.1002/ajhb.10156; P. S. Kim, J. S. McQueen, and K. Hawkes, "Why Does Women's Fertility End in Mid-Life? Grandmothering and Age at Last Birth," *Journal of Theoretical Biology* 461 (January 14, 2019): 84–91, doi: 10.1016/j.jtbi.2018.10.035.

23 D. P. Croft et al.,"Reproductive Conflict and the Evolution of Menopause in Killer Whales," *Current Biology* 27, no. 2 (January 23, 2017): 298–304, doi: 10.1016/j.cub.2016.12.015.

24 筆者がクレムソン大学の人口生物学者トルーディ・マッケイから教えられた考え方である。

25 Steven Austad, *Methuselah's Zoo: What Nature Can Teach Us about Living Longer, Healthier Lives* (Cambridge, MA: MIT Press, 2022), 258–59（邦訳：スティーヴン・N・オースタッド『「老いない」動物がヒトの未来を変える』黒木章人訳、原書房）

26 R. K. Mortimer and J. R. Johnston, "Life Span of Individual Yeast Cells," *Nature* 183, no. 4677 (June 20, 1959): 1751–52, doi: 10.1038/1831751a0; E. J. Stewart et al., "Aging and Death in an Organism That Reproduces by Morphologically Symmetric Division." *PLoS Biology* 3, no. 2 (February 2005): e45, doi: 10.1371/journal.pbio.0030045.

Indispensable Germline: Gamete Senescence and Offspring Fitness," *Proceedings of the Royal Society* B (Biological Sciences) 286, no. 1917 (December 18, 2019): art. 20192187, doi: 10.1098/rspb.2019.2187.

9 T. Dobzhansky, "Nothing in Biology Makes Sense Except in the Light of Evolution," *American Biology Teacher* 35, no. 3 (March 1973): 125–29, doi: 10.2307/4444260.

10 T. B. Kirkwood, "Understanding the Odd Science of Aging," *Cell* 120, no. 4 (February 25, 2005): 437–47, doi: 10.1016/j.cell.2005.01.027; T. Kirkwood and S. Melov,"On the Programmed/Non-Programmed Nature of Ageing Within the Life History," *Current Biology* 21 (September 27, 2011): R701–R707, doi: 10.1016/j.cub.2011.07.020. グループ淘汰のルールの例外もいくつかあるが、それらはごく特殊な状況のみで発生し、たいてい昆虫などメンバーがすべて遺伝的に同一かそれに近い種のコロニーで起こる。J. Maynard Smith, "Group Selection and Kin Selection," *Nature* 201 (March 14, 1964): 1145–47, doi: 10.1038/2011145a0.

11 生きている間に複数回繁殖する種は「多回繁殖性」、1回しか繁殖しない種は「一回繁殖性」と呼ばれる。以下を参照。T. P. Young, "Semelparity and Iteroparity," *Nature Education Knowledge* 3, no. 10 (2010): 2, https://www.nature.com/scitable/knowledge/library/semelparity-and-iteroparity-13260334/.

12 N. W. Pirie, "John Burdon Sanderson Haldane, 1892–1964," *Biographical Memoirs of Fellows of the Royal Society* 12 (November 1966): 218–49, doi: 10.1098/rsbm.1966.0010; C. P. Blacker, "JBS Haldane on Eugenics," *Eugenics Review* 44, no. 3 October (1952): 146–51, https://www.ncbi.nlm.nih.gov/pmc/articles/PMC2973346/.

13 フィッシャーに対する相反する評価は以下を参照。A. Rutherford, "Race, Eugenics, and the Canceling of Great Scientists," *American Journal of Physical Anthropology* 175, no. 2 (June 2021): 448–52, doi: 10.1002/ajpa.24192, and W. Bodmer et al., "The Outstanding Scientist, R. A. Fisher: His Views on Eugenics and Race," *Heredity* 126 (January 2021): 565–76, doi: 10.1038/s41437-020-00394-6.

14 T. Flatt and L. Partridge,"Horizons in the Evolution of Aging," *BMC Biology* 16 (August 2018): art. 93, doi: 10.1186/s12915-018-0562-z.

15 N. A. Mitchison, "Peter Brian Medawar, 28 February 1915–2 October 1987," *Biographical Memoirs of Fellows of the Royal Society* 35 (March 1990): 281–301, doi: 10.1098/rsbm.1990.0013.

16 Kirkwood, "Understanding the Odd Science of Aging," 437–47, doi: 10.1016/

science/2019/oct/19/doubting-death-how-our-brains-shield-us-from-mortal-truth）

CHAPTER 1

1 サンタフェ研究所でデビッド・クラカウアーとジョフリー・ウェストの率いる研究グループは、さまざまな存在と個人の死を定義する目的で、何度かワークショップを開いている。

2 2019年、蘇生と死の問題に関する会議がニューヨーク・アカデミー・オブ・サイエンスで開かれた。以下を参照。“What Happens When We Die? Insights from Resuscitation Science” (symposium, New York Academy of Sciences, New York, November 18, 2019), https://www.nyas.org/events/2019/what-happens-when-we-die-insights-from-resuscitation-science/. 本書で取り上げたような法的問題を防ぐため、脳死の定義を統一する動きもある。

3 S. Biel and J. Durrant, “Controversies in Brain Death Declaration: Legal and Ethical Implications in the ICU,” *Current Treatment Options in Neurology* 22, no. 4 (2020): 12, doi: 10.1007/s11940-020-0618-6.

4 受胎直後に何が起きるかを説明する本で有名なものを2冊挙げる。Magdalena Zernicka-Goetz and Roger Highfield, *The Dance of Life: The New Science of How a Single Cell Becomes a Human Being* (New York: Basic Books, 2020), Daniel M. Davis, *The Secret Body: How the New Science of the Human Body Is Changing the Way We Live* (London: Bodley Head, 2021)（邦訳：ダニエル・M・デイヴィス『人体の全貌を知れ』久保尚子訳、亜紀書房）

5 Geoffrey West, *Scale: The Universal Laws of Growth, Innovation, Sustainability, and the Pace of Life in Organisms, Cities, Economies, and Companies* (New York: Penguin Press, 2017).（邦訳：ジョフリー・ウェスト『スケール（上・下）』山形浩生、森本正史訳、早川書房）

6 R. England, “Natural Selection Before the *Origin*: Public Reactions of Some Naturalists to the Darwin-Wallace Papers,” *Journal of the History of Biology* 30 (Summer 1997): 267–90, https://www.jstor.org/stable/4331436.

7 Matthew Cobb, *The Egg and Sperm Race: The Seventeenth-Century Scientists Who Unravelled the Secrets of Sex, Life and Growth* (London: Simon & Schuster, 2007).

8 今日では「ヴァイスマンバリア」は鉄壁ではなく、生殖細胞も体細胞よりはるかにゆっくりとではあるが老化し、環境変化に影響を受けることがわかっている。P. Monaghan and N. B. Metcalfe, “The Deteriorating Soma and the

原註

INTRODUCTION

1 Maite Mascort, "Close Call: How Howard Carter Almost Missed King Tut's Tomb," *National Geographic* online, last modified March 4, 2018, https://www.nationalgeographic.com/history/magazine/2018/03-04/findingkingtutstomb.

2 Núria Castellano, "The Book of the Dead Was Egyptians' Inside Guide to the Underworld," *National Geographic* online, last modified February 8, 2019; Tom Holland,"The Egyptian Book of the Dead at the British Museum," *Guardian* online, last modified no.6, 2010, https://www.theguardian.com/culture/2010/nov/06/egyptian-book-of-dead-tom-holland.

3 ゾウに関する以下の研究などを参照。S. S. Pokharel, N. Sharma, and R. Sukumar, "Viewing the Rare Through Public Lenses: Insights into Dead Calf Carrying and Other Thanatological Responses in Asian Elephants Using YouTube Videos," *Royal Society Open Science* 9, no. 5 (May 2022), doi: 10.1098/rsos.211740（以下にて引用されている。Elizabeth Preston, "Elephants in Mourning Spotted on YouTube by Scientists," *New York Times* online, May 17, 2022, https://www.nytimes.com/2022/05/17/science/elephants-mourning-grief.html.）

4 James R. Anderson, "Responses to Death and Dying: Primates and Other Mammals," Primates 61 (2020): 1–7; Marc Bekoff, "What Do Animals Know and Feel About Death and Dying?," *Psychology Today* online, last modified February 24, 2020, https://www.psychologytoday.com/intl/blog/animal-emotions/202002/what-do-animals-know-and-feel-about-death-and-dying.

5 Stephen Cave, *Immortality: The Quest to Live Forever and How It Drives Civilization* (New York: Crown, 2012)（邦訳：スティーヴン・ケイヴ『ケンブリッジ大学・人気哲学者の「不死」の講義』柴田裕之訳、日経BP）

6 Ibid.

7 Y. Dor-Ziderman, A. Lutz, and A. Goldstein,"Prediction-Based Neural Mechanisms for Shielding the Self from Existential Threat," *NeuroImage* 202 (November 15, 2019): art.116080, doi: 10.1016/j.neuroimage.2019.116080（以下にて言及されている。Ian Sample, "Doubting Death: How Our Brains Shield Us from Mortal Truth," *Guardian* online, last modified October 19, 2019, https://www.theguardian.com/

［著訳者紹介］

ヴェンカトラマン・ラマクリシュナン
Venkatraman "Venki" Ramakrishnan

1952年インド生まれ。マハラジャ・サヤジラーオ大学バローダ卒業後、オハイオ大学にて博士号（物理学）取得。その後2年間、カリフォルニア大学サンディエゴ校にて生物学を研究し、イェール大学でのポスドク研究員時代にリボソーム研究を開始した。ブルックヘブン国立研究所、ユタ大学を経て、1999年からイギリス・ケンブリッジにあるMRC分子生物学研究所の研究員を務めている。

リボソームの構造と機能に関する研究の第一人者で、2009年にはリボソームの構造を原子レベルで解明したことに対してノーベル化学賞を共同受賞した。2015年から2020年まで英国王立協会会長を務めた。

土方奈美
Nami Hijikata

翻訳家。日本経済新聞、日経ビジネスなどの記者を務めたのち、2008年に独立。2012年モントレー国際大学院にて修士号（翻訳）取得。米国公認会計士、ファイナンシャル・プランナー。訳書にジョン・ドーア『Measure What Matters』、リード・ヘイスティングス、エリン・メイヤー『NO RULES　世界一「自由」な会社、NETFLIX』、ジム・コリンズ『ビジョナリー・カンパニー 弾み車の法則』、ジム・コリンズ、ビル・ラジアー『ビジョナリー・カンパニーZERO』、エリック・シュミット他『How Google Works』など多数。

Why We Die

(ホワイ・ウィ・ダイ)

老化と不死の謎に迫る

2025年1月24日　1版1刷

著者　ヴェンカトラマン・ラマクリシュナン

訳者　土方奈美

発行者　中川ヒロミ

発行　株式会社日経BP

日本経済新聞出版

発売　株式会社日経BPマーケティング

〒105-8308　東京都港区虎ノ門4-3-12

装幀　装幀新井

本文DTP　アーティザンカンパニー

印刷・製本　中央精版印刷株式会社

ISBN978-4-296-11359-0

本書籍に関するお問い合わせ、ご連絡は下記にて承ります。

https://nkbp.jp/booksQA

Printed in Japan